HarmonyOS
物联网开发基础

葛 非◎编著

清華大学出版社
北京

内 容 简 介

本书内容丰富，涵盖了 HarmonyOS 开发技术方面的基础知识，包括 LiteOS 微内核基础功能、轻量系统设备开发和 UI 应用开发，涉及操作系统原理、海思 RISC-V SOC 和传感器应用等硬件技术、WiFi 网络应用、WebSocket 和 MQTT 等网络协议、JavaScript 和 ArkTS 等 Web 前端开发技术和手机 App 开发技术的内容。

本书分为 4 篇共 16 章，第 1 篇（第 1 章）对操作系统和交叉开发环境做了概述，第 2 篇（第 2～8 章）介绍 LiteOS 微内核的基本功能，第 3 篇（第 9～11 章）讲解轻量级系统设备开发中的 GPIO、I^2C、PWM、WiFi 和 MQTT 客户端开发技术，第 4 篇（第 12～16 章）包含 HarmonyOS 系统应用 UI 开发技术和应用 JavaScript 与 ArkTS 等语言开发 App 等。

本书适合作为广大高校计算机、软件工程及相关专业的本科生教材，也可以作为对 HarmonyOS 设备开发和应用开发感兴趣的开发人员、广大科技工作者和研究人员的参考用书。

图书在版编目(CIP)数据

HarmonyOS 物联网开发基础/葛非编著. —北京：清华大学出版社，2023.5(2025.1重印)
ISBN 978-7-302-62631-2

Ⅰ. ①H… Ⅱ. ①葛… Ⅲ. ①物联网－程序设计 Ⅳ. ①TP393.4 ②TP18

中国国家版本馆 CIP 数据核字(2023)第 023540 号

责任编辑：安 妮 薛 阳
封面设计：刘 键
责任校对：韩天竹
责任印制：丛怀宇

出版发行：清华大学出版社
网 址：https://www.tup.com.cn，https://www.wqxuetang.com
地 址：北京清华大学学研大厦 A 座 **邮 编**：100084
社 总 机：010-83470000 **邮 购**：010-62786544
投稿与读者服务：010-62776969，c-service@tup.tsinghua.edu.cn
质量反馈：010-62772015，zhiliang@tup.tsinghua.edu.cn
课件下载：https://www.tup.com.cn，010-83470236
印 装 者：三河市人民印务有限公司
经 销：全国新华书店
开 本：185mm×260mm **印 张**：18.25 **字 数**：448 千字
版 次：2023 年 6 月第 1 版 **印 次**：2025 年 1 月第 3 次印刷
印 数：1801～2100
定 价：69.90 元

产品编号：097247-01

前言

2019年8月9日，在华为开发者大会（HDC.2019）上正式发布了HarmonyOS 1.0，2020年9月发布了HarmonyOS 2.0，2022年7月发布了HarmonyOS 3.0，2023年8月发布了HarmonyOS 4.0，2024年10月发布了原生鸿蒙HarmonyOS NEXT(5.0)。HarmonyOS系统是面向万物互联的全场景分布式操作系统，支持智能手机、平板电脑、智能穿戴设备、智慧屏和车机等多种终端设备。为不同设备的智能化、互联和协同提供了统一的语言，带来简洁、流畅、安全、连续、安全可靠的全场景交互体验。HarmonyOS源代码在发布时同时开源，开源版本称为OpenHarmony，由开放原子开源基金会（Open Atom Foundation）孵化及运营。

相对于Android、嵌入式Linux等系统，HarmonyOS不仅是一个手机或某一设备的单一系统，而是一个可将所有设备串联在一起的通用性系统。同时，HarmonyOS通过SDK、源代码、开发板/模组和开发工具等共同构成了完备的开发平台与工具链。这些特性使得HarmonyOS在物联网系统中具有强大的优势。

自HarmonyOS 1.0发布以后，笔者在所承担的物联网相关课程中引入了在ARM架构CPU上运行的Harmony微内核系统LiteOS和JavaScript开发运行于智能手表用户界面（UI）等相关知识内容，受到学生的欢迎。在教学过程中遇到的问题非常多，其中之一是难以找到适合的参考书籍。虽然在华为的开发者社区网站、HiHope开发者社区网站、51CTO等网站存在诸多的文档和代码，但是这些资料仍旧需要重新整理，以适应教学和学习的需要。

希望本书在HarmonyOS开发技术方面能为初学者提供必要的支持。因此，本书内容涵盖了微内核、设备开发和应用开发的基础内容。通过这些内容读者可以学习LiteOS内核、轻量级系统设备开发、应用开发的UI开发等基础技术。本书有4篇共16章，第1篇（第1章）对操作系统和交叉开发环境做了概述；第2篇（第2～8章）对微内核的基本功能做了介绍；第3篇（第9～11章）为轻量级系统的设备开发篇；第4篇（第12～16章）为应用开发的UI开发篇。另外，本书在操作系统原理、涉及的CPU传感器等硬件、前端开发技术和WebSocket、MQTT等网络协议方面也有所涉及。

读者可以根据自己的实际情况对书中内容进行取舍。如对LiteOS微内核有兴趣，可阅读第2篇；如对物联网设备开发感兴趣，可阅读第3篇；如对智能手机、智慧屏的UI应用开发有兴趣，可阅读第4篇。阅读第2篇需要具有一定的C程序设计、数据结构以及计算机体系结构的知识，阅读第3篇需要具有单片机原理、C程序设计、嵌入式系统和网络协议等知识，阅读第 4 篇仅需要编程基础知识。

本书适合作为广大高校计算机软件工程及相关专业本科生的教材，也可以作为对 HarmonyOS 设备开发和应用开发感兴趣的开发人员、广大科技工作者和研究人员的参考用书。

在本书的编写过程中得到教育部产学合作协同育人项目、华中师范大学-华为“智能基座”产教融合协同育人基地、华为技术有限公司和武汉科云信息技术有限公司的大力支持，在此表示衷心的感谢。

由于水平有限，书中不当之处在所难免，欢迎广大同行和读者批评指正。

葛 非

2023 年 1 月

目录

第1篇 绪 论

第2篇 LiteOS 内核

第3篇 设备开发

第1篇 绪　　论

第1章

概　　述

人生不是一支短短的蜡烛,而是一支暂时由我们拿着的火炬。我们一定要把它燃得十分光明灿烂,然后交给下一代的人们。

——萧伯纳

1.1　操作系统

操作系统(Operating System,OS)是指控制和管理整个计算机系统的硬件和软件资源,并合理组织调度计算机的工作和资源的分配,以提供给用户和其他软件方便的接口和环境,它是计算机系统中最基本的系统软件。

计算机系统的硬件由一个或者多个处理器、主存、磁盘、打印机、键盘、鼠标、显示器、网络接口及各种输入输出设备组成。操作系统与计算机硬件联系紧密,扩展了计算机指令集并管理计算机资源。操作系统作为计算机系统资源的管理者,应具有处理机管理、存储器管理、设备管理、文件管理和用户接口的功能。

操作系统内部有不同的结构设计。整体式结构以过程集合的方式编写,全部操作系统在内核态中以单一程序的方式运行。层次式结构的操作系统,则是把功能模块按照功能调用的次序排成若干层,上层软件在下层软件的基础之上构建。

微内核的体系结构将系统最基本的功能(如进程管理等)保留在内核,将非核心功能移到用户态执行,降低了内核的设计复杂性。移出内核的操作系统模块根据分层的原则划分成若干服务程序,执行相互独立,交互借助于微内核进行通信。由于把每个设备驱动和文件系统分别作为普通用户,这些模块中的错误虽然会使这些模块崩溃,但是不会使得整个系统死机。微内核结构有效地分离了内核与服务、服务与服务,使得它们之间的接口更加清晰,维护的代价大大降低,各部分可以独立地优化和演进,从而保证了操作系统的可靠性。

1.1.1　实时系统

实时系统指对时间要求非常严格的系统,如果逻辑和时序出现偏差将导致严重后果。实时系统分为两种,一是硬实时,系统对响应时间有严格要求,如果响应时间不能满足,可能会引起系统崩溃或致命后果，如卫星、飞行器、核反应堆、化工厂等；二是软实时，对响应时间有要求，如果响应时间不能满足，可能会带来一定后果，但可以接受，如多媒体系统。

实时操作系统(Real-Time Operating System，RTOS)是指当外界事件或数据产生时，能够接受并以足够快的速度予以处理，其处理的结果又能在规定的时间之内来控制生产过程或对处理系统做出快速响应，并控制所有实时任务协调一致运行的操作系统。因而，提供及时响应和高可靠性是其主要特点。实时操作系统也有硬实时和软实时之分，硬实时要求在规定的时间内必须完成操作，这是在操作系统设计时保证的；软实时则只要按照任务的优先级，尽可能快地完成操作即可。

实时操作系统保证在一定时间限制内完成特定功能。例如，可以为确保生产线上的机器人能获取某个物体而设计一个操作系统。在硬实时操作系统中，如果不能在允许时间内完成使物体可达的计算，操作系统将因错误结束。在软实时操作系统中，生产线仍然能继续工作，但产品的输出会因产品不能在允许时间内到达而减慢，这使机器人有短暂的不生产现象。一些实时操作系统是为特定的应用设计的，另一些是通用的。如一些通用目的的操作系统称自己为实时操作系统，如微软的 Windows NT 或 IBM 的 OS/390 有实时系统的特征，虽然不是严格的实时系统，但是也能解决一部分实时应用问题。

实时操作系统具有多任务、有线程优先级和多种中断级别的特征。

1.1.2 嵌入式系统

嵌入式系统(Embedded System)是一种嵌入机械或电气系统内部、具有专一功能和实时计算性能的计算机系统，普遍存在于消费者、工业、汽车、医疗、商业和军事应用中。在智能手环、智能手机、游戏机、数码相机、全球定位系统接收器、打印机等消费电子产品，空调、电冰箱、微波炉、洗衣机和洗碗机等家电产品，电动/电子电动机控制器、防抱死制动系统、电子稳定控制、牵引力控制、自动四轮驱动、巡航模式和垂直导航系统等运输系统，电子听诊器、电子血压计、正电子发射断层扫描、断层扫描、计算机断层扫描和核磁共振成像等医疗设备，以及其他众多产品中应用了嵌入式系统。

嵌入式操作系统(Embedded Operating System，EOS)是指用于嵌入式系统的操作系统，开源的嵌入式操作系统主要有嵌入式 Linux、μCOS-Ⅱ、eCOS 和 FreeRTOS 等系统。

1.1.3 物联网操作系统

物联网(Internet of Things，IoT)是一个基于互联网、传统电信网等信息承载体，让所有能够被独立寻址的普通物理对象实现互联互通的网络。它具有普通对象设备化、自治终端互联化和普适服务智能化 3 个重要特征。

物联网系统大致可分为感知层、终端系统层、网络层(进一步分为网络接入层和核心层)、设备管理层、后台应用层等几个层次。物联网系统要求感知层的设备更小、功耗更低，而且需要安全可靠和具备组网能力。物联网通信层需要支持各种通信协议和协议之间的转换。应用层则需要具备云计算能力。

物联网操作系统具备物联网应用领域内的特点，有内核大小伸缩性、架构可扩展性、实时性、安全可靠性以及低功耗等特性。

(1) 内核大小伸缩性。物联网操作系统内核能够适应不同配置的硬件平台,具有较强的伸缩性。一种极端情况下,内核大小维持在10KB以内。另一种极端情况下,内核大小可达MB级以上。

(2) 架构可扩展性。物联网操作系统内核设计成一个框架,其中定义了接口和规范,可以容易地在内核上增加新功能和新硬件支持。

(3) 实时性。物联网操作系统内核实时性要足够强,满足关键应用的需要,如汽车自动驾驶系统中的紧急制动。物联网操作系统内核实时性包括中断响应的实时性和线程或任务调度的实时性。

(4) 安全可靠性。物联网操作系统内核必须足够安全和可靠。物联网应用环境具备自动化程度高、人为干预少等特点,内核必须可靠,来支持长时间的运行。内核应支持内存保护(如虚拟内存管理等机制)、异常管理等机制。

(5) 低功耗。由于物联网的应用场景和网络节点的数量增多,低功耗是一个非常关键的指标。物联网操作系统内核应节能省电。整体架构设计需要休眠模式、节能模式、降频模式等逻辑判断,最大程度地降低中断发生频率,以延长续航能力。

1.1.4 LiteOS系统简介

2015年5月,华为发布了面向物联网领域开发的一个基于实时内核的轻量级操作系统LiteOS,可广泛应用于智能家居、个人穿戴、车联网、城市公共服务、制造业等领域,大幅降低了设备布置及维护成本,有效降低了开发门槛,缩短了开发周期。

LiteOS支持多种芯片架构,如Cortex-M series、Cortex-R series、Cortex-A series等,可以快速移植到多种硬件平台。LiteOS也支持UP(单核)与SMP(多核)模式,即支持在单核或者多核的环境上运行。LiteOS开源项目目前支持ARM64、ARM Cortex-A、ARM Cortex-M0、Cortex-M3、Cortex-M4、Cortex-M7等芯片架构,具有以下特征。

(1) 高实时性,高稳定性。

(2) 超小内核,基础内核体积可以裁剪至不到10KB。

(3) 低功耗,配套芯片整体功耗低至μA级。

(4) 支持功能静态裁剪。

LiteOS架构如图1.1所示。

该架构包含基础内核、内核增强、文件系统、应用接口层、协议栈和组件等部分。

1. 基础内核

基础内核包括不可裁剪的极小内核和可裁剪的其他模块。极小内核包含任务管理、内存管理、中断管理、异常管理和系统时钟。可裁剪的模块包括信号量、互斥锁、消息队列、事件管理、软件定时器等。

2. 内核增强

在内核基础功能之上,进一步提供增强功能,包括C++支持、调测组件等。调测组件提供了强大的问题定位及调测能力,包括shell命令、trace事件跟踪、获取CPU占用率、

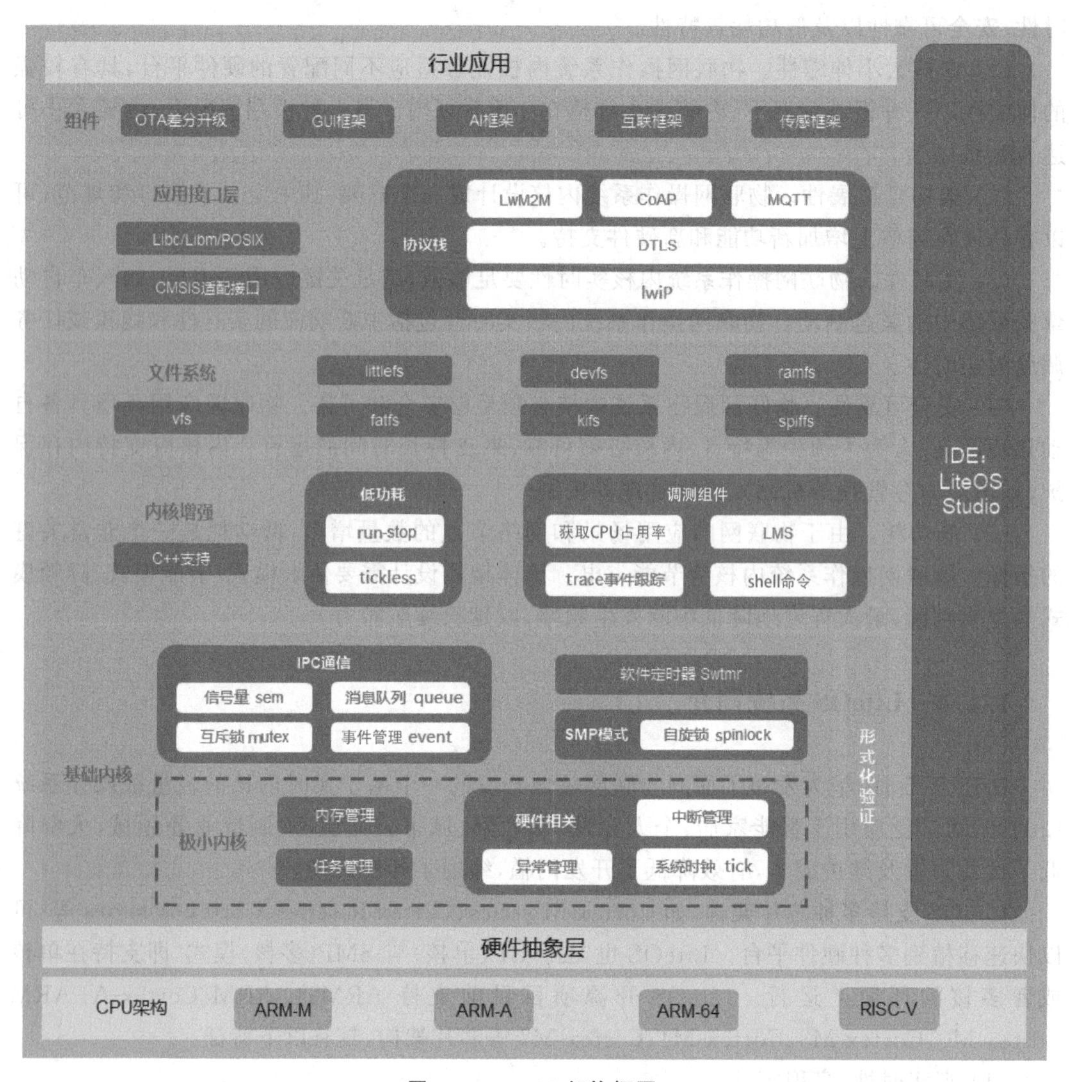

图 1.1　LiteOS 架构框图

LMS 等。

3. 文件系统

文件系统提供一套轻量级的文件系统接口以支持文件系统的基本功能，包括 vfs、ramfs、fatfs 等。

4. 系统库接口

提供一系列系统库接口以提升操作系统的可移植性及兼容性，包括 Libc/Libm/POSIX 以及 CMSIS 适配层接口。

5. 网络协议栈

提供丰富的网络协议栈以支持多种网络功能，包括 CoAP/LwM2M、MQTT 等。

6. 业务组件

构建于上述组件之上的一系列业务组件或框架，以支持更丰富的用户场景，包括 OTA

差分升级、GUI 框架、AI 框架、传感框架等。

7. 集成开发工具

基于 LiteOS 操作系统，定制开发的工具 LiteOS Studio 提供了界面化的代码编辑、编译、烧录和调试等功能。

1.1.5 OpenHarmony 系统简介

OpenHarmony 是 HarmonyOS 的开源版本，由开放原子开源基金会(Open Atom Foundation)孵化及运营，目标是面向全场景、全连接、全智能时代，基于开源的方式，搭建一个智能终端设备操作系统的框架和平台，促进万物互联产业的繁荣发展。

OpenHarmony 支持轻量系统(Mini System)、小型系统(Small System)和标准系统(Standard System)等多种系统类型。

轻量级系统面向微控制器类处理器，例如 ARM Cortex-M、RISC-V 32 位的设备等。设备硬件资源极其有限，支持的最小内存为 128KB，可以提供多种轻量级网络协议，轻量级的图形框架，以及丰富的 IO 总线读写部件等。可支撑的产品包括智能家居领域的连接类模组、传感器设备和穿戴类设备等。

小型系统面向应用处理器，如 ARM Cortex-A。设备支持的最小内存为 1MB，可以提供更高的安全能力、标准的图形框架、视频编解码的多媒体能力。可支撑的产品包括智能家居领域的 IP Camera、电子猫眼、路由器以及智慧出行域的行车记录仪等。

标准系统面向应用处理器，如高端 ARM Cortex-A 设备。设备支持的最小内存为 128MB，可以提供增强的交互能力、3D GPU 以及硬件合成能力、更多控件以及动效更丰富的图形能力、完整的应用框架。可支撑的产品如高端的显示屏。

OpenHarmony 整体遵从分层设计，从下向上依次为内核层、系统服务层、框架层和应用层。系统功能按照“系统→子系统→组件”逐级展开，在多设备部署场景下，支持根据实际需求裁剪某些非必要的组件。OpenHarmony 技术架构如图 1.2 所示。

内核层包括内核子系统和驱动子系统。

内核子系统采用多内核(Linux 内核或者 LiteOS)设计，支持针对不同资源受限设备选用适合的 OS 内核。内核抽象层(Kernel Abstract Layer，KAL)通过屏蔽多内核差异，对上层提供基础的内核能力，包括进程/线程管理、内存管理、文件系统、网络管理和外设管理等。驱动子系统的驱动框架(HarmonyOS Driver Foundation，HDF)是系统硬件生态开放的基础，提供统一外设访问能力和驱动开发、管理框架。

系统服务层是 OpenHarmony 的核心能力集合，通过框架层对应用程序提供服务。该层包含系统基本能力子系统集等 4 部分。

(1) 系统基本能力子系统集为分布式应用在多设备上的运行、调度、迁移等操作提供了基础能力，由分布式软总线，分布式数据管理，分布式任务调度，公共基础库，多模输入、图形、安全和 AI 等子系统组成。

(2) 基础软件服务子系统集提供公共的、通用的软件服务，由事件通知、电话、多媒体和 DFX(Design For X)等子系统组成。

(3) 增强软件服务子系统集提供针对不同设备的、差异化的能力增强型软件服务，由智

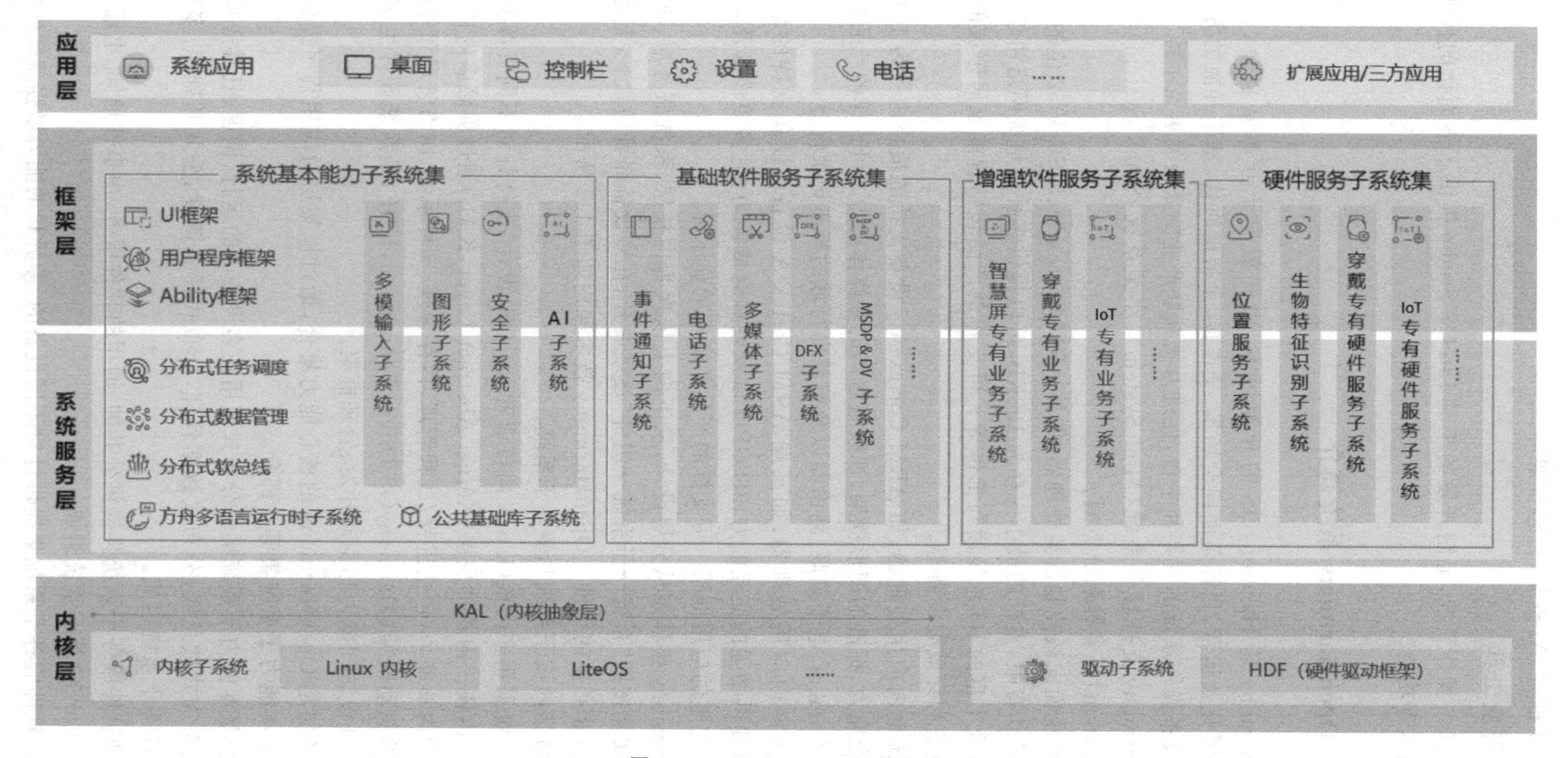

图 1.2 OpenHarmony 系统架构

慧屏专有业务、穿戴专有业务和IoT专有业务等子系统组成。

(4) 硬件服务子系统集提供硬件服务，由位置服务、生物特征识别、穿戴专有硬件服务和IoT专有硬件服务等子系统组成。

根据不同设备形态的部署环境，基础软件服务子系统集、增强软件服务子系统集和硬件服务子系统集内部可以按子系统粒度裁剪，每个子系统内部又可以按功能粒度裁剪。

框架层为应用开发提供了C/C++/JavaScript等多语言的用户程序框架和Ability框架，适用于JavaScript语言的JavaScript UI框架，以及各种软硬件服务对外开放的多语言框架API。根据系统的组件化裁剪程度，设备支持的API也会有所不同。

应用层包括系统应用和第三方非系统应用。应用由一个或多个FA(Feature Ability)或PA(Particle Ability)组成。其中，FA有用户界面(UI)，提供与用户交互的能力；而PA无用户界面，提供后台运行任务的能力以及统一的数据访问抽象。基于FA/PA开发的应用，能够实现特定的业务功能，支持跨设备调度与分发，为用户提供一致、高效的应用体验。

OpenHarmony系统的技术特性如下。

1. 统一OS、弹性部署

OpenHarmony通过组件化和组件弹性化等设计方法，做到硬件资源的可大可小，在多种终端设备间，按需弹性部署，全面覆盖了ARM、RISC-V、x86等各种CPU，其RAM容量从几百千字节到几吉字节。

2. 一次开发、多端部署

OpenHarmony提供用户程序框架、Ability框架以及UI框架，如图1.3所示，能够保证开发的应用在多终端运行时保证一致性。

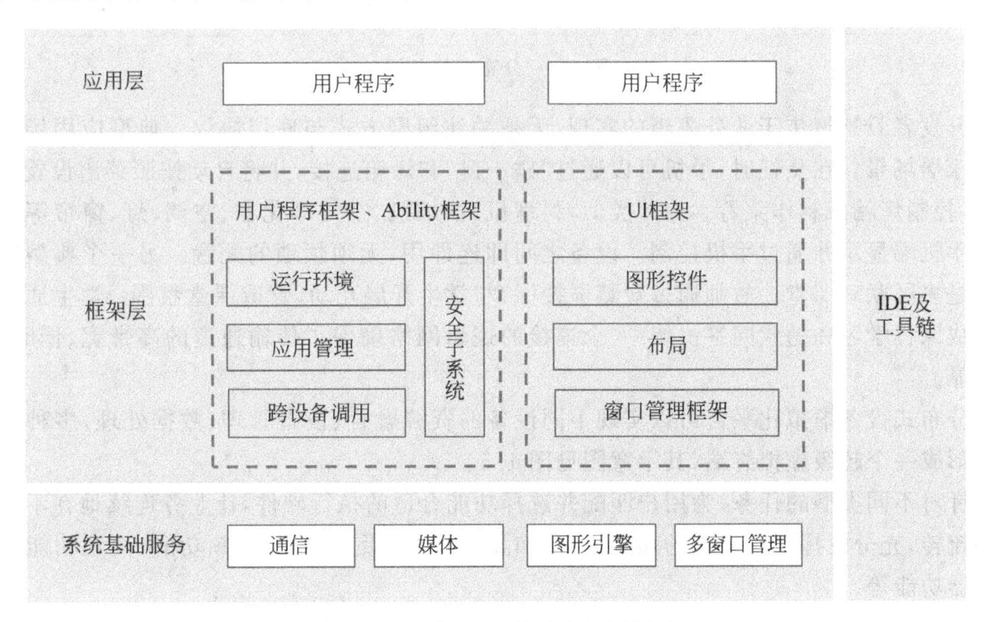

图1.3　一次开发、多端部署示意图

多终端软件平台API具备一致性，确保用户程序的运行兼容性。支持在开发过程中预览终端的能力适配情况(CPU/内存/外设/软件资源等)。支持根据用户程序与软件平台的兼容性来调度用户呈现。其中，UI框架支持使用Java、JavaScript、TS语言进行开发，并提供了丰富的多态控件，可以在手机、平板电脑、智能穿戴设备、智慧屏、车机上显示不同的UI效果。采用业界主流设计方式，提供多种响应式布局方案，支持栅格化布局，满足不同屏幕的界面适配能力。

3. 硬件互助、资源共享

该特性主要通过分布式软总线、分布式数据管理、分布式任务调度和设备虚拟化模块达成。分布式软总线是手机、平板电脑、智能穿戴设备、智慧屏、车机等分布式设备的通信基座，为设备之间的互连互通提供了统一的分布式通信能力，为设备之间的无感发现和零等待传输创造了条件。其结构如图1.4所示。

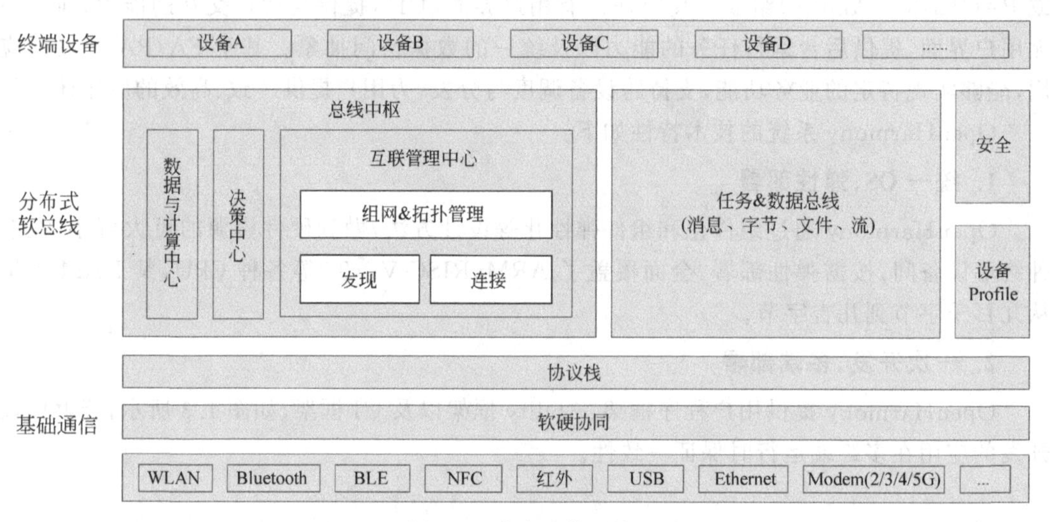

图1.4　分布式软总线

开发者只须聚焦于业务逻辑的实现，无须关注组网方式与底层协议。典型应用场景如智能家居场景。在烹饪时，手机可以通过"碰一碰"和烤箱连接，并将自动按照菜谱设置烹调参数，控制烤箱来制作菜肴。与此类似，料理机、油烟机、空气净化器、空调、灯、窗帘等都可以在手机端显示并通过手机控制。设备之间即连即用，无须烦琐的配置。另一个典型应用场景是多屏联动课堂。教师通过智慧屏授课，与学生开展互动，营造课堂氛围；学生通过平板完成课程学习和随堂问答。统一、全连接的逻辑网络确保了传输通道的高带宽、低时延、高可靠。

分布式设备虚拟化平台可以实现不同设备的资源融合、设备管理、数据处理，多种设备共同形成一个超级虚拟终端，其示意图见图1.5。

针对不同类型的任务，为用户匹配并选择功能合适的执行硬件，让业务连续地在不同设备间流转，充分发挥不同设备的功能优势，如显示功能、摄像功能、音频功能、交互功能以及传感器功能等。

一个典型应用场景是视频通话场景。在做家务时接听视频电话，可以将手机与智慧屏连接，并将智慧屏的屏幕、摄像头与音箱虚拟化为本地资源，替代手机自身的屏幕、摄像头、听筒与扬声器，实现一边做家务、一边通过智慧屏和音箱来视频通话。另一个是游戏场景。在智慧屏上玩游戏时，可以将手机虚拟化为遥控器，借助手机的重力传感器、加速度传感器、

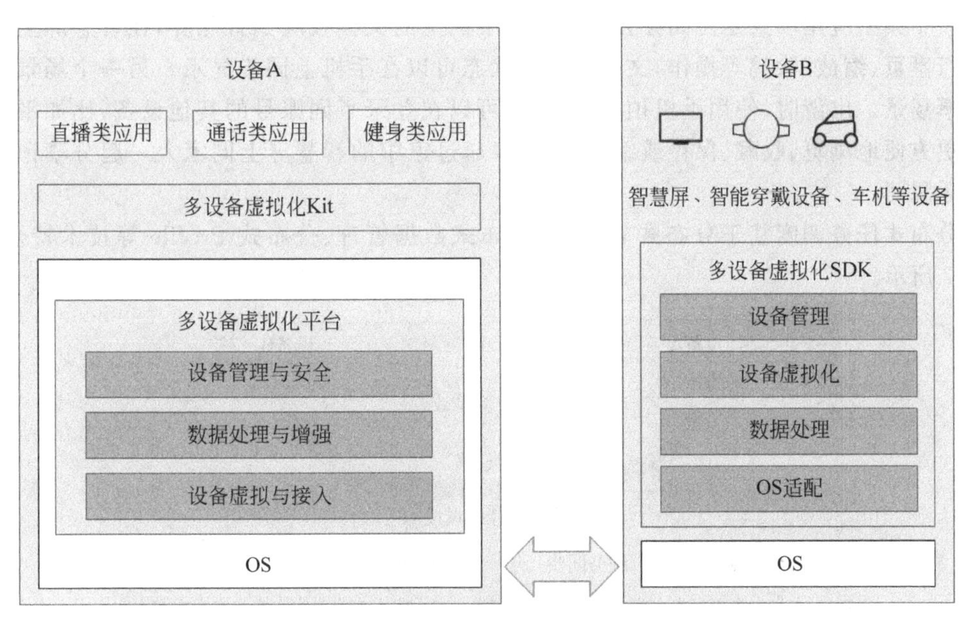

图 1.5　分布式设备虚拟化平台示意图

触控能力,为玩家提供更便捷、更流畅的游戏体验。

分布式数据管理基于分布式软总线的能力,实现应用程序数据和用户数据的分布式管理,如图 1.6 所示。

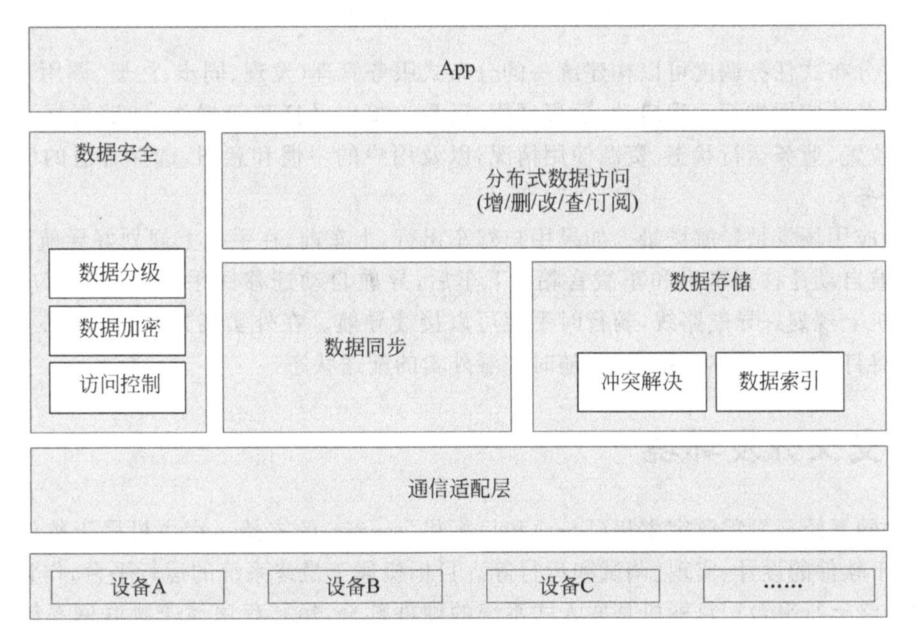

图 1.6　分布式数据管理示意图

用户数据不再与单一物理设备绑定,业务逻辑与数据存储分离,跨设备的数据处理如同本地数据处理一样方便快捷,让开发者能够轻松实现全场景、多设备下的数据存储、共享和访问,为打造一致、流畅的用户体验创造了基础条件。

一个典型应用场景是协同办公场景。将手机上的文档投屏到智慧屏，在智慧屏上对文档执行翻页、缩放、涂鸦等操作，文档的最新状态可以在手机上同步显示。另一个场景是照片分享场景。出游时，使用手机拍摄的照片，可以在登录了同账号的其他设备，比如平板电脑上更方便地浏览、收藏、保存或编辑，也可以通过家中的智慧屏上同家人一起分享记录下的快乐瞬间。

分布式任务调度基于分布式软总线、分布式数据管理、分布式 Profile 等技术特性，如图 1.7 所示。

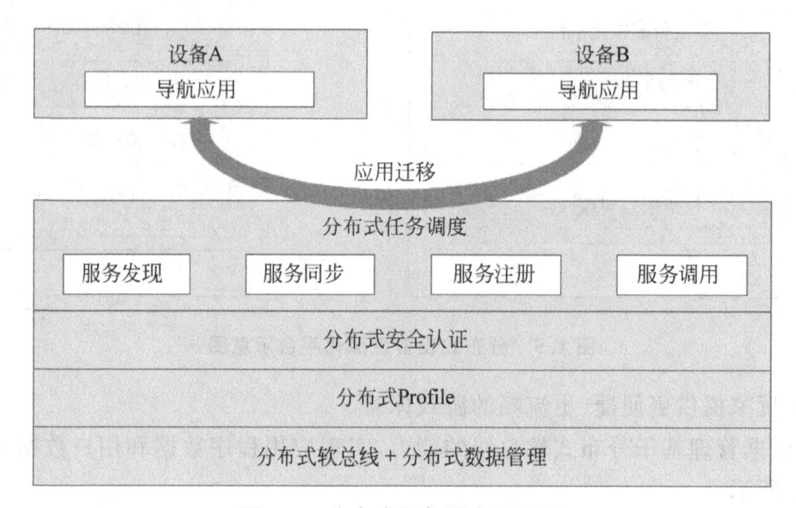

图 1.7　分布式任务调度示意图

通过分布式任务调度可以构建统一的分布式服务管理（发现、同步、注册、调用）机制，支持对跨设备的应用进行远程启动、远程调用、远程连接以及迁移等操作，能够根据不同设备的能力、位置、业务运行状态、资源使用情况，以及用户的习惯和意图，选择合适的设备运行分布式任务。

典型应用场景是导航场景。如果用户驾车出行，上车前，在手机上规划好导航路线；上车后，导航自动迁移到车机和车载音箱；下车后，导航自动迁移回手机。如果用户骑车出行，在手机上规划好导航路线，骑行时手表可以接续导航。在外卖场景中，在手机上点外卖后，可以将订单信息迁移到手表上，随时查看外卖的配送状态。

视频讲解

1.2　交叉开发环境

物联网系统开发需要宿主机（host）和目标机（target）的支持。宿主机属于软件的开发平台，用于软件的设计、实现、调试和运行等。目标机属于最终系统的运行平台，作为可执行程序的最终运行平台。目标机是嵌入式系统的硬件部分，运行程序属于物联网系统的软件部分。

目标机资源有限，不能在目标机上直接编辑代码进行开发，只能在计算机上完成程序的编写、编译、连接，并且下载到目标机运行。交叉开发环境是指用于嵌入式软件开发中使用的所有工具软件的集合。一般包括文本编辑器、交叉编译器、交叉调试器、仿真器和下载器等工具。

交叉编译技术是一套编译器、连接器和库等组成的开发环境。把在宿主机上编写的高级语言程序，编译成可以运行在目标机上的代码，即在宿主机上能够编译生成另一种 CPU 上运行的二进制程序。

软件开发的实现阶段可分为生成、调试和固化运行三个步骤。软件生成主要是在宿主机上进行，利用各种工具完成对应用程序的编辑、交叉编译和连接工作，生成可供调试或固化的目标程序。软件调试是通过交叉调试器完成软件的调试工作。调试完成后还需进行必要的测试工作。软件固化运行是先用一定的工具将应用程序固化到目标机上，然后启动目标机，在没有任何工具干预的情况下应用程序能自动地启动运行。

如 LiteOS Studio 是基于 LiteOS 轻量级操作系统开发的工具。它提供了代码编辑、编译、烧录、调试及 Trace 跟踪等功能，可以对系统关键数据进行实时跟踪及保存与回放。LiteOS Studio 当前只运行在 Windows 10 64 位操作系统上。该工具的一些功能依赖于额外的编译器等工具。如 ARM 架构的 CPU，需要 ARM GCC 编译器进行编译，需要安装 arm-none-eabi 软件。如 RISCV 架构的 Hi3861，需要 riscv32-unknown-elf 编译器。

第 2 篇　LiteOS内核

第2章

任务管理

伟大人物的最明显的标志，就是他坚强的意志，不管环境变换到何种地步，他的初衷与希望仍不会有丝毫的改变，而终于克服障碍，以达到期望的目的。

——爱迪生

2.1 基本概念

现代的计算机操作系统大多为多用户、多任务操作系统。多用户、多任务操作系统是指一台计算机可以有多个用户同时使用，并且可以同时执行由多个用户提交的多个任务。这里的任务(Task)是操作系统中一般性的术语，指由软件生成的一个活动。在非实时操作系统中，一个任务既可以是一个进程，也可以是一个线程。在实时操作系统中，进程和线程的概念不适用，一个任务指的是一系列共同达到某一目的的操作，等同于多线程进程中的线程。例如，读取数据并将数据放入内存中。这个任务可作为一个进程来实现，也可以作为一个线程(或作为一个中断任务)来实现。

早期的计算机，只有一个单核 CPU 承担计算任务，单个 CPU 一次只能运行一个任务，因此无法被多个程序并行使用。在没有操作系统的情况下，一道程序一直独占着全部 CPU。如果有两个任务要共享一个 CPU，此时需要程序员安排程序运行计划，使得程序一在某时刻独占 CPU，程序二在下一时刻独占 CPU。程序运行计划在操作系统中，不再是程序员具体安排，而是由调度器(Scheduler)负责，把 CPU 的运行时间拆分成一段一段的运行时间片，采用某种调度策略把 CPU 的时间片分配给程序一、程序二以及其他的程序去使用。由于时间片极短，占用 CPU 的程序之间的切换速度极快，在宏观上表现为多道程序同时占用一个 CPU。

然而，在一个没有存储器管理组件的 OS 里，每道程序的运行空间由程序员手动安排，如程序一使用存储器空间的物理地址范围为 0x100～0x1ff，程序二使用存储器空间的物理地址范围为 0x200～0x2ff 等。在简单的情况下，这种方式可以正常运行。实际情况中，计算机硬件系统的不同和程序数量的增加，手动调整使用同一个内存上的不同空间非常困难。因此，引入了“虚拟地址”的概念。在 CPU 硬件上，增加了一个专门的存储管理单元模块，负责转换虚拟地址和物理地址。操作系统增加相应的存储管理模块，管理物理内存、虚拟内存相关的一系列事务。应用程序中采用进程的概念,每个进程使用完全一样的虚拟内存地址,通过操作系统和硬件 MMU 协作,把虚拟内存地址映射到存储器不同的物理地址空间。因此各个进程有各自独立的物理内存空间,一个进程无法访问其他进程的物理内存。如果一个进程内有多个任务,需要共享同一块物理内存空间,采用了线程概念。进程中的每个线程,在调度器的管理下共享 CPU,在该进程虚拟地址空间中运行,共享同一个物理地址空间,但无法跨越自己的进程,访问其他进程的物理地址空间。

不同的 OS 管理线程和进程的方式不同。Linux 内核 2.4 版本以前,线程的实现和管理方式就是完全按照进程方式实现的,在内核 2.6 版本以后才有了单独的线程实现。在 Windows 3.x 中,进程是最小运行单位。在 Windows 95/NT 后,每个进程可以包含几个线程。有的 OS 里,进程不是调度单位,线程是最基本的调度单位,调度器只调度线程。进程之间也可以共享同一块物理地址空间,如符合 posix 规范的操作系统提供 mmap 接口,能把一个物理地址空间映射到不同的进程中,由不同的进程来共享。根据进程与线程的管理方式,OS 大致分为单进程、单线程系统,如 MS-DOS;多进程、单线程系统,如多数 UNIX(及类 UNIX 的 Linux)系统;多进程、多线程系统,如 Win32(Windows NT/2000/XP 等)系统、Solaris 2.x 和 OS/2 系统;单进程、多线程系统,如 VxWorks 系统。

2.1.1 进程与线程

一个进程(Process)被定义为程序的一次执行。从用户的角度,可以把一个进程看成一个独立的程序,在存储器中有其完备的数据空间和代码空间。一个进程所拥有的数据和变量只属于它自己。一个线程(Thread)被定义为某一进程中一道单独运行的程序。一个进程由一个或多个线程构成,各个线程共享进程内的代码和全局数据,但有各自的堆栈,局部变量对每一线程来说是私有的。

进程是资源分配的基本单位,也是调度运行的基本单位。例如,用户运行自己的程序,系统就创建一个进程,并为它分配资源,包括各种表格、内存空间、磁盘空间、IO 设备等。然后,把该进程放入进程的就绪队列。进程调度程序选中它,为它分配 CPU 以及其他有关资源,该进程才真正运行。所以,进程是系统中的并发执行的单位。在 Mac OS、Windows NT 等采用微内核结构的操作系统中,进程的功能发生了变化。进程只是资源分配单位,不是调度运行单位。在微内核系统中,真正调度运行的基本单位是线程,实现并发功能的单位是线程。

线程是进程中执行运算的最小单位,亦即执行处理机调度的基本单位。如果把进程理解为在逻辑上操作系统所完成的任务,那么线程表示完成该任务的许多可能的子任务之一。例如,假设用户启动了一个窗口中的学生成绩数据库应用程序,操作系统就将对数据库的调用表示为一个进程。假设用户要从数据库中产生一份学生名单报表,并传到一个文件中,这是一个子任务;在产生学生名单报表的过程中,用户又可以输入数据库查询成绩的请求,这又是一个子任务。这样,操作系统则把每一个请求、学生名单报表和新输入的数据查询表示为数据库进程中的独立的线程。线程可以在处理器上独立调度执行,在多处理器环境下,几个线程可以各自在单独处理器上进行。

在计算机系统中引入线程有多个优点,如易于调度、提高并发性、开销少、利于充分发挥多处理器的功能。进程和线程的关系如下。

(1) 一个线程只能属于一个进程,而一个进程可以有多个线程,但至少要有一个线程。

(2) 资源分配给进程,同一进程的所有线程共享该进程的所有资源。

(3) 处理机分给线程,即真正在处理机上运行的是线程。

(4) 线程在执行过程中,需要协作同步。

(5) 不同进程的线程间要利用消息通信的办法实现同步。

和 Windows 不同,Linux 实现线程的机制如图 2.1 所示。

Linux 没有线程的概念,把线程当成进程来实现。Linux 内核并没有特殊的调度算法或者定义特别的数据结构来表示线程,仅把线程当成一个与其他进程共享某些资源的进程。每个线程都拥有唯一属于自己的 task_struct,在内核中像是一个普通的进程,只是它没有自己独立的内存地址空间,和其他一些进程共享某些资源。

如果需要一个包含 3 个线程的进程,Linux 仅创建 3 个进程并分配 3 个普通的 task_struct 结构,建立这 3 个进程时,指定它们共享某些资源。在 Windows 中,内核提供专门支持线程的机制,常把线程称为轻量级进程。如果需要一个包含 4 个线程的进程,会有一个指向 4 个不同线程的指针的进程描述符。该描述符负责描述像地址空间、打开的文件这样的共享资源。线程本身再去描述它独占的资源。

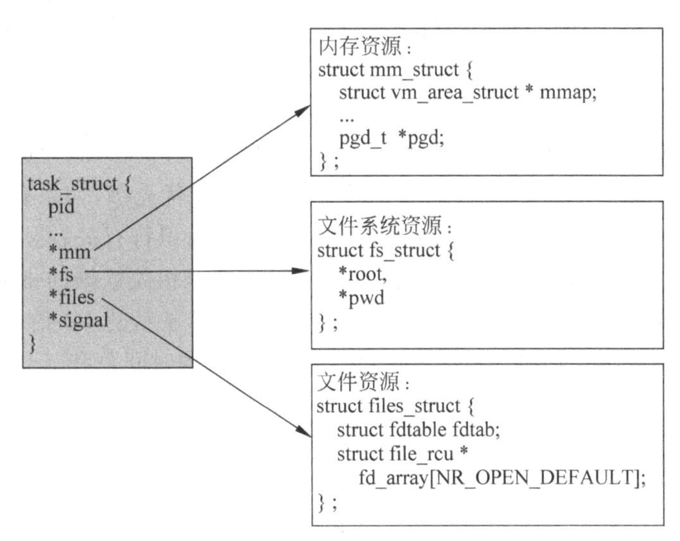

图 2.1　Linux 中的 task_struct 结构体

Linux 提供一系列命令来查看正在运行的进程。top 命令用来查看系统的资源状况。ps 命令用来查看当前用户的活动进程,如果加上参数可以显示更多的信息,如-a,显示所有用户的进程。pstree 显示整棵进程树,Init 进程是所有进程的根节点。如下是 Linux 中查看线程命令的一些示例。

```
top -H
-H : Threads toggle
ps xH
H Show threads as if they were processes
ps -mp <PID>
m Show threads after processes
```

2.1.2 任务

在 FreeRTOS 中，每个执行线程都被称为"任务"。LiteOS 对任务的定义为，"从系统角度看，任务是竞争系统资源的最小运行单元"。任务可以使用或等待 CPU、使用内存空间等系统资源，并独立于其他任务运行。

LiteOS 的任务模块具有如下特性。

(1) 支持多任务。

(2) 一个任务表示一个线程。

(3) 抢占式调度机制，高优先级的任务可打断低优先级任务，低优先级任务必须在高优先级任务阻塞或结束后才能得到调度。

(4) 相同优先级任务支持时间片轮转调度方式。

(5) 共有 32 个优先级[0,31]，最高优先级为 0，最低优先级为 31。

视频讲解

2.2 任务管理概述

从操作系统角度讲，操作系统运-行一个程序，需要描述这个程序的运行过程，Linux 中通过一个结构体 task_struct{}来描述，统称为进程控制块(Process Control Block，PCB)，因此对 Linux 来说进程就是 PCB。进程的描述信息有：pid_t，pid 标识符，与进程相关的唯一标识符，区别正在执行的进程和其他进程；状态，描述进程的状态，因为进程有阻塞、挂起、运行等多个状态，所以都有标识符来记录进程的执行状态；优先级，如果有几个进程正在执行，就涉及进程执行的先后顺序，这和进程的优先级这个标识符有关；程序计数器，程序中即将被执行指令的下一条地址；内存指针，程序代码和进程相关数据的指针；上下文数据，进程执行时处理器的寄存器中的数据；IO 状态信息，包括显示的 IO 请求，分配给进程的 IO 设备和被进程使用的文件列表；记账信息，包括处理机的时间总和、记账号等。

2.2.1 任务状态

LiteOS 系统中的任务有多种运行状态。系统初始化完成后，创建的任务就可以在系统中竞争一定的资源，由内核进行调度。其任务状态通常分为以下四种。

(1) 就绪态(Ready)，表示该任务在就绪队列中，只等待 CPU。

(2) 运行态(Running)，表示该任务正在执行。

(3) 阻塞态(Blocked)，表示该任务不在就绪队列中。包含任务被挂起(Suspend 状态)、任务被延时(Delay 状态)、任务正在等待信号量、读写队列或者等待事件等。

(4) 退出态(Dead)，表示该任务运行结束，等待系统回收资源。

LiteOS 任务状态迁移如图 2.2 所示。

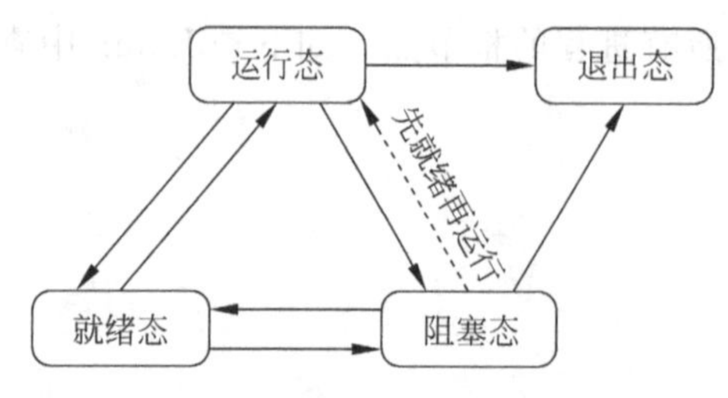

图 2.2 LiteOS 任务状态迁移

(1) 就绪态→运行态：任务创建后进入就绪态，发生任务切换时，就绪队列中最高优先级的任务被执行，从而进入运行态，同时该任务从就绪队列中移出。

(2) 运行态→阻塞态：正在运行的任务发生阻塞(挂起、延时、读信号量等)时，该任务会从就绪队列中删除，任务状态由运行态变成阻塞态，然后发生任务切换，运行就绪队列中最高优先级任务。

(3) 阻塞态→就绪态(阻塞态→运行态)：阻塞的任务被恢复后(任务恢复、延时时间超时、读信号量超时或读到信号量等)，此时被恢复的任务会被加入就绪队列，从而由阻塞态变成就绪态；此时如果被恢复任务的优先级高于正在运行任务的优先级，则会发生任务切换，该任务由就绪态变成运行态。

(4) 就绪态→阻塞态：任务也有可能在就绪态时被阻塞(挂起)，此时任务状态由就绪态变为阻塞态，该任务从就绪队列中删除，不会参与任务调度，直到该任务被恢复。

(5) 运行态→就绪态：有更高优先级任务创建或者恢复后，会发生任务调度，此刻就绪队列中最高优先级任务变为运行态，那么原先运行的任务由运行态变为就绪态，依然在就绪队列中。

(6) 运行态→退出态：运行中的任务运行结束，任务状态由运行态变为退出态。退出态包含任务运行结束的正常退出状态以及 Invalid 状态。例如，任务运行结束但是没有自删除，对外呈现的就是 Invalid 状态，即退出态。

(7) 阻塞态→退出态：阻塞的任务调用删除接口，任务状态由阻塞态变为退出态。

Linux 中的任务状态多一些，包括以下 6 种。

(1) 运行态(Running)：当进程正在被 CPU 执行，或已经准备就绪随时可以由调度程序执行，则该进程处于运行状态。

(2) 可中断睡眠态(Interruptible)：浅度睡眠，进程收到一个信号时，可以唤醒进程转换到就绪态(运行态)。

(3) 不可中断睡眠态(Uninterruptible)：深度睡眠，等待资源，不响应信号，处于该状态只有被使用 wake_up()函数唤醒才能转换到可运行的就绪状态。

(4) 僵尸态(Zombie)：进程已退出或者结束，但是父进程还没询问其状态时，则进程处于僵死状态，没有回收时的状态。

(5) 停止态(Stopped)：调试状态，收到 SIGSTOP、SIGTSTP、SIGTTIN 或 SIGTTOU 信号进程挂起。

Linux 任务状态迁移如图 2.3 所示。

LiteOS 任务的大多数状态由内核维护，唯有自删除状态对用户可见，需要用户在创建任务时传入。用户在调用创建任务接口时，可以将创建任务的 TSK_INIT_PARAM_S 参数的 uwResved 域设置为 LOS_TASK_STATUS_DETACHED(实际数值是 0x0100)，即自删除状态，设置成自删除状态的任务会在运行完成后执行自删除操作。注意，自删除状态受 LOSCFG_COMPAT_POSIX 开关影响。LOSCFG_COMPAT_POSIX 打开，只有将任务状态设置为 LOS_TASK_STATUS_DETACHED 才能实现自删除，否则任务完成时不会自删除。LOSCFG_COMPAT_POSIX 关闭，任务完成时都会自删除，不管 TSK_INIT_PARAM_S 参数的 uwResved 域是否设置为 LOS_TASK_STATUS_DETACHED。

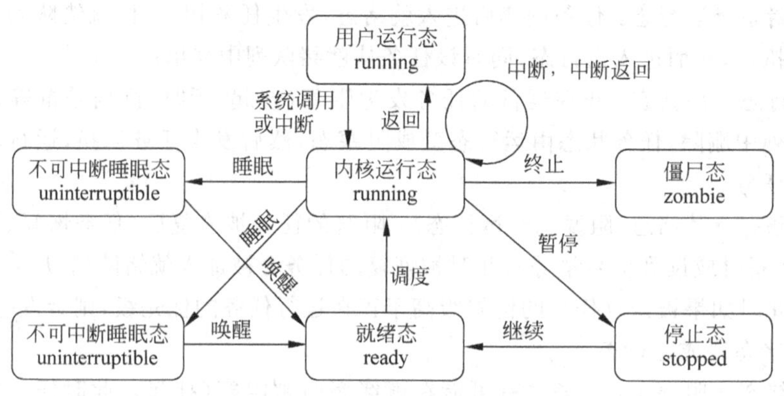

图 2.3　Linux 任务状态转移

2.2.2　任务控制块

LiteOS 的每个任务都含有一个任务控制块(Task Control Block,TCB)。TCB 包含任务上下文栈指针(Stack Pointer)、任务状态、任务优先级、任务 ID、任务名、任务栈大小等信息。TCB 可以反映出每个任务运行情况。在文件 los_task.h 文件中,定义了如下所列的任务信息结构体 TSK_INFO_S。

```
typedef struct tagTskInfo {
        CHAR acName[LOS_TASK_NAMELEN];      /* 任务名,LOS_TASK_NAMELEN 的默认值是 32 */
        UINT32 uwTaskID;                    /* 任务 ID */
        UINT16 usTaskStatus;                /* 任务状态 */
        UINT16 usTaskPrio;                  /* 任务优先级 */
        VOID *pTaskSem;                     /* 信号量指针 */
        VOID *pTaskMux;                     /* 互斥锁指针 */
        EVENT_CB_S uwEvent;                 /* 事件 */
        UINT32 uwEventMask;                 /* 事件掩码 */
        UINT32 uwStackSize;                 /* 任务栈大小 */
        UINTPTR uwTopOfStack;               /* 任务栈顶 */
        UINTPTR uwBottomOfStack;            /* 任务栈底 */
        UINTPTR uwSP;                       /* 任务的堆栈指针 */
        UINT32 uwCurrUsed;                  /* 当前已用任务栈 */
        UINT32 uwPeakUsed;                  /* 任务栈使用最大值 */
        BOOL bOvf;                          /* 表明任务栈溢出是否发生 */
} TSK_INFO_S;
```

该结构体在调试和发生错误时使用。如在 fault.c 中,有 TSK_INFO_S tskInfo 这样的语句。

在文件 los_task_pri.h 中,定义了任务控制块结构体 LosTaskCB,如下。

```
typedef struct {
    VOID        *stackPointer;              /* 任务栈指针 */
    UINT16      taskStatus;                 /* 任务状态 */
    UINT16      priority;                   /* 任务优先级 */
    UINT32      taskFlags : 31;             /* 任务扩展标志,使用 8b */
```

```
    UINT32    usrStack : 1;                /* 用户栈使用最后一位 */
    UINT32    stackSize;                   /* 任务栈大小 */
    UINTPTR   topOfStack;                  /* 任务栈顶 */
    UINT32    taskID;                      /* 任务 ID */
    TSK_ENTRY_FUNC  taskEntry;             /* 任务入口函数 */
    VOID      *taskSem;                    /* 任务持有的信号量 */
#ifdef LOSCFG_COMPAT_POSIX
    VOID        *threadJoin;
    VOID        *threadJoinRetval;
#endif
    VOID        *taskMux;                  /* 任务持有的互斥锁 */
#ifdef LOSCFG_OBSOLETE_API
    UINTPTR     args[4];                   /* 参数,最多4个 */
#else
    VOID        *args;                     /* VOID类型的参数 */
#endif
    CHAR        *taskName;                 /* 任务名称 */
    LOS_DL_LIST     pendList;              /* 任务悬挂节点 */
    SortLinkList    sortList;              /* 任务软连接节点 */
#ifdef LOSCFG_BASE_IPC_EVENT
    EVENT_CB_S       event;
    UINT32           eventMask;            /* 事件掩码 */
    UINT32           eventMode;            /* 事件模式 */
#endif
    VOID        *msg;                      /* 分配给队列的内存 */
    UINT32      priBitMap;                 /* 记录任务优先级变化的位图,优先级不大于31 */
    UINT32      signal;                    /* 任务信号 */
#ifdef LOSCFG_BASE_CORE_TIMESLICE
    UINT16      timeSlice;                 /* 剩余时间片 */
#endif
#ifdef LOSCFG_KERNEL_SMP
    UINT16      currCpu;                   /* 该任务运行在哪个CPU核之上 */
    UINT16      lastCpu;                   /* 该任务上次运行在哪个CPU核之上 */
    UINT32      timerCpu;                  /* 该任务悬挂在哪个CPU核之上 */
    UINT16      cpuAffiMask;               /* CPU亲和性掩码,最多16核 */
#ifdef LOSCFG_KERNEL_SMP_TASK_SYNC
    UINT32      syncSignal;                /* 信号处理串行化 */
#endif
#ifdef LOSCFG_KERNEL_SMP_LOCKDEP
    LockDep   lockDep;
#endif
#endif
#ifdef LOSCFG_DEBUG_SCHED_STATISTICS
    SchedStat        schedStat;            /* 调度状态 */
#endif
#ifdef LOSCFG_KERNEL_PERF
    UINTPTR          pc;
    UINTPTR          fp;
#endif
} LosTaskCB;
```

任务控制块结构体 LosTaskCB 的任务 ID，是任务的重要标识，在任务创建时通过参数返回给用户。系统中的 ID 是唯一的。用户可以通过任务 ID 对指定任务进行任务挂起、任务恢复、查询任务名等操作。

任务控制块结构体 LosTaskCB 的任务优先级表示任务执行的优先顺序。任务的优先级决定了在发生任务切换时即将要执行的任务，就绪队列中最高优先级的任务将得到执行。

任务控制块结构体 LosTaskCB 的任务入口函数是新任务得到调度后将执行的函数。该函数由用户实现，在任务创建时，通过任务创建结构体设置。

每个任务都拥有一个独立的栈空间，称为任务栈。栈空间里保存的信息包含局部变量、寄存器、函数参数、函数返回地址等。

任务在运行过程中使用的一些资源，如寄存器等，称为任务上下文。当这个任务挂起时，其他任务继续执行，可能会修改寄存器等资源中的值。如果任务切换时没有保存任务上下文，可能会导致任务恢复后出现未知错误。因此，LiteOS 在任务切换时会将切出任务的任务上下文信息，保存在自身的任务栈中，以便任务恢复后，从栈空间中恢复挂起时的上下文信息，从而继续执行挂起时被打断的代码。

任务切换包含获取就绪队列中最高优先级任务、切出任务上下文保存、切入任务上下文恢复等动作。

用户创建任务时，系统会初始化任务栈，预置上下文。此外，系统还会将"任务入口函数"地址放在相应位置。这样在任务第一次启动进入运行态时，将会执行"任务入口函数"。

定义了 LosTaskCB 之后，可以通过 LosTaskCB * taskCB = NULL 等语句使用该结构体进行任务管理。和 FreeRTOS 相比，该任务控制块功能稍多。如下为 FreeRTOS 的功能控制块。

```
typedef struct tskTaskControlBlock {
  volatile StackType_t * pxTopOfStack;            //任务堆栈栈顶
#if ( portUSING_MPU_WRAPPERS == 1 )
  xMPU_SETTINGS xMPUSettings;                     //MPU 相关设置
#endif
  ListItem_t xStateListItem;                      //状态列表项
  ListItem_t xEventListItem;                      //事件列表项
  UBaseType_t uxPriority;                         //任务优先级
  StackType_t * pxStack;                          //任务堆栈起始地址
  char pcTaskName[ configMAX_TASK_NAME_LEN ];     //任务名字
#if ( portSTACK_GROWTH > 0 )
  StackType_t * pxEndOfStack;                     //任务堆栈栈底
#endif
#if ( portCRITICAL_NESTING_IN_TCB == 1 )
  UBaseType_t uxCriticalNesting;                  //临界区嵌套深度
#endif
#if ( configUSE_TRACE_FACILITY == 1 )             //trace 或 debug 的时候用到
  UBaseType_t uxTCBNumber;
  UBaseType_t uxTaskNumber;
#endif
#if ( configUSE_MUTEXES == 1 )
  UBaseType_t uxBasePriority;                     //任务基础优先级,优先级反转的时候用到
  UBaseType_t uxMutexesHeld;                      //任务获取到的互斥信号量个数
```

```
#endif
#if ( configUSE_APPLICATION_TASK_TAG == 1 )
  TaskHookFunction_t pxTaskTag;
#endif
#if( configNUM_THREAD_LOCAL_STORAGE_POINTERS > 0 )     //与本地存储有关
  void * pvThreadLocalStoragePointers[ configNUM_THREAD_LOCAL_STORAGE_POINTERS ];
#endif
#if( configGENERATE_RUN_TIME_STATS == 1 )
  uint32_t ulRunTimeCounter;                        //用来记录任务运行总时间
#endif
#if ( configUSE_NEWLIB_REENTRANT == 1 )
  struct _reent xNewLib_reent;                      //定义一个 newlib 结构体变量
#endif
#if( configUSE_TASK_NOTIFICATIONS == 1 )            //任务通知相关变量
  volatile uint32_t ulNotifiedValue;                //任务通知值
  volatile uint8_t ucNotifyState;                   //任务通知状态
#endif
#if( tskSTATIC_AND_DYNAMIC_ALLOCATION_POSSIBLE != 0 )   /* 用来标记任务是动态创建的还是静
态创建的,如果是静态创建的此变量就为 pdTURE,如果是动态创建的就为 pdFALSE */
  uint8_t ucStaticallyAllocated;
#endif
#if( INCLUDE_xTaskAbortDelay == 1 )
  uint8_t ucDelayAborted;
#endif
} tskTCB;
```

在 Linux 中每一个进程由 task_struct 数据结构来定义,如下。在/include/linux/sched.h 可以找到 task_struct 的定义。

```
struct task_struct
{
        volatile long state;             //说明了该进程是否可以执行,还是可中断等信息
        unsigned long flags;             //flag 是进程号,在调用 fork()时给出
        int sigpending;                  //进程上是否有待处理的信号
        mm_segment_t addr_limit;         /* 进程地址空间,区分内核进程与普通进程在内存存放的
位置不同,0~0xBFFFFFFF 用于普通进程,0~0xFFFFFFFF 用于内核进程 */
        volatile long need_resched;      /* 调度标志,表示该进程是否需要重新调度,若非 0,则当
从内核态返回到用户态,会发生调度 */
        int lock_depth;                  //锁深度
        long nice;                       //进程的基本时间片
        unsigned long policy;            /* 进程的调度策略,有三种,实时进程:SCHED_FIFO,SCHED_
RR, 分时进程:SCHED_OTHER */
        struct mm_struct * mm;           //进程内存管理信息

        int processor;
        unsigned long cpus_runnable, cpus_allowed;    /* 若进程不在任何 CPU 上运行, cpus_
runnable 的值是 0,否则是 1, 这个值在运行队列被锁时更新 */

        struct list_head run_list;       //指向运行队列的指针
        unsigned long sleep_time;        //进程的睡眠时间
```

```
struct task_struct * next_task, * prev_task;  /* 用于将系统中所有的进程连成一个双向循环链表,其根是 init_task */
struct mm_struct * active_mm;
struct list_head local_pages; //指向本地页面
unsigned int allocation_order, nr_local_pages;
struct linux_binfmt * binfmt; //进程所运行的可执行文件的格式
int exit_code, exit_signal;
int pdeath_signal;              //父进程终止是向子进程发送的信号
unsigned long personality;
int did_exec:1;      //Linux 可以运行由其他 UNIX 操作系统生成的符合 iBCS2 标准的程序
pid_t pid;                      //进程标识符,用来代表一个进程
pid_t pgrp;                     //进程组标识,表示进程所属的进程组
pid_t tty_old_pgrp;             //进程控制终端所在的组标识
pid_t session;                  //进程的会话标识
pid_t tgid;
int leader;                     //表示进程是否为会话主管
struct task_struct * p_opptr, * p_pptr, * p_cptr, * p_ysptr, * p_osptr;
struct list_head thread_group; //线程链表
struct task_struct * pidhash_next;  //用于将进程链入 Hash 表
struct task_struct ** pidhash_pprev;
wait_queue_head_t wait_chldexit;    //供 wait4()使用
struct completion * vfork_done;     //供 vfork() 使用
unsigned long rt_priority;      //实时优先级,用它计算实时进程调度时的 weight 值
unsigned long it_real_value, it_prof_value, it_virt_value;
unsigned long it_real_incr, it_prof_incr, it_virt_value;
/* it_real_value,it_real_incr 用于 REAL 定时器,单位为 jiffies, 系统根据 it_real_value 设置定时器的第一个终止时间.在定时器到期时,向进程发送 SIGALRM 信号,同时根据 it_real_incr 重置终止时间,it_prof_value,it_prof_incr 用于 Profile 定时器,单位为 jiffies.当进程运行时,不管在何种状态下,每个 tick 都使 it_prof_value 值减 1,当减到 0 时,向进程发送信号 SIGPROF,并根据 it_prof_incr 重置时间.it_virt_value,it_virt_value 用于 Virtual 定时器,单位为 jiffies。当进程运行时,不管在何种状态下,每个 tick 都使 it_virt_value 值减 1,当减到 0 时,向进程发送信号 SIGVTALRM,根据 it_virt_incr 重置初值 */
struct timer_list real_timer;  //指向实时定时器的指针
struct tms times;               //记录进程消耗的时间
unsigned long start_time;       //进程创建的时间


long per_cpu_utime[NR_CPUS], per_cpu_stime[NR_CPUS]; //记录进程在每个 CPU 上所消耗的用户态时间和核心态时间
unsigned long min_flt, maj_flt, nswap, cmin_flt, cmaj_flt, cnswap;
/* 内存缺页和交换信息:min_flt, maj_flt 累计进程的次缺页数(Copy on Write 页和匿名页)和主缺页数(从映射文件或交换设备读入的页面数); nswap 记录进程累计换出的页面数,即写到交换设备上的页面数。cmin_flt, cmaj_flt, cnswap 记录本进程为祖先的所有子孙进程的累计次缺页数,主缺页数和换出页面数 */
/* 在父进程回收终止的子进程时,父进程会将子进程的这些信息累积到自己结构的这些域中 */
int swappable:1;                //表示进程的虚拟地址空间是否允许换出
uid_t uid,euid,suid,fsuid;
gid_t gid,egid,sgid,fsgid;
//进程认证信息
/* uid 和 gid 为运行该进程的用户的用户标识符和组标识符,通常是进程创建者的 uid 和
```

```
gid; euid 和 egid 为有效 uid 和 gid,fsuid 和 fsgid 为文件系统 uid 和 gid,这两个 ID 通常与有效
uid,gid 相等,在检查对于文件系统的访问权限时使用它们。suid 和 sgid 为备份 uid 和 gid */
    int ngroups;                    //记录进程在多少个用户组中
    gid_t groups[NGROUPS];          //记录进程所在的组
    kernel_cap_t cap_effective, cap_inheritable, cap_permitted;   /* 进程的权能,分别是
有效位集合,继承位集合,允许位集合 */
    int keep_capabilities:1;
    struct user_struct * user;
    struct rlimit rlim[RLIM_NLIMITS];  //与进程相关的资源限制信息
    unsigned short used_math;       //是否使用 FPU
    char comm[16];                  //进程正在运行的可执行文件名
    int link_count, total_link_count;  //文件系统信息
    struct tty_struct * tty;
    unsigned int locks;             /* NULL if no tty 进程所在的控制终端,如果不需要控制终
端,则该指针为空 */
    //进程间通信信息
    struct sem_undo * semundo;      //进程在信号灯上的所有 undo 操作
    struct sem_queue * semsleeping; /* 当进程因为信号灯操作而挂起时,它在该队列中记录等
待的操作 */
    struct thread_struct thread;   /* 进程的 CPU 状态,切换时,要保存到停止进程的 task_
struct 中 */
    struct fs_struct * fs;          //文件系统信息
    struct files_struct * files;    //打开文件信息
    spinlock_t sigmask_lock;        //信号处理函数
    struct signal_struct * sig;     //信号处理函数
    sigset_t blocked;               //进程当前要阻塞的信号,每个信号对应一位
    struct sigpending pending;      //进程上是否有待处理的信号
    unsigned long sas_ss_sp;
    size_t sas_ss_size;
    int ( * notifier)(void * priv);
    void * notifier_data;
    sigset_t * notifier_mask;
    u32 parent_exec_id;
    u32 self_exec_id;

    spinlock_t alloc_lock;
    void * journal_info;
};
```

2.2.3 任务管理模块

任务创建后,内核可以执行锁任务调度,解锁任务调度、挂起、恢复、延时等操作,同时也可以设置任务优先级,获取任务优先级。LiteOS 的任务管理模块提供如下 8 种功能,接口详细信息可以查看 API 参考。

(1) 创建和删除任务。

① LOS_TaskCreateOnly 创建任务,并使该任务进入 suspend 状态,不对该任务进行调

度。如果需要调度，可以调用 LOS_TaskResume 使该任务进入 Ready 状态。

② LOS_TaskCreate 创建任务，并使该任务进入 Ready 状态，如果就绪队列中没有更高优先级的任务，则运行该任务。

③ LOS_TaskCreateOnlyStatic 创建任务，任务栈由用户传入，并使该任务进入 Suspend 状态，不对该任务进行调度。如果需要调度，可以调用 LOS_TaskResume 使该任务进入 Ready 状态。

④ LOS_TaskCreateStatic 创建任务，任务栈由用户传入，并使该任务进入 Ready 状态，如果就绪队列中没有更高优先级的任务，则运行该任务。

⑤ LOS_TaskDelete 删除指定的任务。

(2) 控制任务状态。

① LOS_TaskResume 恢复挂起的任务，使该任务进入 Ready 状态。

② LOS_TaskSuspend 挂起指定的任务，然后切换任务。

③ LOS_TaskDelay 任务延时等待，释放 CPU，等待时间到期后该任务会重新进入 Ready 状态。

④ LOS_TaskYield 当前任务释放 CPU，并将其移到具有相同优先级的就绪任务队列的末尾。

(3) 控制任务调度。

① LOS_TaskLock 锁任务调度，但任务仍可被中断打断。

② LOS_TaskUnlock 解锁任务调度。

(4) 控制任务优先级。

① LOS_CurTaskPriSet 设置当前任务的优先级。

② LOS_TaskPriSet 设置指定任务的优先级。

③ LOS_TaskPriGet 获取指定任务的优先级。

(5) 设置任务亲和性。

LOS_TaskCpuAffiSet 设置指定任务的运行 CPU 集合（该函数仅在 SMP 模式下支持）。

(6) 回收任务栈资源。

LOS_TaskResRecycle 回收所有待回收的任务栈资源。

(7) 获取任务信息。

① LOS_CurTaskIDGet 获取当前任务的 ID。

② LOS_TaskInfoGet 获取指定任务的信息，包括任务状态、优先级、任务栈大小、栈顶指针 SP、任务入口函数、已使用的任务栈大小等。

③ LOS_TaskCpuAffiGet 获取指定任务的运行 CPU 集合（该函数仅在 SMP 模式下支持）。

(8) 任务信息维测。

LOS_TaskLock TaskSwitchHookReg 注册任务上下文切换的钩子函数。

只有开启 LOSCFG_BASE_CORE_TSK_MONITOR 宏开关后，这个钩子函数才会在任务发生上下文切换时被调用。

可以通过 make menuconfig 配置 LOSCFG_KERNEL_SMP 使能多核模式（Kernel-

Kconfig)。还可以设置核的数量、使能多任务的核间同步、使能函数跨核调用。在多核模式下,创建任务时可以传入 usCpuAffiMask 来配置任务的 CPU 亲和性,该标志位采用 1bit-1core 的对应方式,详细可见 TSK_INIT_PARAM_S 结构体。各个任务的任务栈大小,在创建任务时可以进行针对性的设置,若设置为 0,则使用默认任务栈大小(LOSCFG_BASE_CORE_TSK_DEFAULT_STACK_SIZE)作为任务栈大小,该值为 1536。不同的平台的值不同,如在 QEMU 模拟 a53 时,该值为 24576;树莓派中,该值为 4096;STM32F103_FIRE_Arbitrary 中,该值为 800。

2.3　任务运行

创建任务时,系统会对任务栈进行初始化、预留上下文,将任务入口函数地址放在相应位置。以 LiteOS 创建任务为例,开发流程如下。

(1) 执行 make menuconfig 命令,进入 Kernel→Basic Config→Task 菜单,完成任务模块的配置。

(2) 锁任务调度 LOS_TaskLock,防止高优先级任务调度。

(3) 创建任务 LOS_TaskCreate,或静态创建任务 LOS_TaskCreateStatic(需要打开 LOSCFG _TASK_STATIC_ALLOCATION 宏)。

(4) 解锁任务 LOS_TaskUnlock,让任务按照优先级进行调度。

(5) 延时任务 LOS_TaskDelay,任务延时等待。

(6) 挂起指定的任务 LOS_TaskSuspend,任务挂起等待恢复操作。

(7) 恢复挂起的任务 LOS_TaskResume。

任务模块的配置项如表 2.1 所示。

表 2.1　任务模块的配置项

配　置　项	含　　义	取 值 范 围	默认值
LOSCFG_BASE_CORE_TSK_LIMIT	系统支持的最大任务数	[0,OS_SYS_MEM_SIZE)	平台相关
LOSCFG_TASK_MIN_STACK_SIZE	最小任务栈大小	[0,OS_SYS_MEM_SIZE)	平台相关
LOSCFG_BASE_CORE_TSK_DEFAULT_STACK_SIZE	默认任务栈大小	[0,OS_SYS_MEM_SIZE)	平台相关
LOSCFG_BASE_CORE_TSK_IDLE_STACK_SIZE	IDLE 任务栈大小	[0,OS_SYS_MEM_SIZE)	平台相关
LOSCFG_BASE_CORE_TSK_DEFAULT_PRIO	默认任务优先级	[0,31]	10
LOSCFG_BASE_CORE_TIMESLICE	任务时间片调度开关	YES/NO	YES
LOSCFG_BASE_CORE_TIMESLICE_TIMEOUT	同优先级任务最长执行时间(tick)	[0,65 535]	平台相关
LOSCFG_OBSOLETE_API		YES/NO	平台相关
LOSCFG_LAZY_STACK	使能惰性压栈功能	YES/NO	YES

续表

配置项	含义	取值范围	默认值
LOSCFG_BASE_CORE_TSK_MONITOR	任务栈溢出检查和轨迹开关	YES/NO	YES
LOSCFG_TASK_STATIC_ALLOCATION	支持创建任务时，由用户传入任务栈	YES/NO	NO

其中，使用 LOSCFG_OBSOLETE_API 后，任务参数使用旧方式 UINTPTR auwArgs[4]，否则使用新的任务参数 VOID *pArgs。建议关闭此开关，使用新的任务参数。

LiteOS 支持 LOS_TaskCreateOnly、LOS_TaskCreate、LOS_TaskCreateOnlyStatic 和 LOS_ TaskCreateStatic 四种方式创建任务。前两种方式由系统创建任务，后两种方式(Static 方式)的任务栈由用户传入，TaskCreateOnly 使该任务进入 Suspend 状态，不对该任务进行调度。如果需要调度，可以调用 LOS_TaskResume 使该任务进入 Ready 状态。TaskCreate 方式创建任务后并使该任务进入 Ready 状态，如果就绪队列中没有更高优先级的任务，则运行该任务。例如，LOS_TaskCreateOnly 的原型和入口出口参数如下。

```
UINT32 LOS_TaskCreateOnly(UINT32 *taskId, TSK_INIT_PARAM_S *initParam)
创建任务并挂起
```

参数：

taskId：任务 ID，类型为 UINT32。

initParam：任务创建参数的数据结构。

LOS_TaskCreate 函数为 LOS_TaskCreateOnly 之后执行 OsTaskResume()。

```
LITE_OS_SEC_TEXT_INIT UINT32 LOS_TaskCreate(UINT32 *taskId, TSK_INIT_PARAM_S *initParam)
{
 UINT32 ret;

 ret = LOS_TaskCreateOnly(taskId, initParam);
 if (ret != LOS_OK) {
  return ret;
 }

 OsTaskResume(taskId);

 return LOS_OK;
}
```

LOS_TaskCreate 的函数说明如下。

* @par：描述

* 该 API 用于创建任务。如果在系统初始化之后创建的任务的优先级比当前任务的高，并且任务未被阻塞，该任务被调度运行。如果不是，创建的任务计入就绪任务队列中。

*

* @attention

* <ul>

```
* <li>任务创建过程中,先前自动删除的任务的任务控制块和任务栈被释放。</li>
* <li>任务名称是一个指针,不分配内存</li>
* <li>如果任务的任务栈大小为 0,设置 #LOSCFG_BASE_CORE_TSK_DEFAULT_STACK_SIZE 指定默认任务栈大小。</li>
* <li>任务栈大小必须以 8 字节边界对齐。任务栈大小由是否足够大、避免任务栈溢出来确定。</li>
* <li>更小的参数值表示更高的任务优先级。</li>
* <li>任务名称不能空。</li>
* <li>任务执行函数的指针不能空。</li>
* <li>该接口的两个参数为指针,必须为正确的值。都在系统将异常</li>
* </ul>
*
* @param taskId    [OUT] Type  #UINT32 * Task ID. 任务 ID
* @param initParam [IN]  Type  #TSK_INIT_PARAM_S * 任务创建的参数。
*
* @retval #LOS_ERRNO_TSK_ID_INVALID 非法任务 ID,参数 taskId 为空。
* @retval #LOS_ERRNO_TSK_PTR_NULL 参数 initParam 为空。
* @retval #LOS_ERRNO_TSK_NAME_EMPTY 任务名称为空。
* @retval #LOS_ERRNO_TSK_ENTRY_NULL 任务入口为空。
* @retval #LOS_ERRNO_TSK_PRIOR_ERROR 不正确的任务优先级。
* @retval #LOS_ERRNO_TSK_STKSZ_TOO_LARGE 任务栈大小太大。
* @retval #LOS_ERRNO_TSK_STKSZ_TOO_SMALL 任务栈大小太小。
* @retval #LOS_ERRNO_TSK_TCB_UNAVAILABLE 没有空余的任务控制块。
* @retval #LOS_ERRNO_TSK_NO_MEMORY 内存不足以创建任务。
* @retval #LOS_OK 任务创建成功。
* @par: 依赖
* <ul><li>los_task.h: 包含 API 声明的头文件。</li></ul>
* <ul><li>los_config.h: 包含系统配置项的头文件。</li></ul>
* @see LOS_TaskDelete | LOS_TaskCreateOnly
* @since LiteOS V100R001C00
```

创建任务(Static)时,需要程序员自行定义任务堆栈,然后堆栈首地址作为函数的参数传递给函数。LOS_TaskCreateOnlyStatic 和 LOS_TaskCreateStatic 参数中,增加了 topStack。

```
* @param topStack  [IN] Type #VOID * 任务栈顶地址。
```

2.4 任务调度

LiteOS 支持任务按优先级高低的抢占调度以及同优先级时间片轮转调度。

在操作系统中有多种调度算法,常用的调度算法有先进先出调度算法、最短进程优先调度算法、轮转调度算法和优先级调度算法等。

2.4.1 先进先出调度

先进先出(First In First Out,FIFO)调度算法是一种最简单的调度算法,也被称为先来先服务(First Come First Served,FCFS)调度,是非抢占式调度算法。当在作业调度中采用该算法时,每次调度都是从后备作业队列中选择一个或多个最先进入该队列的作业,将它们调入内存,为它们分配资源、创建进程,然后放入就绪队列。在进程调度中采用FIFO算法时,则每次调度是从就绪队列中选择一个最先进入该队列的进程,为之分配处理机,使之投入运行。该进程一直运行到完成或发生某事件而阻塞后才放弃处理机。谁第一个排队,谁就先被执行,在它执行的过程中,不会中断它。其他程序也需要被执行时,就要排队等候。

算法优点在于易于理解且实现简单,只需要一个FIFO队列,并且相对公平。算法缺点是有利于长进程的执行,而不利于短进程,有利于计算密集型进程(CPU密集型),而不利于IO密集型进程。

下面通过一个实例来说明FIFO调度算法的性能。假设系统中有4个作业,其提交时间分别是8,8.1,8.5,8.6,运行时间依次为2,1,0.5,0.2,采用FIFO调度算法时,这组作业的开始时间、等待时间、完成时间和周转时间如表2.2所示。

表2.2 FIFO调度算法的性能

作业号	提交时间	运行时间	开始时间	等待时间	完成时间	周转时间
1	8	2	8	0	10	2
2	8.1	1	10	1.9	11	2.9
3	8.5	0.5	11	2.5	11.5	2.3
4	8.6	0.2	11.5	2.9	11.7	3.1

这批作业的平均等待时间 $t=(0+1.9+2.5+2.9)/4=1.825$,平均周转时间 $T=(2+2.9+2.3+3.1)/4=2.575$。

2.4.2 最短进程优先调度

最短进程优先(Shortest Process First,SPF)调度也可称为短作业优先调度,是指对短作业(进程)优先调度的算法。短作业优先(Shortest Job First,SJF)调度算法是从后备队列中选择一个或若干个估计运行时间最短的作业,将它们调入内存运行。SPF调度算法,则是从就绪队列中选择一个估计运行时间最短的进程,将处理机分配给它,使之立即执行,直到完成或发生某事件而阻塞时,才释放处理机。

相比于先进先出算法,SJF算法的优点是可改善平均周转时间和平均带权周转时间,缩短进程的等待时间,提高系统的吞吐量。缺点是对长进程非常不利,可能长时间不能执行;不能根据进程的紧迫程度来划分进程执行的优先级,不能保证紧迫性作业会被及时处理;也很难准确预计进程的执行时间,从而降低调度性能。

上述4个作业的系统，如果采用SJF调度算法时，这组作业的开始时间、等待时间、完成时间和周转时间如表2.3所示。

表2.3　SJF调度算法的性能

作业号	提交时间	运行时间	开始时间	等待时间	完成时间	周转时间
1	8	2	8	0	10	2
2	8.1	1	10.7	2.6	11.7	3.6
3	8.5	0.5	10.2	2.2	10.7	2.7
4	8.6	0.2	10	1.4	10.2	1.6

这批作业的平均等待时间 $t=(0+2.6+2.2+1.4)/4=1.55$，平均周转时间 $T=(2+3.6+2.7+1.6)/4=2.475$。SJF调度算法相对于FIFO算法，在平均等待时间和平均周转时间上有减少。

2.4.3　轮转调度

时间片轮转调度算法主要应用于分时系统，系统将所有就绪进程按到达时间的先后次序在一个队列中排列，进程调度程序总是选择就绪队列中第一个进程执行，即先来先服务的原则，不过一个进程只能运行一个时间片，如100ms。在一个时间片后，即使进程并未完成其运行，它也必须释放出(被剥夺)处理机给队列中下一个就绪的进程，而被剥夺的进程返回到就绪队列的末尾重新排队，等候再次运行。

在时间片轮转调度算法中，时间片的大小对系统性能的影响很大。如果时间片足够大，以至于所有进程都能在一个时间片内执行完毕，则时间片轮转调度算法就退化为先来先服务调度算法。如果时间片很小，那么处理机将在进程间过于频繁切换，使处理机的开销增大，而真正用于运行用户进程的时间将减少。因此时间片的大小应选择适当。

时间片的长短通常由多个因素影响，如系统的响应时间、就绪队列中的进程数目和系统的处理能力。

2.4.4　优先级调度

优先级调度算法可以用于作业调度，也可以用于进程调度。如系统中运行的一些进程往往比另一些进程更重要，系统需要将这些外部因素考虑到调度中，给进程赋予一个优先级，最高优先级的就绪进程优先运行。

在作业调度中，优先级调度算法每次从后备作业队列中选择优先级最高的一个或几个作业，将它们调入内存，分配必要的资源，创建进程并放入就绪队列。在进程调度中，优先级调度算法每次从就绪队列中选择优先级最高的进程，将处理机分配给它，使之投入运行。

根据新的更高优先级进程能否抢占正在执行的进程，可将该调度算法分为非抢占式优先级调度算法和抢占式优先级调度算法。其中，非抢占式优先级调度指当某一个进程正在处理机上运行时，此时某个更为重要或紧迫的进程进入就绪队列，正在运行的进程仍旧继续运行，直到任务完成或等待事件等自身的原因主动让出处理机时，才把处理机分配给更为重要或紧迫的进程。抢占式优先级调度算法指当某个进程正在处理机上运行时，此时某个更为重要或紧迫的进程进入就绪队列，正在运行的进程立即暂停，将处理机分配给更重要或紧迫的进程。

根据进程创建后，其优先级是否可以改变，可以将进程优先级分为静态优先级和动态优先级。静态优先级的优先级在创建进程时确定，在进程的整个运行期间保持不变。确定静态优先级的主要依据有进程类型、进程对资源的要求、用户要求。动态优先级指在进程运行过程中，根据进程情况的变化动态调整优先级。动态调整优先级的主要依据为进程占有处理机时间的长短、就绪进程等待处理机时间的长短。

2.4.5 多级反馈队列调度

多级反馈队列调度算法是时间片轮转调度算法和优先级调度算法的综合和发展。通过动态调整进程优先级和时间片大小，多级反馈队列调度算法可以兼顾多方面的系统目标。例如，为提高系统吞吐量和缩短平均周转时间而照顾短进程；为获得较好的 IO 设备利用率和缩短响应时间而照顾 IO 型进程；同时，也不必事先估计进程的执行时间。

多级反馈队列调度算法设置了多个就绪队列，各个队列赋予了不同的优先级，如第 1 级队列的优先级最高，第 2 级队列次之，其余队列的优先级逐次降低。各个队列中进程执行时间片的大小各不相同，优先级越高的队列中的进程的运行时间片越小。例如，第 2 级队列的时间片要比第 1 级队列的时间片长。当一个新进程进入内存后，首先将它放入第 1 级队列的末尾，按 FIFO 原则排队等待调度。在该进程执行时，若能在一个时间片内完成，便准备撤离系统；若在一个时间片结束时未完成，调度程序将该进程转入第 2 级队列的末尾，同样按 FIFO 调度执行；如此下去，当一个长进程从第 1 级队列依次降到第 n 级队列后，在第 n 级队列中采用时间片轮转调度运行。第 2 级队列中的进程运行前，第 1 级队列必须为空；第 i 级队列中的进程运行时，第 $1 \sim i-1$ 级队列必须为空。如果处理机正在执行第 i 级队列中的进程时，又有新进程进入优先级较高的队列，则新进程抢占正在运行进程的处理机，由调度程序把正在运行的进程放回到第 i 级队列的末尾，把处理机分配给新到的更高优先级的进程。

多级反馈队列的优势在于对于终端型作业用户，短作业优先。对于短批处理作业用户，周转时间较短。对于长批处理作业用户，经过前面几个队列得到部分执行，不会长期得不到处理。

2.4.6 Linux 调度器

Linux 中的调度根据任务的资源需求类型分为 IO 类型和进程类型的，其中，IO 类型的如网络设备以及键盘鼠标等，实时性要求较高，但是 CPU 占用可能并不密集，进程类型的对 CPU 的使用较为密集，比如加密解密过程和图像处理等。

Linux 内核中的 IO 调度器主要有四种算法，Noop 调度算法、Deadline 算法、Anticipatory 算法和绝对公平队列(Completely Fair Queuing，CFQ)算法。

从 Linux 2.6.18 起，CFQ 作为默认的 IO 调度算法。CFQ 试图为竞争块设备使用权的所有进程分配一个请求队列和一个时间片，在调度器分配给进程的时间片内，进程可以将其读写请求发送给底层块设备，当进程的时间片消耗完，进程的请求队列将被挂起，等待调度。

每个进程的时间片和每个进程的队列长度取决于进程的IO优先级，每个进程都会有一个IO优先级，CFQ调度器将会将其作为考虑的因素之一，来确定该进程的请求队列何时可以获取块设备的使用权。IO优先级从高到低可以分为三类，分别为RT(Real Time)、BE(Best Try)和IDLE(Idle)，其中，RT和BE又可以再划分为8个子优先级。CFQ调度器的公平是针对进程而言的，而只有同步请求(read或syn write)才是针对进程而存在的，它们会放入进程自身的请求队列，而所有同优先级的异步请求，无论来自于哪个进程，都会被放入公共的队列，异步请求的队列总共有8(RT)+8(BE)+1(IDLE)=17个。

2.4.7　LiteOS任务切换

LiteOS系统有两个任务切换函数：VOID osSchedule(VOID)和VOID LOS_Schedule(VOID)。这两个函数实际上最终使用的是函数osTaskSchedule()，如下。

```
osTaskSchedule
LDR    R0, = OS_NVIC_INT_CTRL
LDR    R1, = OS_NVIC_PENDSVSET
STR    R1, [R0]
BX     LR
```

该函数用汇编语言编写，不同的CPU由于指令集不同，该函数实现也不同。任务切换函数就是通过操作全局变量g_stLosTask，把当前任务的寄存器入栈，保存在任务控制块中pStackPointer指向的内存，然后把最新的就绪任务弹出来，实现任务切换。

在Cortex-M3内核中用的是PendSV中断来切换任务，函数内容如下。

```
PendSV_Handler
MRS    R12, PRIMASK
CPSID  I

LDR    R2, = g_pfnTskSwitchHook
LDR    R2, [R2]
CBZ    R2, TaskSwitch
PUSH   {R12, LR}
BLX    R2
POP    {R12, LR}
```

这个函数就是直接操作寄存器触发PendSV异常。异常直接调用如下的TaskSwitch函数。

```
TaskSwitch
MRS    R0, PSP

STMFD   R0!, {R4 - R12}
VSTMDB  R0!, {D8 - D15}

LDR    R5, = g_stLosTask
LDR    R6, [R5]
STR    R0, [R6]
```

```
LDRH   R7, [R6 , #4]
MOV    R8, #OS_TASK_STATUS_RUNNING
BIC    R7, R7, R8
STRH   R7, [R6 , #4]

LDR    R0, = g_stLosTask
LDR    R0, [R0, #4]
STR    R0, [R5]

LDRH   R7, [R0 , #4]
MOV    R8, #OS_TASK_STATUS_RUNNING
ORR    R7, R7, R8
STRH   R7, [R0 , #4]

LDR    R1,  [R0]
VLDMIA R1!, {D8 - D15}
LDMFD  R1!, {R4 - R12}
MSR    PSP, R1

MSR    PRIMASK, R12
BX     LR
```

2.4.8 任务调度性能评价

不同场景下，操作系统的设计目标不同。衡量调度策略性能的指标有资源利用率、响应时间、周转时间、吞吐量和公平性等。

(1) 资源利用率。一般来说，操作系统在调度过程中应尽可能利用 CPU 或者其他资源，提高资源利用率。

(2) 吞吐量。指单位时间内系统能完成的任务数。一般来说，操作系统应使单位时间处理的任务数尽可能多。

(3) 响应时间。对于交互式系统，应该使交互式用户的响应时间尽可能的小，或者尽快处理实时任务。

(4) 公平性。确保每个任务获得合理的 CPU 或其他资源份额。

(5) 周转时间。从一个任务提交给系统开始到任务完成获得结果为止的这段时长称为任务周转时间，操作系统应该使任务周转时间尽可能短。

如果任务 i 提交时刻是 t_s，完成时刻是 t_f，则周转时间为 $t_i=t_f-t_s$，即任务在系统中的等待时间和运行时间之和。如果有 n 个任务，平均作业周转时间 $T=\sum t_i/n$。如果任务 i 的周转时间为 t_i，所需运行时间为 t_k，则称 $w_i=t_i/t_k$ 为带权周转时间。因为 t_i 是等待时间与运行时间之和，所以 w_i 总大于 1。如果有 n 个任务，平均作业带权周转时间 $W=\sum w_i/n$。通常用平均周转时间衡量同一任务流使用不同调度算法时的调度性能，用平均带权周转时间衡量不同任务流使用同一调度算法时的调度性能。操作系统为提高系统的性能，应使得平均周转时间和平均带权周转时间最小。

第3章

内 存 管 理

启发我并永远使我充满生活乐趣的理想是真、善、美。

——爱因斯坦

3.1 概述

在系统运行过程中，内存管理模块通过对内存的申请和释放来管理用户和 OS 对内存的使用，使内存的利用率和使用效率达到最优，同时最大限度地解决系统的内存碎片问题。

CPU 访问内存最直接的方式就是使用物理寻址，此时内存被组织成类似一个字节数组的结构，每个字节有一个唯一的物理地址。通过物理寻址方式访问内存虽然直接且简单，但是存在任务之间不能隔离的问题和内存划分的问题。

另一种访问内存的方式为虚拟寻址。采用这种方式时，虚拟地址组织起来的虚拟内存让每个任务都独占地使用整个主存。OS 一般采用由硬件组成的内存管理单元(Memory Manage Unit，MMU)来实现上述操作。图 3.1 为 ARM 的 MMU 的原理示意图。

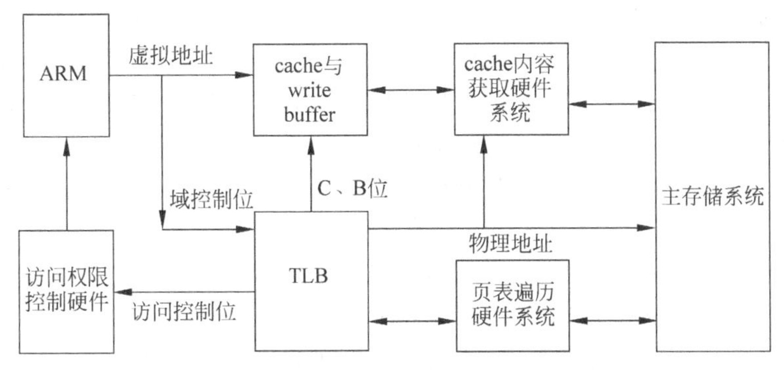

图 3.1 ARM 的内存管理单元原理示意图

MMU 提供的一个关键服务是使各个任务作为各自独立的程序在其自己的私有内存空间中运行。在带有 MMU 的系统中，OS 使运行的任务无须知道其他与之无关的任务的内存需求情况。MMU 提供了一些资源以允许使用虚拟内存，MMU 作为转换器，将程序和数据的虚拟地址转换成实际的物理地址，即在物理内存中的地址。这个转换过程允许运行的多个程序使用相同的虚拟地址,而各自存储在物理内存的不同位置。虚拟地址由编译器和连接器在定位程序时分配,物理地址用来访问实际的内存硬件模块。

MMU 对内存的管理主要是通过存在于内存中的传输表来实现。传输表有多个称为 entry 的入口,每个入口定义了内存空间的一个页(Page),页的大小从 1KB 到 1MB 不等,同时定义了这些页的属性。MMU 通过它的协处理器控制寄存器来确定传输表在内存中的位置,并通过这些寄存器来向 ARM 处理器提供内存访问错误信息。协处理器控制寄存器 c1 中某些位用于配置 MMU 中的一些操作,协处理器控制寄存器 c2 用于保存内存中页表基地址,协处理器控制寄存器 c3 设置域访问权限,协处理器控制寄存器 c5 设置内存访问失效状态标准,协处理器控制寄存器 c6 设置内存访问失效时失效地址,协处理器控制寄存器 c8 控制与清除对应查找表(Translation Lookaside Buffer,TLB)内容相关的操作,协处理器控制寄存器 c10 控制与锁定 TLB 内容相关的操作。

MMU 的使能或禁止可以通过协处理器 CP15 的控制寄存器的 c1 的 bit[0]来控制。当 MMU 被禁止时,内存访问执行下列过程。当禁止 MMU 时,是否支持 cache 和写缓存,根据不同芯片设计不同而有所不同。如果芯片规定当禁止 MMU 时禁止 cache 和写缓存,则内存访问不考虑 C、B 控制位。如果芯片规定禁止 MMU 时使能 cache 和写缓存(write buffer),则数据访问被视为无 cache 和写缓存,即 C=0、B=0。读取指令时,如果系统是统一的 TLB,则 C=0;如果使用分开的 TLB,则 C=1。内存访问不受权限控制,MMU 也不会产生内存访问中止信号。所有物理地址和虚拟地址相等,使用平行存储模式。

从虚拟地址到物理地址的变换过程是查询 TLB 的过程,由于传输表放在内存中,这个查询过程通常代价很大。这个访问时间通常是 1~2 个内存周期。为了减少平均内存访问时间,ARM 结构体系中采用一个通常为 6~8 个字大小、访问速度和 CPU 中通用寄存器相当的存储器件来存放当前访问需要的地址变换条目。

MMU 可以将整个内存空间分为最多 16 个域(Domain)。每个域对应一定的内存区域,该内存区域具有相同的访问控制属性。

当处理器产生一个内存访问请求时,将传输一个虚拟地址给 MMU,MMU 首先遍历 TLB(如果使用分离的存储系统,它将分别遍历数据 TLB 和指令 TLB)。如果 TLB 中不保护虚拟地址入口,那么它将转入保存在内存中的主传输表,来获得所有访问地址的物理地址和访问权限。一旦访问成功,它将新的虚拟地址入口信息保存在 TLB 中,以备下次查询使用。当得到了地址变换入口后,将进行以下操作。

(1) 根据入口中的 C(Cachable)控制位和 B(Bufferable)控制位决定是否缓存该内存访问结果。

(2) 根据访问权限控制位和域访问控制位确定该内存访问是否被允许。如果该内存访问不被允许,CP15 向 ARM 处理器报告存储访问中止。

(3) 对应不允许缓存的存储访问,直接得到物理地址访问内存。对于允许缓存的存储访问,如果在 cache 命中,则忽略物理地址;如果 cache 没有命中,则使用物理地址访问内存,并把该数据块读到 cache 中。

虚拟内存空间到物理内存空间的映射以内存块为单位。ARM 支持的内存块的大小有大小为 1M 的段(Sections),大小为 64KB 的大页(Large Pages),大小为 4KB 的小页(Small Pages)和大小为 1KB 的极小页(Tiny Pages)。段和大页只需一次映射就可以将虚拟地址转换成物理地址，也可根据需要增加一级映射，采用两级映射的方式再将大页分成16KB的子页，小页分成1KB的子页。极小页不能再分，只能以1KB大小的整页为单位。

内存中有两级页表以实现上述地址映射过程。一级页表包括两种类型的页表项，即保持指向二级页表起始地址的页表项和保存用于转换段地址的页表项。一级页表也称为段页表。二级页表包含以大页和小页为单位的地址变换页表项。

一级页表包含4096个页表项，将4GB地址空间划分为4096个1MB的段。一级页表是一个混合表，可作为二级页表的目录表，也可作为用于转换1MB段的普通页表。当一级页表作为页目录时，页表项包含的是代表1MB虚拟空间的二级页表指针。二级页表分为粗页表(Coarse)和细页表(Fine)。当一级页表用于转换一个1MB的段时，其页表项包含的是物理存储器中对应1MB页帧(Page Frame)的首地址。

一个粗二级页表包含256个页表项，每个页表项4B，共占用1KB的主存空间，每个页表项将一个4KB的虚拟内存块转换成一个4KB的物理内存块。粗二级页表支持4KB和64KB的页，页表项包含的是4KB或64KB的页帧地址。如果转换的是一个64KB的页，则对于每个64KB的页，同一个页表项必须在页表中重复16次。一个细二级页表有1024个页表项，每个页表项4B，共占用4KB的主存空间，每个页表项转换一个1KB的内存块。细页表支持1KB、4KB、64KB虚存页，每个页表项包含1KB、4KB或64KB的物理页帧首地址。如果转换的是4KB的页，则同一个页表项必须在页表中连续重复4次；如果转换的是64KB的页，则同一个页表项需要在页表中连续重复64次。

多数情况下，任务在执行前，需要经过编译、连接和加载等步骤，地址在不同步骤有不同的表示形式。源程序中地址通常使用符号表示，编译器通常将这些符号地址绑定到可重定位的地址。链接程序或加载程序将这些可重定位的地址绑定到绝对地址。每次绑定都是从一个地址空间到另一个地址空间的映射。

如果编译时就已经知道任务将在内存中的驻留地址，那么就可以生成绝对代码，如果将来开始地址发生变化，那么就有必要重新编译代码。如果在编译时不知道进程将驻留在何处，那么编译器生成可重定位代码。这种情况，最后绑定会延迟到加载时才进行。如果开始地址发生变化，那么只需要重新加载用户代码以合并更改的值。如果进程在执行时可以从一个内存段移到另一个内存段，那么绑定应延迟到执行时才进行，这是大多数通用操作系统采用的方式。

LiteOS的内存管理分为静态内存管理和动态内存管理，提供内存初始化、分配和释放等功能。

动态内存管理指在动态内存池中分配用户指定大小的内存块。其优点是按需分配，缺点是内存池中可能出现碎片。静态内存管理在静态内存池中分配用户初始化时预设(固定)大小的内存块。其优点是分配和释放效率高，静态内存池中无碎片，缺点是只能申请到初始化预设大小的内存块，不能按需申请。

3.2 动态内存管理

动态内存管理，即在内存资源充足的情况下，根据需求，从系统配置的一块比较大的连续内存(内存池，也是堆内存)中分配任意大小的内存块。当不需要该内存块时，又可以释放回系统供下一次使用。动态内存分配问题常用方法有首次适应法、最优适应法和最差适应法等方法。首次适应法分配首个足够大的内存块,查找可以从头开始,也可以从上次首次适应结束时开始。一旦找到足够大的空闲内存块,就可以停止。最优适应法分配最小的足够大的块,需要查找整个列表,除非列表按大小排序。这种方法可以产生最小剩余块。最差适应法分配最大的内存块。

与静态内存相比,动态内存管理的优点是按需分配,缺点是内存池中容易出现碎片。用于内存分配的首次适应法和最优适应法都会有外部碎片。对于内存的碎片可以是内部碎片,也可以是外部的。比如假设有一个 512B 大小的内存块,有一个进程需要 480B,如果只能分配所要求的内存块,那么还剩下 32B 的内存。因此通常按固定大小的块为单位来分配内存,采用这种方法,进程所分配的内存可能比所需要的大,这两个数字之差称为内部碎片,即这些内存存在于分区内部,但是不能用。外部碎片的一种解决方法是紧缩,移动内存内容,以便将所有的空闲空间合并成一整块。但是紧缩并不是总是可能的。如果重定位是静态的,并且在汇编时或加载时进行的,那么就不能紧缩。只有重定位是动态的,且在运行时进行的,那么才可以采用紧缩。

LiteOS 动态内存支持最优适应法 bestfit(或 dlink)和 bestfit_little 两种内存管理算法。

3.2.1 bestfit 内存管理

bestfit 内存管理结构如图 3.2 所示。

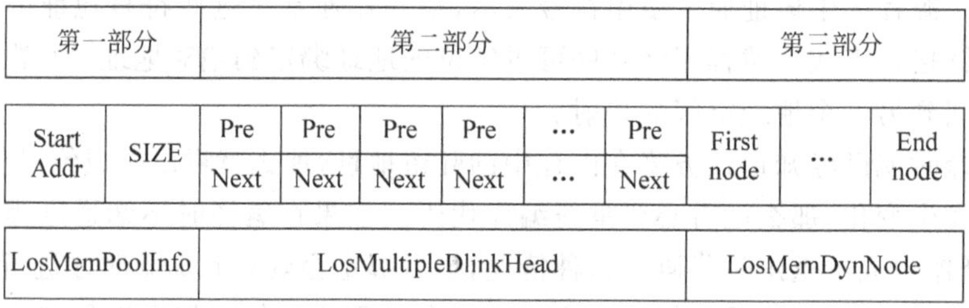

第一部分		第二部分						第三部分		
Start Addr	SIZE	Pre / Next	Pre / Next	Pre / Next	Pre / Next	… / …	Pre / Next	First node	…	End node
LosMemPoolInfo		LosMultipleDlinkHead						LosMemDynNode		

图 3.2 bestfit 内存管理结构

bestfit 内存管理结构的第一部分是内存池的起始地址及堆区域总大小。通过以下的 LosMemPoolInfo 结构定义。

```
typedef struct {
  VOID     * pool;        /* 内存池的起始地址 */
  UINT32   poolSize;      /* 内存池大小 */
} LosMemPoolInfo;
```

bestfit 内存管理结构的第二部分本身是一个数组,每个元素是一个双向链表,所有空闲 free 节点的控制头都会被分类挂在这个数组的双向链表中。双向链表数据结构如下。

```
typedef struct LOS_DL_LIST {
  struct LOS_DL_LIST * pstPrev; /* 指向前一节点的指针 */
  struct LOS_DL_LIST * pstNext; /* 指向下一节点的指针 */
} LOS_DL_LIST;
```

```
typedef struct {
  LOS_DL_LIST listHead[OS_MULTI_DLNK_NUM];
} LosMultipleDlinkHead;
```

假设内存允许的最小节点为 2^{min}B，则数组的第一个双向链表存储的是所有 size 为 $2^{min} < size < 2^{min+1}$ 的 free 节点，第二个双向链表存储的是所有 size 为 $2^{min+1} < size < 2^{min+2}$ 的 free 节点，以此类推第 n 个双向链表存储的是所有 size 为 $2^{min+n-1} < size < 2^{min+n}$ 的 free 节点。每次申请内存的时候，会从这个数组检索最合适大小的 free 节点以分配内存。每次释放内存时，会将该内存作为 free 节点存储至这个数组以便下次再使用。

bestfit 内存管理结构的第三部分占用内存池极大部分的空间，是用于存放各节点的实际区域。LosMemDynNode 节点结构体如图 3.3 所示，实现代码如下。

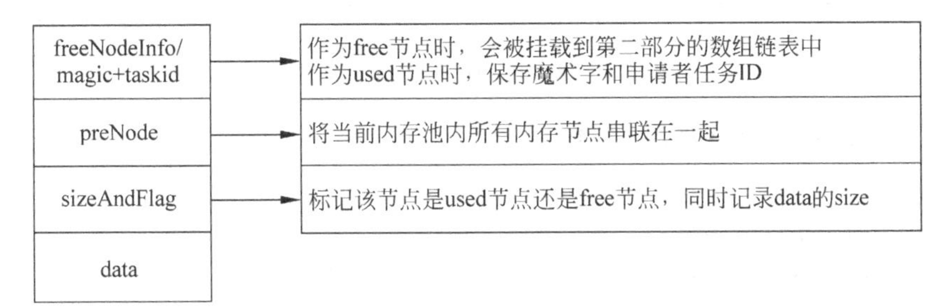

图 3.3 LosMemDynNode 结构体

```
typedef struct {
  union {
    LOS_DL_LIST freeNodeInfo;              /* Free memory node */
    struct {
      UINT32 magic;
      UINT32 taskId : 16;
    };
  };
  struct tagLosMemDynNode * preNode;       /* 指向上一个内存节点的指针 */

  UINT32 sizeAndFlag;    /* 当前节点的大小和标志(高 2 位表示一个标志,其余的指定大小) */
} LosMemCtlNode;

typedef struct tagLosMemDynNode {
  LosMemCtlNode selfNode;
} LosMemDynNode;
```

该结构体是内存管理的基本单元，每分配一次内存就是在找大小合适的节点，没有使用的内存也是通过这样的节点一个个组织起来的。

由于动态内存管理的内存节点控制块结构体 LosMemDynNode 中，成员 sizeAndFlag 的数据类型为 UINT32，高两位为标志位，余下的 30 位表示内存节点大小，因此初始化内存池的大小不能超过 1GB，否则会出现不可预知的结果。

3.2.2 bestfit_little 内存管理

bestfit_little 算法是在最佳适配算法的基础上加入 slab 机制形成的算法。最佳适配算法使得每次分配内存时,都会选择内存池中最小最适合的内存块进行分配,而 slab 机制可以用于分配固定大小的内存块,从而减小产生内存碎片的可能性。图 3.4 显示了该算法的结构。

第一部分：内存池头部，管理整个内存池				第二部分：slab class，这部分内存按照slab机制管理并分配	第三部分：内存池剩余部分，这部分内存按照bestfit_little算法管理并分配
节点头指针，指向内存池中的第一个节点	节点尾指针，指向内存池中的最后一个节点	内存池总大小	多个OsSlabMem结构，每个结构控制一个第二部分的slab class	每个slab class都是从动态内存池中分配出来的一个内存块，被LosHeapNode结构管理，链接于整个内存池中。slab class同时被第一部分的OsSlabMem结构管理，内部划分为大小相同的slab块，用于分配固定大小的内存块	申请动态内存时，先从slab class中申请，如果申请失败，再按照最佳适配算法从这部分内存空间中申请。每个LosHeapNode结构中有一个指向前一个LosHeapNode结构的指针，用于将所有的内存块(不管是否空闲)链接在一起，并用内存池头部LosHeapManager结构中的头尾节点指针指示内存块链表中的第一个和最后一个内存块
LosHeapManager				多个slab class	由LosHeapNode结构管理的内存块

图 3.4 bestfit_little 内存管理结构

bestfit_little 内存管理结构第一部分如下。

```
typedef struct LosHeapManager {
  struct LosHeapNode * head;
  struct LosHeapNode * tail;
  UINT32 size;

#ifdef LOSCFG_MEM_TASK_STAT
  Memstat stat;
#endif

#ifdef LOSCFG_MEM_MUL_POOL
  VOID * nextPool;
#endif

#ifdef LOSCFG_KERNEL_MEM_SLAB_EXTENTION
  struct LosSlabControlHeader slabCtrlHdr;
#endif
} LosMemPoolInfo;
```

bestfit_little 内存管理结构的第二部分涉及的数据结构如下。

```
struct LosHeapNode {
  struct LosHeapNode * prev;
#ifdef LOSCFG_MEM_TASK_STAT
  UINT32 taskId;
#endif
  UINT32 size   : 30;
  UINT32 used   : 1;
  UINT32 align  : 1;
  UINT8 data[0];
};
typedef struct tagOsSlabMem {
  UINT32 blkSz;
  UINT32 blkCnt;
```

```
  UINT32 blkUsedCnt;
#ifdef LOSCFG_KERNEL_MEM_SLAB_AUTO_EXPANSION_MODE
  UINT32 allocatorCnt;
  OsSlabMemAllocator *bucket;
#else
  OsSlabAllocator *alloc;
#endif
} OsSlabMem;
```

LiteOS 内存管理中的 slab 机制支持配置 slab class 数目及每个 class 的最大空间。

现以内存池中共有 4 个 slab class，每个 slab class 的最大空间为 512B 为例说明 slab 机制。这 4 个 slab class 是从内存池中按照最佳适配算法分配出来的。第一个 slab class 被分为 32 个 16B 的 slab 块，第二个 slab class 被分为 16 个 32B 的 slab 块，第三个 slab class 被分为 8 个 64B 的 slab 块，第四个 slab class 被分为 4 个 128B 的 slab 块。

初始化内存模块时，首先初始化内存池，然后在初始化后的内存池中按照最佳适配算法申请 4 个 slab class，再逐个按照 slab 内存管理机制初始化 4 个 slab class。

每次申请内存时，先在满足申请大小的最佳 slab class 中申请(比如用户申请 20B 内存，就在 slab 块大小为 32B 的 slab class 中申请)，如果申请成功，就将 slab 内存块整块返回给用户，释放时整块回收。需要注意的是，如果满足条件的 slab class 中已无可以分配的内存块，则从内存池中按照最佳适配算法申请，而不会继续从有着更大 slab 块空间的 slab class 中申请。释放内存时，先检查释放的内存块是否属于 slab class，如果是则还回对应的 slab class 中，否则还回内存池中。

3.2.3 LiteOS 内存管理模块

当需要使用内存时，可以通过 LiteOS 的动态内存申请函数索取指定大小的内存块，一旦使用完毕，通过动态内存释放函数归还所占用内存，使之可以重复使用。LiteOS 系统中的动态内存管理模块为用户提供了初始化和删除内存池，申请、释放动态内存等功能，具体接口如下。

(1) 初始化和删除内存池。

- LOS_MemInit 初始化一块指定的动态内存池，大小为 size。
- LOS_MemDeInit 删除指定内存池，仅打开 LOSCFG_MEM_MUL_POOL 时有效。

(2) 申请、释放动态内存。

- LOS_MemAlloc 从指定动态内存池中申请 size 长度的内存。
- LOS_MemFree 释放已申请的内存。
- LOS_MemRealloc 按 size 大小重新分配内存块，并将原内存块内容复制到新内存块。如果新内存块申请成功，则释放原内存块。
- LOS_MemAllocAlign 从指定动态内存池中申请长度为 size 且地址按 boundary 字节对齐的内存。

(3) 获取内存池信息。

- LOS_MemPoolSizeGet 获取指定动态内存池的总大小。

- LOS_MemTotalUsedGet 获取指定动态内存池的总使用量大小。
- LOS_MemInfoGet 获取指定内存池的内存结构信息，包括空闲内存大小、已使用内存大小、空闲内存块数量、已使用的内存块数量、最大的空闲内存块大小。
- LOS_MemPoolList 打印系统中已初始化的所有内存池，包括内存池的起始地址、内存池大小、空闲内存总大小、已使用内存总大小、最大的空闲内存块大小、空闲内存块数量、已使用的内存块数量。仅打开 LOSCFG_MEM_MUL_POOL 时有效。

(4) 获取内存块信息。

- LOS_MemFreeBlksGet 获取指定内存池的空闲内存块数量。
- LOS_MemUsedBlksGet 获取指定内存池已使用的内存块数量。
- LOS_MemTaskIdGet 获取申请了指定内存块的任务 ID。
- LOS_MemLastUsedGet 获取内存池最后一个已使用内存块的结束地址。
- LOS_MemNodeSizeCheck 获取指定内存块的总大小和可用大小，仅打开 LOSCFG_BASE_MEM_NODE_SIZE_CHECK 时有效。
- LOS_MemFreeNodeShow 打印指定内存池的空闲内存块的大小及数量。

(5) 检查指定内存池的完整性。

- LOS_MemIntegrityCheck 对指定内存池做完整性检查，仅打开 LOSCFG_BASE_MEM_NODE_INTEGRITY_CHECK 时有效。

(6) 设置、获取内存检查级别，仅打开 LOSCFG_BASE_MEM_NODE_SIZE_CHECK 时有效。

- LOS_MemCheckLevelSet 设置内存检查级别。
- LOS_MemCheckLevelGet 获取内存检查级别。

(7) 为指定模块申请、释放动态内存，仅打开 LOSCFG_MEM_MUL_MODULE 时有效。

- LOS_MemMalloc 从指定动态内存池分配 size 长度的内存给指定模块，并纳入模块统计。
- LOS_MemMfree 释放已经申请的内存块，并纳入模块统计。
- LOS_MemMallocAlign 从指定动态内存池中申请长度为 size 且地址按 boundary 字节对齐的内存给指定模块，并纳入模块统计。
- LOS_MemMrealloc 按 size 大小重新分配内存块给指定模块，并将原内存块内容复制到新内存块，同时纳入模块统计。如果新内存块申请成功，则释放原内存块。

(8) 获取指定模块的内存使用量。

- LOS_MemMusedGet 获取指定模块的内存使用量，仅打开 LOSCFG_MEM_MUL_MODULE 时有效。

这些接口中，通过宏开关控制的都是内存调测功能相关的接口，具体使用方法参考内存调测方法。对于 bestfit_little 算法，只支持宏开关 LOSCFG_MEM_MUL_POOL 控制的多内存池机制和宏开关 LOSCFG_BASE_MEM_NODE _INTEGRITY_CHECK 控制的内存合法性检查，不支持其他内存调测功能。通过 LOS_MemAllocAlign 或 LOS_MemMallocAlign 申请的内存进行 LOS_MemRealloc/LOS_MemMrealloc 操作后，不能保障新的内存首地址保持对齐。对于 bestfit_little 算法，不支持对 LOS_MemAllocAlign 申请的内存进行 LOS_MemRealloc 操作,否则将返回失败。

3.3 动态内存管理开发流程

LiteOS 中使用动态内存时,需要进行配置、初始化、申请所需大小的动态内存、释放动态内存等操作。开发流程如下。

(1) 在 los_config.h 文件中配置项中配置动态内存池起始地址与大小。

配置项 OS_SYS_MEM_ADDR 为系统动态内存起始地址,取值范围为[0,n)。默认值为 &m_auc SysMem1[0],一般使用默认值即可。

配置项 OS_SYS_MEM_SIZE 为系统动态内存池的大小(DDR 自适应配置),以 byte 为单位,取值范围为[0,n)。默认值从 bss 段末尾至系统 DDR 末尾,一般使用默认值即可。

由于动态内存管理需要管理控制块数据结构来管理内存,这些数据结构会额外消耗内存,故实际可使用内存总量小于配置项 OS_SYS_MEM_SIZE 的大小。

(2) 通过 make menuconfig 配置动态内存管理模块,菜单路径为 Kernel→Memory Management。配置项如表 3.1 所示。

表 3.1 动态内存管理配置项

配 置 项	含 义	取值范围	默认值
LOSCFG_KERNEL_MEM_BESTFIT	选择 bestfit 内存管理算法	YES/NO	YES
LOSCFG_KERNEL_MEM_BESTFIT_LITTLE	选择 bestfit_little 内存管理算法	YES/NO	NO
LOSCFG_KERNEL_MEM_SLAB_EXTENTION	使能 slab 功能,可以降低系统持续运行过程中内存碎片化的程度	YES/NO	NO
LOSCFG_KERNEL_MEM_SLAB_AUTO_EXPANSION_MODE	slab 自动扩展,当分配给 slab 的内存不足时,能够自动从系统内存池中申请新的空间进行扩展	YES/NO	NO
LOSCFG_MEM_TASK_STAT	使能任务内存统计	YES/NO	YES

(3) 初始化。

初始化接口的代码如下。

```
UINT32 LOS_MemInit(VOID * pool, UINT32 size )
```

描述:该 API 用于双向链表的动态内存初始化。

注意:参数 size 的值应当匹配下述两个条件。

① 不大于内存池大小。

② 大于 OS_MEM_MIN_POOL_SIZE 的大小。

启动过程中当需要初始化动态内存时调用该 API。

输入参数必须 4 字节对齐。

初始区域[pool,pool + size]不能和其他内存池冲突。

其参数如下。

pool：内存起始地址。

size：内存大小。

返回值：

LOS_NOK：动态内存初始化失败。

LOS_OK：动态内存初始化成功。

该函数实现代码实现如下。

```
LITE_OS_SEC_TEXT_INIT UINT32 LOS_MemInit(VOID * pool, UINT32 size)
{
  UINT32 intSave;

  if ((pool == NULL) || (size < OS_MEM_MIN_POOL_SIZE)) {
    return LOS_NOK;
  }

  if (!IS_ALIGNED(size, OS_MEM_ALIGN_SIZE) ||
    !IS_ALIGNED(pool, OS_MEM_ALIGN_SIZE)) {
    PRINT_WARN("pool [ %p, %p) size 0x%x should be aligned with OS_MEM_ALIGN_SIZE\n",
    pool, (UINTPTR)pool + size, size);
    size = OS_MEM_ALIGN(size, OS_MEM_ALIGN_SIZE) - OS_MEM_ALIGN_SIZE;
  }

  MEM_LOCK(intSave);
  if (OsMemMulPoolInit(pool, size)) {
    MEM_UNLOCK(intSave);
    return LOS_NOK;
  }

  if (OsMemInit(pool, size) != LOS_OK) {
    (VOID)OsMemMulPoolDeinit(pool);
    MEM_UNLOCK(intSave);
    return LOS_NOK;
  }

  OsSlabMemInit(pool, size);
  MEM_UNLOCK(intSave);

  LOS_TRACE(MEM_INFO_REQ, pool);
  return LOS_OK;
}
```

初始化一个内存池后，生成一个 EndNode，并且剩余的内存全部被标记为 FreeNode 节点。EndNode 作为内存池末尾的节点，size 为 0。

(4) 申请所需大小的动态内存。

该接口的描述如下。

```
VOID * LOS_MemAlloc(VOID * pool, UINT32 size )
```

描述：该 API 用于分配指定大小的内存块。

注意：输入参数 pool 必须通过 LOS_MemInit 函数初始化。

输入参数的大小不能大于内存池大小，即不能大于 LOS_MemInit 的第二个输入参数。

输入参数的大小必须 4 字节对齐。

其参数如下。

pool：指向内存池的指针，该内存池包含将分配的内存块。

size：以字节为单位的将分配的内存块。

返回值：

NULL：内存分配失败。

#VOID * The memory is successfully allocated, and the API returns the pointer to the allocated memory block. 内存分配成功，该 API 返回指向已分配内存块的指针。

该函数实现代码如下。

```
LITE_OS_SEC_TEXT VOID * LOS_MemAlloc(VOID * pool, UINT32 size)
    {
        VOID * ptr = NULL;
        UINT32 intSave;

        if ((pool == NULL) || (size == 0)) {
            return NULL;
        }

        if (g_MALLOC_HOOK != NULL) {
            g_MALLOC_HOOK();
        }

        MEM_LOCK(intSave);
        do {
            if (OS_MEM_NODE_GET_USED_FLAG(size)
            ||OS_MEM_NODE_GET_ALIGNED_FLAG(size)) {
                break;
            }

            ptr = OsSlabMemAlloc(pool, size);
            if (ptr == NULL) {
                ptr = OsMemAllocWithCheck(pool, size);
            }
        } while (0);

        MEM_UNLOCK(intSave);

        LOS_TRACE(MEM_ALLOC, pool, (UINTPTR)ptr, size);
        return ptr;
    }
```

判断动态内存池中是否存在申请量大小的空间，若存在，则划出一块内存块，以指针形式返回，若不存在，返回 NULL。如创建三个节点，假设分别为 UsedA，UsedB，UsedC，大小分别为 sizeA，sizeB，sizeC，需调用三次 LOS_MemAlloc()函数。如分配成功，得到如图 3.5 所示的内存。

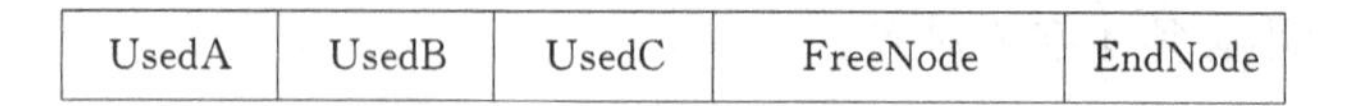

图 3.5　动态内存分配

因为刚初始化内存池的时候只有一个大的 FreeNode，所以这些内存块是从这个 FreeNode 中切割出来的。

在内存池中存在多个 FreeNode 的时候进行 malloc，将会适配最合适大小的 FreeNode 用来新建内存块，减少内存碎片。若新建的内存块不等于被使用的 FreeNode 的大小，则在新建内存块后，多余的内存又会被标记为一个新的 FreeNode。

除了 LOS_MemAlloc 之外，还有对齐分配内存接口 LOS_MemAllocAlign 和 LOS_MemMallocAlign。因为要进行地址对齐，它们可能会额外消耗部分内存，故存在一些遗失内存，当系统释放该对齐内存时，同时回收由于对齐导致的遗失内存。重新分配内存接口 LOS_MemRealloc 或 LOS_MemMrealloc 如果分配成功，系统会自己判定是否需要释放原来申请的内存，并返回重新分配的内存地址。如果重新分配失败，原来的内存保持不变，并返回 NULL。禁止使用 pPtr = LOS_MemRealloc(pool，pPtr，uwSize)，即不能使用原来的旧内存地址 pPtr 变量来接收返回值。

(5) 释放动态内存。

释放内存的接口如下。

```
UINT32 LOS_MemFree(VOID * pool, VOID * ptr )
```

描述：该 API 用于释放已经分配的指定的动态内存。

注意：输入参数 pool 必须通过 LOS_MemInit 函数初始化。输入 ptr 参数必须通过 LOS_MemAlloc、LOS_MemAllocAlign 或 LOS_MemRealloc 分配。

其参数如下。

pool：指向包含将释放的动态内存块的内存池指针。

ptr：将释放的内存块的起始地址。

返回值：

LOS_NOK：内存块释放失败，原因是内存块的起始地址非法或发生了内存重写。

LOS_OK：内存块释放成功。

释放内存的函数实现如下。

```
LITE_OS_SEC_TEXT UINT32 LOS_MemFree(VOID * pool, VOID * ptr)
    {
        UINT32 ret;
        UINT32 intSave;

        if ((pool == NULL) || (ptr == NULL) ||!IS_ALIGNED(pool, sizeof(VOID * ))
```

```
        || !IS_ALIGNED(ptr, sizeof(VOID * ))) {
                return LOS_NOK;
        }

        MEM_LOCK(intSave);

        if (OsSlabMemFree(pool, ptr)) {
                ret = LOS_OK;
                goto OUT;
        }

        ret = OsMemFree(pool, ptr);
        OUT:
        MEM_UNLOCK(intSave);

        LOS_TRACE(MEM_FREE, pool, (UINTPTR)ptr);
        return ret;
}
```

该函数的功能是回收内存块,供下一次使用。假设调用 LOS_MemFree 释放内存块 UsedB,则会回收内存块 UsedB,并且将其标记为 FreeNode,如图 3.6 所示。

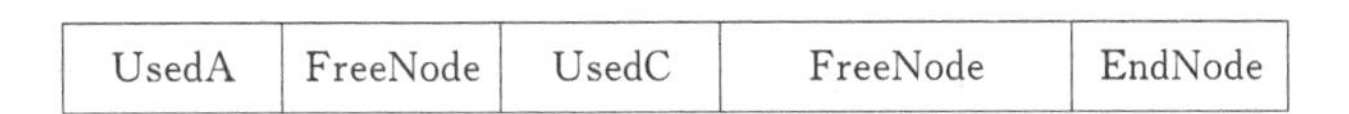

图 3.6 动态内存释放

在回收内存块时,相邻的 FreeNode 会自动合并。对同一块内存多次调用 LOS_MemFree 或 LOS_MemMfree 时,第一次会返回成功,但对同一块内存多次重复释放会导致非法指针操作,结果不可预知。

3.4 静态内存管理

静态内存实质上是一个静态数组,静态内存结构如图 3.7 所示。

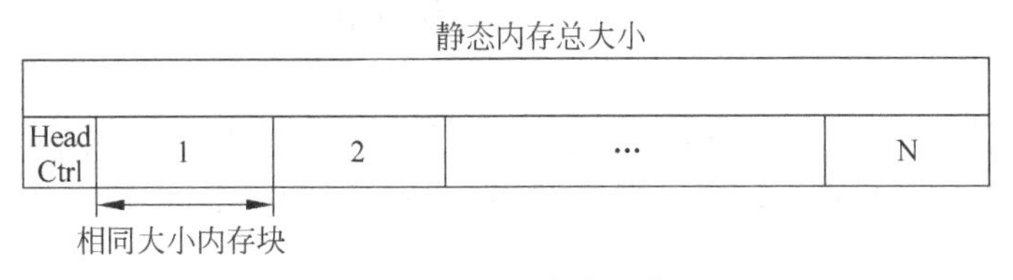

图 3.7 静态内存结构

静态内存池内的块大小在初始化时设定,初始化后块大小不可变更。静态内存池由一个控制块和若干相同大小的内存块构成。控制块位于内存池头部,用于内存块管理。内存块的申请和释放以块大小为粒度。

当需要使用固定大小的内存时,可以通过静态内存分配的方式获取内存,一旦使用完毕,通过静态内存释放函数归还所占用内存,使之可以重复使用。LiteOS 提供一些函数用于静态内存管理，如下。

(1) 静态内存池初始化。

- LOS_MemboxInit：初始化一个静态内存池，根据入参设定其起始地址、总大小及每个内存块大小。

(2) 静态内存块内容清除。

- LOS_MemboxClr：清零指定静态内存块的内容。

(3) 静态内存申请、释放。

- LOS_MemboxAlloc：从指定的静态内存池中申请一块静态内存块。
- LOS_MemboxFree：释放指定的一块静态内存块。

(4) 静态内存池信息。

- LOS_MemboxStatisticsGet：获取指定静态内存池的信息，包括内存池中总内存块数量、已经分配出去的内存块数量、每个内存块的大小。
- LOS_ShowBox：打印指定静态内存池所有节点信息(打印等级是 LOS_INFO_LEVEL)，包括内存池起始地址、内存块大小、总内存块数量、每个空闲内存块的起始地址、所有内存块的起始地址。

其中，静态内存分配的接口如下。

```
VOID * LOS_MemboxAlloc(VOID * pool)
```

描述：该 API 用于请求已经初始化的静态内存池中的一块静态内存块。

注意：输入参数 pool 必须通过 LOS_MemboxInit 函数初始化。

其参数如下。

pool：内存池地址。

返回值：

#VOID *：内存块地址(如果请求成功)。

NULL：请求失败。

使用静态内存时，首先通过 make menuconfig 配置静态内存管理模块，菜单路径为 Kernel→Memory Management。然后规划一片内存区域作为静态内存池。第三步是调用 LOS_MemboxInit 初始化静态内存池。该初始化会将入参指定的内存区域分割为 N 块(N 值取决于静态内存总大小和块大小)，将所有内存块挂到空闲链表，在内存起始处放置控制头。第四步是调用 LOS_MemboxAlloc 接口分配静态内存。系统将会从空闲链表中获取第一个空闲块，并返回该内存块的起始地址。第五步在使用完成后，调用 LOS_MemboxClr 接口将入参地址对应的内存块清零。最后调用 LOS_MemboxFree 接口将该内存块加入空闲链表。

需要配置的配置项包括使能 membox 内存管理的 LOSCFG_KERNEL_MEMBOX，默认值为 YES。选择静态内存方式实现 membox 的 LOSCFG_KERNEL_MEMBOX_STATIC，默认值为 YES。选择动态内存方式实现 membox 的 LOSCFG_KERNEL_MEMBOX_DYNAMIC，默认值为 NO。

第4章

中断、异常管理

夫英雄者，胸怀大志，腹有良谋，有包藏宇宙之机，吞吐天地之志也。

——曹操

4.1 概述

在 CPU 执行程序的过程中，由于某种外界的原因，必须终止当前执行的程序，而去执行相应的处理程序，待处理结束后，再回来继续执行被终止的程序，这个过程叫中断。与查询方式不同，中断方式是外设主动提出数据传送的请求。CPU 在收到这个请求以前，一直在执行着主程序，只是在收到外设进行数据传送的请求之后，才中断原有主程序的执行，暂时去与外设交换数据，数据交换完毕立即返回主程序继续执行。

中断方式完全消除了 CPU 在查询方式中的等待现象，提高了 CPU 的工作效率。中断方式的一个重要应用领域是实时控制。将从现场采集到的数据通过中断方式及时传送给 CPU，经过处理后就可立即做出响应，实现现场控制。而采用查询方式很难做到及时采集，实时控制。

系统内部引起的异常就称为异常，由外设或外部引脚引起的异常就称为中断，中断也是一种异常。按照是否同步，异常分为由内部事件引起的同步异常和由外部事件引起的异步异常，也就是中断。被零除的算术运算引发同步异常，从对齐读取的内存中的奇数地址读取或写入操作会引起内存错误同步异常。

异常原因分为四类：中断、陷阱、故障和终止，如图 4.1 所示。

中断类的原因是来自外设的信号，处理完成后总是返回当前程序的下一条指令。陷阱类异常的原因是有意的异常，处理完成后总是返回到下一条指令。故障类异常的原因是潜在的可恢复的错误，处理完成后可能返回到当前指令。终止类异常的原因是不可恢复的错误，不会返回。

从来自 CPU 内部或外部的中断信号发生的时刻，到进入此中断信号对应的中断处理程序的入口处的时刻，这一时间段称为中断响应时间。中断响应时间由关中断的最长时间、保护 CPU 内部寄存器的时间、进入中断服务函数的执行时间和开始执行中断服务程序(Interrupt Service Routine，ISR)的第一条指令时间组成。中断恢复时间指从执行中断服务

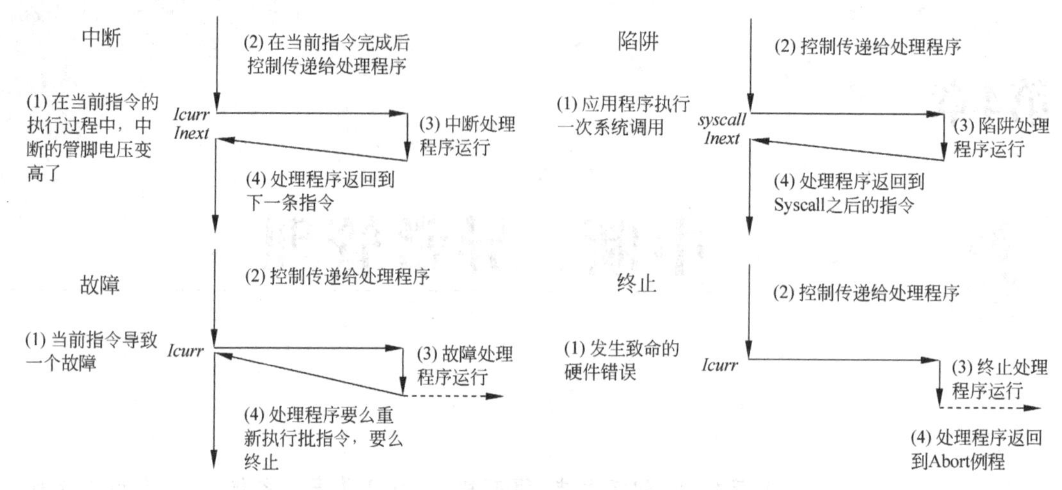

图 4.1　中断、陷阱、故障和终止类异常

程序的第一条指令时刻一直到中断服务函数执行完毕再到切换回被中断的任务的下一条代码执行所经历的时间，即中断服务函数执行所需时间。任务等待时间指中断发生到任务代码重新开始执行的时间，由中断响应时间、中断恢复时间和调度器锁定时间组成。

实现中断功能的部件称为中断系统，也就是中断管理系统。与中断相关的硬件是设备、中断控制器和 CPU。设备是发起中断的源，当设备需要请求 CPU 时，产生一个信号，该信号连接至中断控制器。中断控制器是 CPU 众多外设中的一个，它一方面接收其他外设中断引脚的输入，另一方面会发出中断信号给 CPU。可以通过对中断控制器编程来打开和关闭中断源、设置中断源的优先级和触发方式。常用的中断控制器有嵌套向量控制器(Nested Vector Interrupt Controller，VIC)和通用中断控制器(General Interrupt Controller，GIC)。如 ARM Cortex-M 系列中使用 NVIC 中断控制器，ARM Cortex-A7 使用 GIC 中断控制器。CPU 会响应中断源的请求，中断当前正在执行的任务，转而执行中断处理程序。

产生中断的请求源称为中断源。中断源向 CPU 发出的请求称为中断请求。中断源向中断控制器发送中断信号，中断控制器对中断进行仲裁，确定优先级，将中断信号送给 CPU。中断源产生电平触发或边沿触发中断信号的时候，会将中断触发器置"1"，表明该中断源产生了中断，要求 CPU 去响应该中断。每个中断请求信号都会有特定的标志，使得计算机能够判断是哪个设备提出的中断请求，这个标志就是中断号。为使系统能够及时响应并处理所有中断，系统根据中断时间的重要性和紧迫程度，将中断源分为若干个级别，称作中断优先级。CPU 暂停当前的工作转去处理中断源事件称为中断响应。对整个事件的处理过程称为中断服务，执行中断服务程序。产生中断的每个设备都有相应的中断服务程序。中断服务程序的入口地址称为中断向量。存储中断向量的存储区，中断向量与中断号对应，中断向量在中断向量表中按照中断号顺序存储，称为中断向量表。当外设较少时，可以实现一个外设对应一个中断号，但为了支持更多的硬件设备，可以让多个设备共享一个中断号，共享同一个中断号的中断处理程序形成一个链表，称为中断共享。当外部设备产生中断申请时，系统会遍历执行中断号对应的中断处理程序链表直到找到对应设备的中断处理程序。在遍历执行过程中，各中断处理程序可以通过检测设备 ID，判断是否是这个中断处理程序对应的设备产生的中断。CPU 正在执行一个中断处理程序时，如果有另一个优先级更高的中断源提出中断请求，这时会暂时终止当前正在执行的优先级较低的中断源的中断处理程序，转而去处理更高优先级的中断请求，待处理完毕，再返回到之前被中断的处理程序中继续执行，称为中断嵌套或中断抢占。

GIC 与 NVIC 的中断嵌套由硬件实现。对于多核系统，中断控制器允许一个 CPU 的硬件线程去中断其他 CPU 的硬件线程，这种方式被称为核间中断。核间中断的实现基础是多 CPU 内存共享，采用核间中断可以减少某个 CPU 负荷过大，有效提升系统效率。目前只有 GIC 中断控制器支持核间共享。事件处理完毕 CPU 返回到被中断的地方称为中断返回。

Cortex-M 系列处理器支持的中断向量表最大包括 256 个入口，包括如表 4.1 所示的 16 个系统异常，以及最多 240 个外部中断 IRQ。由外设产生的中断信号，除了 SysTick 定时器中断之外，全都连接到 NVIC 的中断输入信号线。由于 Cortex-M 系列处理器中 0～15 中断为内部使用中断号，Cortex-A7 中 0～31 中断为内部使用中断号，一般不申请和创建。

表 4.1 ARM Cortex-M 系统异常

中断号	中断	注释
NA	SP	初始栈指针
1	Reset	复位函数地址
2	NMI	不可屏蔽中断
3	Hard fault	硬错误中断
4	Memory fault	内存管理错误中断
5	Bus fault	总线错误中断
6	Usage fault	使用错误中断
7	Reserved	保留位(未使用)
8	Reserved	保留位(未使用)
9	Reserved	保留位(未使用)
10	Reserved	保留位(未使用)
11	SVC	通常用于请求 privileged 模式，或者在 OS 中用于请求系统资源
12	Reserved	保留位(调试用)
13	Reserved	保留位(未使用)
14	PendSV	通常用于在 OS 中切换任务
15	SysTick	系统节拍时钟中断

4.2 中断管理模块

LiteOS 的中断机制支持中断共享，并且可配置。支持中断嵌套，高优先级的中断可抢占低优先级的中断，且可配置。使用独立中断栈，可配置。可配置支持的中断优先级个数以及可配置支持的中断数。

中断模块为用户提供的功能有中断创建和中断删除、使能和屏蔽中断、设置中断优先级和多核间中断等功能，如下。

(1) 中断创建和中断删除。

- LOS_HwiCreate 用于中断创建，注册中断号、中断触发模式、中断优先级、中断处理程序。中断被触发时，handleIrq 会调用该中断处理程序。

- LOS_HwiDelete 用于删除中断。

(2) 所有中断打开和所有中断关闭。

- LOS_IntUnLock 用于打开当前处理器所有中断响应。
- LOS_IntLock 用于关闭当前处理器所有中断响应。
- LOS_IntRestore 用于恢复到使用 LOS_IntLock 关闭所有中断之前的状态。

(3) 使能和屏蔽指定中断。

- LOS_HwiDisable 用于中断屏蔽(通过设置寄存器,禁止 CPU 响应该中断)。
- LOS_HwiEnable 用于中断使能(通过设置寄存器,允许 CPU 响应该中断)。

(4) 设置中断优先级。

- LOS_HwiSetPriority 用于设置中断优先级。

(5) 触发中断。

- LOS_HwiTrigger 用于触发中断(通过写中断控制器的相关寄存器模拟外部中断)。

(6) 清除中断寄存器状态。

- LOS_HwiClear 用于清除中断号对应的中断寄存器的状态位。

(7) 核间中断。

- LOS_HwiSendIpi 用于向指定核发送核间中断,依赖中断控制器版本和 CPU 架构,该函数仅在 SMP 模式下支持。

(8) 设置中断亲和性。

- LOS_HwiSetAffinity 用于设置中断的亲和性,即设置中断在固定核响应,仅支持 SMP 模式。

中断程序开发时,首先通过 make menuconfig 配置中断模块,菜单路径为 Kernel→Hardware Interrupt。涉及的配置项有使能中断嵌套的 LOSCFG_ARCH_INTERRUPT_PREEMPTION,默认为不打开。使用独立中断栈的 LOSCFG_IRQ_USE_STANDALONE_STACK,默认为 YES。但是该配置依赖 CPU 核,某些架构可能没有此配置项。使能中断不共享的 LOSCFG_NO_SHARED_IRQ,默认为 NO。最大中断使用数 LOSCFG_PLATFORM_HWI_LIMIT 和可设置的中断优先级个数 LOSCFG_HWI_PRIO_LIMIT。这些设置需要根据芯片手册适配。如 Cortex-M3 系列最大中断使用数为 256。

其次,调用中断创建函数 LOS_HwiCreate 创建中断。如果是 SMP 模式,调用 LOS_HwiSetAffinity 设置中断的亲和性,否则直接调用 LOS_HwiEnable 接口使能指定中断。此时则等待外设发出中断请求。若模拟外部中断,则调用 LOS_HwiTrigger 接口触发指定中断。如需要,调用 LOS_HwiDisable 接口屏蔽指定中断。如需要删除中断,调用 LOS_HwiDelete 接口删除指定中断。

中断创建函数 LOS_HwiCreate 的说明如下。

```
UINT32 LOS_HwiCreate(
HWI_HANDLE_T        hwiNum,
HWI_PRIOR_T  hwiPrio,
HWI_MODE_T  hwiMode,
HWI_PROC_FUNC        hwiHandler,
HWI_IRQ_PARAM_S * irqParam
)
```

描述：该 API 用于设置硬件中断，注册硬件中断处理函数。

注意：硬件中断模块只有在启用硬件中断裁剪的配置项时才可用。

硬件中断号值范围：[OS_USER_HWI_MIN,OS_USER_HWI_MAX]。

OS_HWI_MAX_NUM 指定可以创建的最大中断数。

在平台上执行中断前，请参考平台的芯片手册。

该接口的参数处理函数是中断处理函数，必须正确，否则系统可能出现异常。

输入 irqParam 可以为空，如果不是，它应该是指向结构 HWI_IRQ_PARAM_S 的地址，参数 pDenId 和 pName 应该是常量。

其参数如下。

hwiNum：硬件中断号。

hwiPrio：硬件中断优先级。

该值的范围是[0,GIC_MAX_INTERRUPT_PREEMPTION_LEVEL - 1] << PRIORITY_SHIFT。

hwiMode：硬件中断模式。暂时忽略该参数。

hwiHandler：触发硬件中断时使用的中断处理程序。

irqParam：触发硬件中断时使用的中断处理程序的输入参数。

其返回值如下。

OS_ERRNO_HWI_PROC_FUNC_NULL：空硬件中断处理函数。

OS_ERRNO_HWI_NUM_INVALID：非法中断号。

OS_ERRNO_HWI_NO_MEMORY：内存不足以创建硬件中断。

OS_ERRNO_HWI_ALREADY_CREATED：正在创建的中断处理程序已经创建。

OS_ERRNO_HWI_SHARED_ERROR：中断不能共享。中断号已注册为非共享中断，或共享中断指定创建，但设备 ID 为空。

LOS_OK：中断创建成功。

根据具体硬件，配置支持的最大中断数及可设置的中断优先级个数。虽然支持中断共享机制，支持不同的设备使用相同的中断号注册同一中断处理程序，但中断处理程序的入参 pDevId(设备号)必须唯一，代表不同的设备。即同一中断号，同一 dev 只能挂载一次。但同一中断号，同一中断处理程序，dev 不同则可以重复挂载。中断处理程序耗时不能过长，否则会影响 CPU 对中断的及时响应。中断响应过程中不能执行引起调度的函数。中断恢复 LOS_IntRestore()的入参必须是与之对应的 LOS_IntLock()的返回值(即关中断之前的 CPSR 值)。

对存在失败可能性的操作会返回对应的错误码，以便快速定位错误原因，如表 4.2 所示。

表 4.2　中断操作错误码

错误码	含义
OS_ERRNO_HWI_NUM_INVALID	创建或删除中断时，传入了无效中断号
OS_ERRNO_HWI_PROC_FUNC_NULL	创建中断时，传入的中断处理程序指针为空
OS_ERRNO_HWI_CB_UNAVAILABLE	无可用中断资源

续表

错 误 码	含 义
OS_ERRNO_HWI_NO_MEMORY	创建中断时,出现内存不足的情况
OS_ERRNO_HWI_ALREADY_CREATED	创建中断时,发现要注册的中断号已经创建
OS_ERRNO_HWI_PRIO_INVALID	创建中断时,传入的中断优先级无效
OS_ERRNO_HWI_MODE_INVALID	中断模式无效
OS_ERRNO_HWI_FASTMODE_ALREADY_CREATED	创建硬中断时,发现要注册的中断号,已经创建为快速中断
OS_ERRNO_HWI_INTERR	接口在中断中调用
OS_ERRNO_HWI_SHARED_ERROR	创建中断时:发现 hwiMode 指定创建共享中断,但是未设置设备 ID;或 hwiMode 指定创建非共享中断,但是该中断号之前已创建为共享中断;或配置 LOSCFG_NO_SHARED_IRQ 为 yes,但是创建中断时,入参指定创建共享中断。删除中断时:设备号创建时指定为共享中断,删除时未设置设备 ID,删除错误
OS_ERRNO_HWI_ARG_INVALID	注册中断入参有误
OS_ERRNO_HWI_HWINUM_UNCREATE	中断共享情况下,删除中断时,中断号对应的链表中,无法匹配到相应的设备 ID

4.3 异常接管

程序运行过程中,可能会产生异常,这时候需要通过一个特殊的中断函数中断程序的运行并处理发生的异常,这称为异常接管。

ARM 架构体系中,CPU 工作在七种模式中。用户模式(user)是正常的模式,不能直接切换到其他模式,是 ARM 处理器正常的程序执行状态。快速中断模式(FIQ)支持高速数据传输及通道处理,FIQ 异常响应时进入此模式。外部中断模式(IRQ)指通用中断处理,IRQ 异常响应时进入此模式。管理模式(supervisor)是操作系统保护模式,系统复位和软件中断响应时进入此模式(由系统调用执行软中断 SWI 命令触发)。数据访问终止模式(abort)用于处理存储器故障、实现虚拟存储器和存储器保护,当数据或指令预取终止时进入该模式。系统模式(system)下运行具有特权的操作系统任务,类似用户模式,但具有可以直接切换到其他模式的特权。未定义指令中止模式(undefined)处理未定义的指令陷阱,当未定义的指令执行时进入该模式,可用于支持硬件协处理器的软件仿真。用户模式外的 6 种工作模式属于特权模式,特权模式是为了处理中断、异常,或者访问被保护的系统资源。这些通常在用户模式下无法进行。特权模式中除了系统模式外,其余 5 种模式称为异常模式。每种模式都有自己独立的入口和独立的运行栈空间。

ARM Cortex-M 系列简化了模式,只有两种模式:处理器(handler)模式和线程(thread)模式。

异常接管是操作系统对运行期间发生的异常情况(芯片硬件异常)进行处理的一系列动作,例如,打印异常发生时当前函数的调用栈信息、CPU 现场信息和任务的堆栈情况等。异常接管作为一种调测手段,可以在系统发生异常时给用户提供有用的异常信息,譬如异常类型和发生异常时的系统状态等，方便用户定位分析问题。

LiteOS 的异常接管，在系统发生异常时的处理动作包括显示异常发生时正在运行的任务信息（包括任务名、任务号和堆栈大小等），以及 CPU 现场等信息。针对某些 RISC-V 架构的芯片，对内存 SIZE 要求较高的场景，LiteOS 提供了极小特性宏 LOSCFG_ARCH_EXC_SIMPLE_INFO（menuconfig 菜单项为 Kernel→Exception Management→Enable Exception Simple Info），用于裁剪多余的异常提示字符串信息，但是仍然保留发生异常时的 CPU 执行环境的所有信息。

ARM 处理器异常接管切换中，要保存处理器的当前状态，中断屏蔽位以及各条件标志位。这是通过将当前程序状态寄存器（Current Program Status Register，CPSR）的内容保存到将要执行的异常对应的（Saved Program Status Register，SPSR）寄存器中实现的，各异常有自己的物理 SPSR 寄存器。然后设置当前 CPSR 中相应的位。使处理器进入相应的执行模式，并屏蔽中断。并将链接寄存器（Link Register，LR）设置成返回地址。最后将 PC 设置成该异常的向量入口地址，跳转到相应的异常处理程序执行。如响应 IRQ 异常中断的过程如下。

```
R14_irq = address of next instruction to be executed + 4
SPSP_abt = CPSR
//进入特权模式
CPSR[4:0] = 0b10111
//切换到 ARM 状态
CPSR[5] = 0
//禁止 IRQ 异常中断
CPSR[7] = 1
if high vectors configured then
  PC = 0xFFFF0010
else
  PC = 0x00000010
```

每个函数都有自己的栈空间，称为栈帧。调用函数时，会创建子函数的栈帧，同时将函数入参、局部变量和寄存器入栈。栈帧从高地址向低地址生长，也就是说，栈底是高地址，栈顶是低地址。

以 ARM32 CPU 架构为例，每个栈帧中都会保存 PC、LR、SP 和 FP 寄存器的历史值。堆栈分析原理示意如图 4.2 所示，实际堆栈信息根据不同 CPU 架构有所差异。

从图 4.2 中可以看到函数调用过程中寄存器的保存过程。通过帧指针（Frame Pointer，FP）寄存器，栈回溯到异常函数的父函数，继续按照规律对栈进行解析，推出函数调用关系，用于定位问题。

连接寄存器 LR 指向函数的返回地址。通用寄存器 R11 在开启特定编译选项时可以用作帧指针寄存器 FP，用来实现栈回溯功能。GNU 编译器（gcc）默认将 R11 作为存储变量的通用寄存器，因而默认情况下无法使用 FP 的栈回溯功能。为支持调用栈解析功能，需要在编译参数中添加-fno-omit-frame-pointer 选项，提示编译器将 R11 作为 FP 使用。帧指针寄存器 FP 指向当前函数的父函数的栈帧起始地址。利用该寄存器可以得到父函数的栈帧，从栈帧中获取父函数的 FP，就可以得到祖父函数的栈帧，以此类推，可以追溯程序调用栈，得到函数间的调用关系。

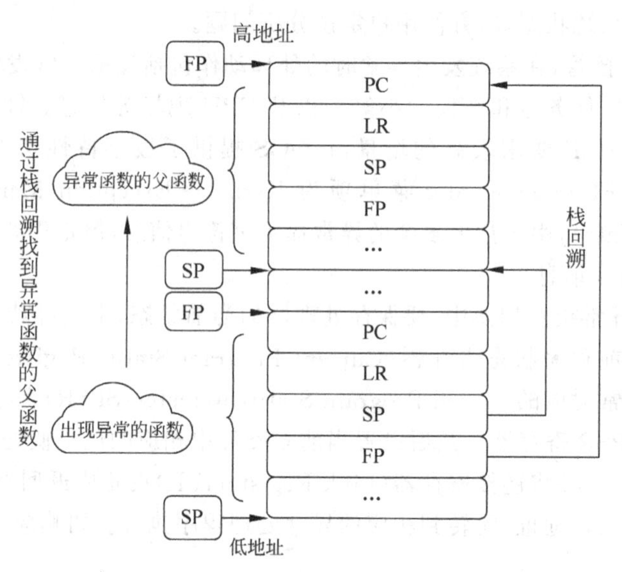

图 4.2 栈帧和堆栈分析原理示意图

当系统发生异常时,根据系统打印异常函数的栈帧中保存的寄存器内容,以及父函数、祖父函数的栈帧中的 LR、FP 寄存器内容,用户就可以追溯函数间的调用关系,定位异常原因。

LiteOS 查看调用栈信息,必须添加编译选项宏-fno-omit-frame-pointer 支持 stack frame,否则编译时 FP 寄存器是关闭的。异常接管后,其定位需要打开编译后生成的镜像反汇编(asm)文件。通过 PC 寄存器值,搜索 PC 指针(指向当前正在执行的指令)在 asm 中的位置,找到发生异常的函数。然后根据 LR 值查找异常函数的父函数。根据 LR 值查找异常函数的父函数等,得到函数间的调用关系,找到异常原因。

如在 ARM 架构中,错误释放内存的操作,触发系统异常。系统异常被挂起后,能在串口中看到异常调用栈打印信息和关键寄存器信息。

```
excType: 4
taskName = MNT_send
taskId = 6
task stackSize = 12288
excBuffAddr pc = 0x8034d3cc
excBuffAddr lr = 0x8034d3cc
excBuffAddr sp = 0x809ca358
excBuffAddr fp = 0x809ca36c
******* backtrace begin *******
traceback 0 -- lr = 0x803482fc
traceback 0 -- fp = 0x809ca38c
traceback 1 -- lr = 0x80393e34
traceback 1 -- fp = 0x809ca3a4
traceback 2 -- lr = 0x8039e0d0
traceback 2 -- fp = 0x809ca3b4
traceback 3 -- lr = 0x80386bec
traceback 3 -- fp = 0x809ca424
```

```
traceback 4 -- lr = 0x800a6210
traceback 4 -- fp = 0x805da164
```

其中，excType 表示异常类型，此处值为 4 表示内存管理错误中断，若是其他数值，可以查看芯片手册得到异常类型。通过这些信息可以定位到异常所在函数和其调用栈关系，分析异常原因。具体步骤如下。

(1) 打开编译后生成的.asm 反汇编文件。

(2) 查找 PC 指针值 8034d3cc 在反汇编 asm 文件中的位置。PC 指针指向的是发生异常时程序正在执行的指令。在当前执行的二进制文件对应的反汇编 asm 文件中，查找 PC 值 8034d3cc，找到当前 CPU 正在执行的指令行，得到如图 4.3 所示结果。

```
8034d3bc <osSlabMemFree>:
8034d3bc:   e92d48f0   push    {r4, r5, r6, r7, fp, lr}
8034d3c0:   e1a04001   mov r4, r1
8034d3c4:   e28db014   add fp, sp, #20
8034d3c8:   ebfff21e   bl  80349c48 <osSlabCtrlHdrGet>
[illegible]:   e15420b4   ldrh    r2, [r4, #-4]
8034d3d0:   e59f308c   ldr r3, [pc, #140]  ; 8034d464 <osSlabMemFree+0xa8>
8034d3d4:   e1520003   cmp r2, r3
```

图 4.3　异常发生时正在执行的指令

从中可以看到异常时 CPU 正在执行的指令是 ldrh r2,[r4, #-4]。异常发生在 osSlabMemFree()函数中。

该条 ldrh 指令的功能是从内存中读出数据到寄存器 r2，要读取数据的内存地址是(r4-4)。此时查看寄存器信息，查看此时 r4 的值如图 4.4 所示。

可以看到，r4 此时的值是 0xffffffff。因此，r4 的值超出了内存范围，故 CPU 执行到该指令时发生了数据终止异常。继续查找 r4 的来源，从 asm 文件可以看到，r4 是通过指令 mov r4,r1 获得的。r1 是函数第二个入参，于是可以确认，在调用 osSlabMemFree()时传入了 0xffffffff(或-1)这样一个错误入参。接下来，需要查找谁调用了 osSlabMemFree()函数。

根据 LR 链接寄存器值查找调用栈。从异常信息的 backtrace begin 开始，打印的是调用栈信息。在 asm 文件中查找 backtrace 0 对应的 LR，如图 4.5 所示。

```
R0     = 0x807243c8
R1     = 0xffffffff
R2     = 0x80000013
R3     = 0x80623de0
R4     = 0xffffffff
R5     = 0x80000013
R6     = 0x807243c0
R7     = 0x1
R8     = 0x809ca490
R9     = 0x4e4
R10    = 0x11
R11    = 0x809ca36c
R12    = 0x800000d3
SP     = 0x809ca358
LR     = 0x8034d3cc
PC     = 0x8034d3cc
CPSR   = 0xa00000d3
```

图 4.4　异常时寄存器信息

```
803482c4 <LOS_MemFree>:
803482c4:   e92d4bf0   push    {r4, r5, r6, r7, r8, r9, fp, lr}
803482c8:   e28db01c   add fp, sp, #28
803482cc:   e10f5000   mrs r5, CPSR
803482d0:   e385c0c0   orr ip, r5, #192     ; 0xc0
803482d4:   e121f00c   msr CPSR_c, ip
803482d8:   e3510000   cmp r1, #0
803482dc:   13500000   cmpne   r0, #0
803482e0:   1a000002   bne 803482f0 <LOS_MemFree+0x2c>
803482e4:   e3a00001   mov r0, #1
803482e8:   e121f005   msr CPSR_c, r5
803482ec:   e8bd8bf0   pop {r4, r5, r6, r7, r8, r9, fp, pc}
803482f0:   e1a04001   mov r4, r1
803482f4:   e1a06000   mov r6, r0
803482f8:   eb00142f   bl  8034d3bc <osSlabMemFree>
[illegible]:   e3500001   cmp r0, #1
80348300:   1affffff8  bne 803482e8 <LOS_MemFree+0x24>
```

图 4.5　调用栈信息

可见，是 LOS_MemFree 调用了 osSlabMemFree。依此方法，可得到异常时函数调用关系：MNT_buf_send(业务函数)→free→LOS_MemFree→osSlabMemFree。

最终，通过排查业务中 MNT_buf_send 实现，发现其中存在错误使用指针的问题，导致 free 了一个错误地址，引发上述异常。

4.4 错误处理

错误处理的过程如图 4.6 所示。

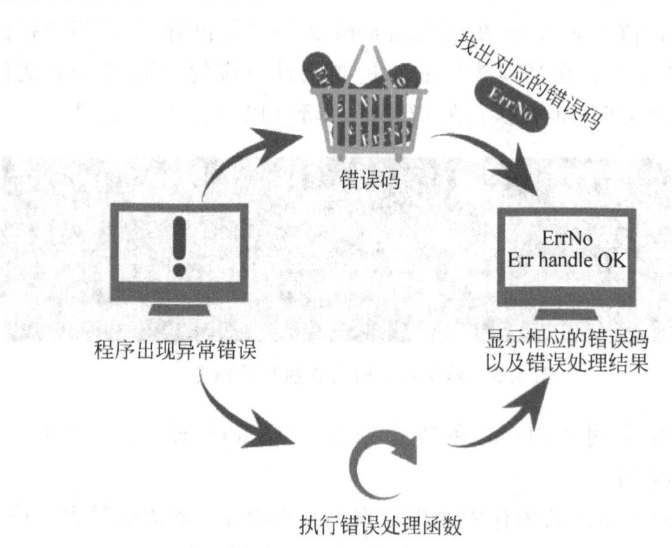

图 4.6 错误处理的过程

错误处理指程序运行错误时，调用错误处理模块的接口函数，上报错误信息，并调用注册的钩子函数进行特定处理，保存现场以便定位问题。通过错误处理，可以控制和提示程序中的非法输入，防止程序崩溃。

调用 API 时可能会出现错误，此时接口会返回对应的错误码，以便快速定位错误原因。错误码是一个 32 位的无符号整型数，24～31 位表示错误等级，16～23 位表示错误码标志（当前该标志值为 0），8～15 位代表错误码所属模块，0～7 位表示错误码序号。错误等级有提示、警告、严重和致命四个等级，分别用 NORMAL、WARN、ERR 和 FATAL 表示，其数值分别为 0、1、2 和 3。

例如，将任务模块中的错误码 LOS_ERRNO_TSK_NO_MEMORY 定义为 FATAL 级别的错误，发生错误的模块 ID 为 LOS_MOD_TSK，错误码序号为 0，则可以做以下定义。

```
#define LOS_ERRNO_TSK_NO_MEMORY LOS_ERRNO_OS_FATAL(LOS_MOD_TSK, 0x00)
#define LOS_ERRNO_OS_FATAL(MID, ERRNO)
(LOS_ERRTYPE_FATAL | LOS_ERRNO_OS_ID | ((UINT32)(MID) << 8) | ((UINT32)(ERRNO)))
```

LOS_ERRTYPE_FATAL：错误等级为 FATAL，值为 0x03000000

LOS_ERRNO_OS_ID：错误码标志，值为 0x000000

MID：所属模块，LOS_MOD_TSK 的值为 0x2

ERRNO：错误码序号

LOS_ERRNO_TSK_NO_MEMORY：0x03000200

有时只靠错误码不能快速准确地定位问题，为方便用户分析错误，错误处理模块支持注册错误处理的钩子函数，发生错误时，用户可以调用 LOS_ErrHandle()接口以执行错误处理函数。系统内部会在某些难以定位的错误处，主动调用注册的钩子函数。目前在互斥锁模块和信号量模块中主动调用了钩子函数。

LiteOS 的错误处理模块提供两个函数，一个是注册错误处理钩子函数 LOS_RegErrHandle()，其参数只有一个，即 func。系统中只有一个错误处理的钩子函数。当多次注册钩子函数时，最后一次注册的钩子函数会覆盖前一次注册的函数。

另一个是调用钩子函数 LOS_ErrHandle()，处理错误。参数 fileName 用于存放错误日志的文件名，系统内部调用时，入参为 os_unspecific_file。参数 lineNo 用于发生错误的代码行号，系统内部调用时，若值为 0xa1b2c3f8，表示未传递行号。参数 errnoNo 是错误码。参数 paraLen 是入参 para 的长度，系统内部调用时，入参为 0。参数 para 是错误标签，系统内部调用时，入参为 NULL。

第5章

系统时钟和软件定时器

多少事,从来急。天地转,光阴迫。一万年太久,只争朝夕。

——毛泽东

5.1 系统时钟

时间管理以系统时钟为基础,给操作系统或应用程序提供所有和时间有关的服务。

系统最小的计时单位为 Cycle。Cycle 的时长由系统主时钟频率决定,系统主时钟频率就是每秒的 Cycle 数。如系统主时钟频率为 10MHz,每秒的 Cycle 数为 10M,每个 Cycle 周期为 0.1μs。CPU 的 Cycle 由振荡器硬件或外部时钟提供。

系统时钟是由定时器/计数器产生的输出脉冲触发中断产生的,一般定义为整数或长整数。输出脉冲的周期叫作一个“时钟滴答”。系统时钟也称为时标或者 Tick。如 Cortex-M3 处理器内部包含 SysTick 定时器,用于产生 SysTick 异常,并通过校准值寄存器使不同的 Cortex-M3 产品上也能产生恒定的 SysTick 中断频率。Cortex-M3 处理器的 SysTick 定时器是一个 24 位的倒计数定时器,当计到 0 时,将从重新装载寄存器中自动重装载定时初值。只要不把它在 SysTick 控制及状态寄存器中的使能位清除,就永不停息。Cortex-M3 的 SysTick 提供两个时钟源以供选择。第一个是内核的“自由运行时钟”FCLK。“自由”表现在它不来自系统时钟 HCLK,因此在系统时钟停止时 FCLK 也继续运行。第二个是一个外部的参考时钟。但是使用外部时钟时,因为它在内部是通过 FCLK 来采样的,因此其周期必须至少是 FCLK 的两倍(采样定理)。

用户以 s、ms 为单位计时,而操作系统以 Tick 为单位计时。Tick 是操作系统的基本时间单位,由用户配置的每秒 Tick 数决定。当用户需要对系统进行操作时,例如,任务挂起和延时等,此时需要时间管理模块对 Tick 和 s/ms 进行转换。

LiteOS 的时间管理模块提供时间转换功能。时间转换功能包括 ms 转换成 Tick 的 LOS_MS2Tick 和 Tick 转换为 ms 的 LOS_Tick2MS。如下为 LOS_MS2Tick 的实现代码。

```
LITE_OS_SEC_TEXT_MINOR UINT32 LOS_MS2Tick(UINT32 millisec)
{
    UINT64 delaySec;
```

```
        if (millisec == UINT32_MAX) {
                return UINT32_MAX;
        }

        delaySec = (UINT64)millisec * KERNEL_TICK_PER_SECOND;
        return (UINT32)((delaySec + OS_SYS_MS_PER_SECOND - 1)
                / OS_SYS_MS_PER_SECOND);
}
```

LiteOS 的 Tick 相关参数的宏定义如下。

```
#define OS_SYS_MS_PER_SECOND 1000
#define OS_SYS_US_PER_SECOND 1000000
#define OS_SYS_NS_PER_SECOND 1000000000
#define OS_SYS_US_PER_MS 1000
#define OS_SYS_NS_PER_MS 1000000
#define OS_SYS_NS_PER_US 1000
```

LiteOS 的时间管理模块提供时间统计和延时功能。

(1) 时间统计。

- LOS_CyclePerTickGetet 是指每个 Tick 多少 Cycle 数。
- LOS_TickCountGet 用于获取自系统启动以来的 Tick 数。
- LOS_GetCpuCycle 用于获取自系统启动以来的 Cycle 数。
- LOS_CurrNanosec 用于获取自系统启动以来的纳秒数。

(2) 延时管理。

- LOS_Udelay 以 μs 为单位的忙等,但可以被优先级更高的任务抢占。
- LOS_Mdelay 以 ms 为单位的忙等,但可以被优先级更高的任务抢占。

进行时间管理时,需根据实际需求,在板级配置适配时确认是否使能 LOSCFG_BASE_CORE_TICK_HW_TIME 宏选择外部定时器,并配置系统主时钟频率 OS_SYS_CLOCK (Hz)。OS_SYS_CLOCK 的默认值基于硬件平台配置。

通过 make menuconfig 配置 LOSCFG_BASE_CORE_TICK_PER_SECOND,菜单路径为:Kernel→Basic Config→Task。配置项为每秒 Tick 数 LOSCFG_BASE_CORE_TICK_PER_SECOND,范围为(0,1000],默认为 100。时间管理不是单独的功能模块,依赖于 OS_SYS_CLOCK 和 LOSCFG_BASE_CORE_TICK_PER_SECOND 两个配置选项。系统的 Tick 数在关中断的情况下不进行计数,故系统 Tick 数不能作为准确时间使用。

5.2 软件定时器

受硬件的限制,CPU 的硬件定时器的数量远远不足以满足实际需求。一种解决办法是使用软件定时器。软件定时器基于系统 Tick 时钟中断,由软件来模拟的定时器。当经过设定的 Tick 数后,会触发自定义的回调函数。软件定时器的定时精度与系统 Tick 时钟的周期有关。

软件定时器属于系统资源,在软件定时器模块初始化的时候已经分配了一块连续内存。

软件定时器使用了系统的一个队列和一个任务资源，软件定时器任务的优先级设定为 0，且不允许修改。软件定时器的触发遵循队列规则，先进先出。定时时间短的定时器总是比定时时间长的靠近队列头，满足优先触发的准则。软件定时器以 Tick 为基本计时单位，当创建并启动一个软件定时器时，LiteOS 会根据当前系统 Tick 时间及设置的定时时长确定该定时器的到期 Tick 时间，并将该定时器控制结构挂入计时全局链表。

当 Tick 中断到来时，在 Tick 中断处理函数中扫描软件定时器的计时全局链表，检查是否有定时器超时，若有则将超时的定时器记录下来。Tick 中断处理函数结束后，软件定时器任务(优先级为最高)被唤醒，在该任务中调用已经记录下来的定时器的回调函数。

软件定时器有三种状态，分别是软件定时器未使用状态、软件定时器计数状态和软件定时器创建后未启动，或已停止状态。软件定时器未使用状态指操作系统在软件定时器模块初始化时，会将系统中所有软件定时器资源初始化成该状态。软件定时器计数状态是在软件定时器创建并启动后，软件定时器将变成该状态，是软件定时器运行时的状态。软件定时器创建后未启动，或已停止状态是软件定时器创建后，不处于计数状态时，定时器将变成该状态。

软件定时器提供了三类模式，分别是单次触发自动删除软件定时器、周期触发软件定时器和单次触发不删除软件定时器。单次触发软件定时器这类定时器是一次性的，在定时器启动后，触发一次事件，然后定时器自动删除。周期触发软件定时器这类定时器会周期性地触发事件，直到手动停止定时器，否则将一直持续周期性地触发。单次触发不删除软件定时器这类定时器是一次性的，在定时器启动后，触发一次事件，触发后不会自动删除，需要调用定时器删除接口删除定时器。尤其注意，创建此模式的软件定时器后，需要调用定时器删除接口删除定时器，回收定时器资源，避免资源泄露。

LiteOS 提供了软件定时器管理功能，支持如下功能。

(1) 创建软件定时器。

(2) 启动软件定时器。

(3) 停止软件定时器。

(4) 删除软件定时器。

(5) 获取软件定时器剩余 Tick 数。

(6) 可配置支持的软件定时器个数。

系统可配置支持的软件定时器个数是指整个系统可使用的软件定时器总个数，不是应用程序可使用的软件定时器个数。当操作系统多使用一个软件定时器，那么应用程序能使用的软件定时器资源就会减少一个。

LiteOS 中，OS_SWTMR_STATUS_UNUSED 表示软件定时器未使用状态，OS_SWTMR_ STATUS_TICKING 表示软件定时器计数状态，OS_SWTMR_STATUS_CREATED 表示软件定时器创建后未启动，或已停止状态。

LiteOS 的软件定时器模块提供下面几种功能，接口详细信息可以查看 API 参考。

(1) 软件定时器创建和删除。

- LOS_SwtmrCreate 创建软件定时器，设置软件定时器的定时时长、定时器模式、回调函数，并返回定时器 ID。
- LOS_SwtmrDelete 删除软件定时器。

(2) 启动和停止软件定时器。

- LOS_SwtmrStart 启动软件定时器。
- LOS_SwtmrStop 停止软件定时器。

(3) 获得软件定时器剩余 Tick 数。

- LOS_SwtmrTimeGet 获得软件定时器剩余 Tick 数。

其中,LOS_SwtmrCreate 的原型函数为

```
UINT32 LOS_SwtmrCreate(UINT32       interval,
                                    UINT8 mode,
                                    SWTMR_PROC_FUNC    handler,
                                    UINT16 *      swtmrId,
                                    UINTPTR     arg
)
```

LiteOS 文档中给出了函数参数的含义。interval 为输入参数,含义为创建的软件定时器的定时时间(tick)。mode 为输入参数,含义为软件定时器模式。传递由 enSwTmrType 指定的一种模式。软件定时器共有三种模式,分别为一次定时、周期定时和一次定时后的周期定时。当前不支持第三种定时模式。handler 为输入参数,含义为处理软件定时器超时的回调函数。swtmrId 为输出参数,含义为 LOS_SwtmrCreate 创建的软件定时器 ID。arg 为输入参数,含义为软件定时器超时向回调函数传递的参数。

如下为该函数的实现过程。

```
LITE_OS_SEC_TEXT_INIT UINT32 LOS_SwtmrCreate(UINT32 interval,
UINT8 mode,
SWTMR_PROC_FUNC handler,
UINT16 * swtmrId,
UINTPTR arg)
{
        LosSwtmrCB * swtmr = NULL;
        UINT32 intSave;
        SortLinkList * sortList = NULL;

        if (interval == 0) {
                return LOS_ERRNO_SWTMR_INTERVAL_NOT_SUITED;
        }

        if ((mode != LOS_SWTMR_MODE_ONCE) && (mode != LOS_SWTMR_MODE_PERIOD)
          &&(mode != LOS_SWTMR_MODE_NO_SELFDELETE)) {
                return LOS_ERRNO_SWTMR_MODE_INVALID;
        }

        if (handler == NULL) {
                return LOS_ERRNO_SWTMR_PTR_NULL;
        }

        if (swtmrId == NULL) {
                return LOS_ERRNO_SWTMR_RET_PTR_NULL;
        }
```

```
        SWTMR_LOCK(intSave);
        if (LOS_ListEmpty(&g_swtmrFreeList)) {
                SWTMR_UNLOCK(intSave);
                return LOS_ERRNO_SWTMR_MAXSIZE;
        }

        sortList = LOS_DL_LIST_ENTRY(g_swtmrFreeList.pstNext,
                SortLinkList, sortLinkNode);
        swtmr = LOS_DL_LIST_ENTRY(sortList, LosSwtmrCB, sortList);
        LOS_ListDelete(LOS_DL_LIST_FIRST(&g_swtmrFreeList));
        SWTMR_UNLOCK(intSave);

        swtmr->handler = handler;
        swtmr->mode = mode;
        swtmr->overrun = 0;
        swtmr->interval = interval;
        swtmr->expiry = interval;
        swtmr->arg = arg;
        swtmr->state = OS_SWTMR_STATUS_CREATED;
        SET_SORTLIST_VALUE(&(swtmr->sortList), 0);
        *swtmrId = swtmr->timerId;
        LOS_TRACE(SWTMR_CREATE, swtmr->timerId);

        return LOS_OK;
}
```

可根据函数返回的错误码快速定位错误原因，如表5.1所示为错误描述和解决方案。

表5.1 软件定时器错误及解决方法

实际数值	描述	参考解决方案
0x02000300	软件定时器回调函数为空	定义软件定时器回调函数
0x02000301	软件定时器的定时时长为0	重新定义定时器的定时时长
0x02000302	不正确的软件定时器模式	确认软件定时器模式，范围为[0,2]
0x02000303	入参的软件定时器ID指针为NULL	定义ID变量，传入有效指针
0x02000304	软件定时器个数超过最大值	重新设置软件定时器最大个数，或者等待一个软件定时器释放资源
0x02000305	入参的软件定时器ID不正确	确保入参合法
0x02000306	软件定时器未创建	创建软件定时器
0x02000307	初始化软件定时器模块时，内存不足	调整OS_SYS_MEM_SIZE，以确保有足够的内存供软件定时器使用
0x02000309	在中断中使用定时器	修改源代码确保不在中断中使用
0x0200030b	在软件定时器初始化时，创建定时器队列失败	调整OS_SYS_MEM_SIZE，以确保有足够的内存供软件定时器创建队列
0x0200030c	在软件定时器初始化时，创建定时器任务失败	调整OS_SYS_MEM_SIZE，以确保有足够的内存供软件定时器创建任务
0x0200030d	未启动软件定时器	启动软件定时器

续表

实际数值	描述	参考解决方案
0x0200030e	不正确的软件定时器状态	检查确认软件定时器状态
0x02000310	用以获取软件定时器剩余 Tick 数的入参指针为 NULL	定义有效变量以传入有效指针
0x02000311	在软件定时器初始化时,创建定时器链表失败	调整 OS_SYS_MEM_SIZE,以确保有足够内存供软件定时器创建链表

LiteOS 软件定时器使用时需通过 make menuconfig 配置软件定时器,菜单路径为:Kernel→Enable Software Timer。配置项 LOSCFG_BASE_CORE_SWTMR 的含义为软件定时器裁剪开关,默认值为 YES,依赖消息队列 LOSCFG_BASE_IPC_QUEUE。配置项 LOSCFG_BASE_CORE_SWTMR_LIMIT 的含义为最大支持的软件定时器数,取值范围为小于 65 535 的数,默认值为 1024。这一配置是操作系统所有的软件定时器个数。应用程序能够使用的软件定时器个数小于这个值。配置项 LOSCFG_BASE_CORE_SWTMR_IN_ISR 的含义为在中断中直接执行回调函数,默认值为 NO。应注意,软件定时器的回调函数中不应执行过多操作,不建议使用可能引起任务挂起或者阻塞的接口或操作,如果使用会导致软件定时器响应不及时,造成的影响无法确定。配置项 LOSCFG_BASE_CORE_TSK_SWTMR_STACK_SIZE 的含义为软件定时器任务栈大小,取值范围为[LOSCFG_TASK_MIN_STACK_SIZE,OS_SYS_MEM_SIZE),默认值为 24 576。

第6章

任务间通信

夫学须志也，才须学也，非学无以广才，非志无以成学。

——诸葛亮

Linux中，多个进程间的通信机制称为IPC(Inter-Process Communication)。Linux中通过多种方法实现进程间通信，有半双工管道、命名管道、消息队列、信号、信号量、共享内存、内存映射文件和套接字等。LiteOS中，任务间通信机制有消息队列、信号量、事件和互斥锁等。

6.1 消息队列

两个任务或者多个任务可以通过共享内存实现数据交换。但是共享内存属于临界资源，多个任务在读写过程中易发生争用问题。为避免共享内存的这一缺陷，使用消息队列在任务之间传递消息。任务之间以消息为单位进行通信，并使用send和receive原语实现消息的发送和接收。消息队列通过异步处理提高系统性能，同时降低系统耦合性，也带来系统可用性降低、系统复杂性提高和一致性问题。

LiteOS使用消息队列实现任务异步通信，队列接收来自任务或中断的不固定长度消息，并根据不同的接口确定传递的消息是否存放在队列空间中。LiteOS消息队列提供了异步处理机制，允许将一个消息放入队列，但不立即处理，同时队列还有缓冲消息的作用。

任务能够从队列里面读取消息，当队列中的消息为空时，挂起读取任务；当队列中有新消息时，挂起的读取任务被唤醒并处理新消息。任务也能够往队列里写入消息，当队列已经写满消息时，挂起写入任务；当队列中有空闲消息节点时，挂起的写入任务被唤醒并写入消息。如果将读队列和写队列的超时时间设置为0，则不会挂起任务，接口会直接返回，这就是非阻塞模式。

6.1.1 消息队列控制块

LiteOS中的队列控制块LosQueueCB如下，包含队列指针和队列状态等信息。

```
typedef struct
{
    UINT8  *queueHandle;        /* 队列指针 */
    UINT8   queueState;         /* 队列状态 */
    UINT8   queueMemType;       /* 创建队列时内存分配的方式 */
    UINT16  queueLen;           /* 队列中消息节点个数,即队列长度 */
    UINT16  queueSize;          /* 消息节点大小 */
    UINT32  queueID;            /* 队列 ID */
    UINT16  queueHead;          /* 消息头节点位置(数组下标)*/
    UINT16  queueTail;          /* 消息尾节点位置(数组下标)*/
    UINT16  readWriteableCnt[OS_QUEUE_N_RW];
    /* 数组下标 0 的元素表示队列中可读消息数,
    数组下标 1 的元素表示队列中可写消息数 */
    LOS_DL_LIST readWriteList[OS_QUEUE_N_RW];
    /* 读取或写入消息的任务等待链表,下标 0 为读取链表,下标 1 为写入链表 */
    LOS_DL_LIST memList;        /* CMSIS-RTOS 中的 MailBox 模块使用的内存块链表 */
} LosQueueCB;
```

创建队列时,创建队列成功会返回 queueID,用于区别其他消息队列。每个队列控制块中都含有队列状态 queueState,表示该队列的使用情况。其值为 OS_QUEUE_UNUSED 表示队列没有被使用,其值为 OS_QUEUE_INUSED 表示队列被使用中。每个队列控制块中都含有创建队列时的内存分配方式 queueMemType,其值为 OS_QUEUE_ALLOC_DYNAMIC 表示创建队列时所需的队列空间由系统自行动态申请内存获取,其值为 OS_QUEUE_ALLOC_STATIC 表示创建队列时所需的队列空间由接口调用者自行申请后传入接口。queueSize 为消息节点大小,即每个消息占用的内存大小,消息长度不超过队列的消息节点大小。

在队列控制块中维护着一个消息头节点位置 Head 和一个消息尾节点位置 Tail,用于表示当前队列中消息的存储情况。Head 表示队列中被占用的消息节点的起始位置。Tail 表示被占用的消息节点的结束位置,也是空闲消息节点的起始位置。队列刚创建时,Head 和 Tail 均指向队列起始位置。

队列读写控制值在枚举中定义。

```
typedef enum {
  OS_QUEUE_READ  = 0,
  OS_QUEUE_WRITE = 1,
  OS_QUEUE_N_RW  = 2
} QueueReadWrite;
```

写队列时,根据 readWriteableCnt[1]的值判断队列是否可以写入,readWriteableCnt[1]为 0 时表示队列已满,不能对已满队列进行写操作。写队列支持两种写入方式,一种是向队列尾节点写入消息,一种是向队列头节点写入消息。尾节点写入时,根据 Tail 找到起始空闲消息节点作为数据写入对象,如图 6.1 所示。

如果 Tail 已经指向队列尾部,则采用回卷方式。头节点写入时,将 Head 的前一个节点作为数据写入对象,如果 Head 指向队列起始位置则采用回卷方式。

读队列时,根据 readWriteableCnt[0]的值判断队列是否有消息需要读取。当 readWriteableCnt[0]为 0 时,表示没有消息,队列空闲,进行读操作会导致任务挂起。如果

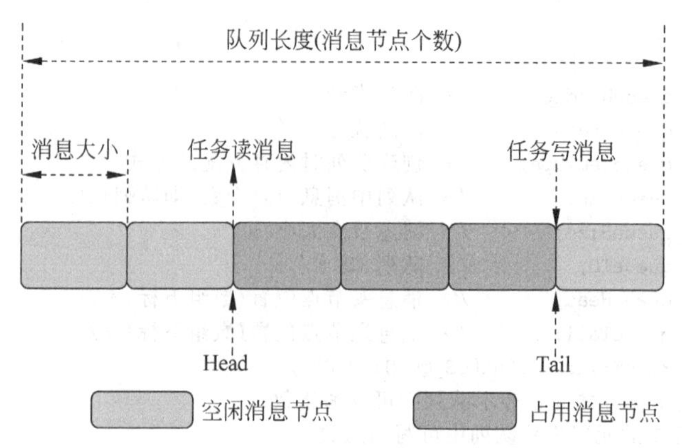

图 6.1　消息队列尾节点写数据操作

队列可以读取消息，则根据 Head 找到最先写入队列的消息节点进行读取。如果 Head 已经指向队列尾部，则采用回卷方式。

删除队列时，根据 QueueID 找到对应队列，把队列状态 queueState 置为未使用，把队列控制块置为初始状态。如果是通过系统动态申请内存方式创建的队列，还会释放队列所占内存。

LiteOS 中的消息队列具有如下特性。

(1) 队列消息以先进先出的方式排队，异步读写消息。

(2) 读队列和写队列支持超时机制。

(3) 每读取一条消息，就会将该消息节点设置为空闲。

(4) 发送消息类型由通信双方约定，可以允许不超过队列的消息节点大小的不同长度的消息。

(5) 一个任务能够从任意一个消息队列接收和发送消息。

(6) 多个任务能够从同一个消息队列接收和发送消息。

(7) 创建队列时所需的队列空间，默认支持接口内系统自行动态申请内存的方式，同时也支持将用户分配的队列空间作为接口入参传入的方式。

6.1.2　消息队列管理模块

消息队列用于任务间通信，可以实现消息的异步处理。LiteOS 中的消息队列管理模块提供创建消息队列、读写消息队列和删除消息队列等功能。

(1) 创建、删除消息队列。

- LOS_QueueCreate 用于创建一个消息队列，由系统动态申请队列空间。
- LOS_QueueCreateStatic 用于创建一个消息队列，由用户分配队列内存空间传入接口。
- LOS_QueueDelete 根据队列 ID 删除一个指定队列。如果存在动态申请的内存，需要及时释放这些内存。

(2) 读队列。

- LOS_QueueRead 用于读取指定队列头节点中的数据，队列节点中的数据是消息的地址。

- LOS_QueueReadCopy 用于读取指定队列头节点中的数据。

(3) 写队列。

- LOS_QueueWrite 用于向指定队列尾节点中写入入参 bufferAddr 的值(即 buffer 的地址)。
- LOS_QueueWriteHead 用于向指定队列头节点中写入入参 bufferAddr 的值(即 buffer 的地址)。
- LOS_QueueWriteCopy 用于向指定队列尾节点中写入入参 bufferAddr 中保存的数据。
- LOS_QueueWriteHeadCopy 用于向指定队列头节点中写入入参 bufferAddr 中保存的数据。

(4) 获取队列信息。

- LOS_QueueInfoGet 用于获取指定队列的信息,包括队列 ID、队列长度、消息节点大小、头节点、尾节点、可读节点数量、可写节点数量、等待读操作的任务、等待写操作的任务和等待 mail 操作的任务。

LOS_QueueReadCopy 和 LOS_QueueWriteCopy 及 LOS_QueueWriteHeadCopy 是一组接口,LOS_QueueRead 和 LOS_QueueWrite 及 LOS_QueueWriteHead 是一组接口,两组接口需要配套使用。前一组接口实际操作的是数据,必须保证调用 LOS_QueueRead 获取到的指针所指向的内存区域在读队列期间没有被异常修改或释放,否则可能导致不可预知的后果。后一组接口实际操作的是数据地址,也就意味着实际写和读的消息长度仅仅是一个指针数据,因此使用这组接口之前,需确保创建队列时的消息节点大小,为一个指针的长度,避免浪费和读取失败。接口详细信息可以查看 API 参考。

使用队列模块时,需通过 make menuconfig 配置队列模块,菜单路径为 Kernel→Enable Queue。配置完后,创建队列。创建成功后,可以得到队列 ID。通过队列 ID,可以写队列、读队列,以及获取队列信息。队列使用完毕,删除队列。配置项 LOSCFG_BASE_IPC_QUEUE 为队列模块裁剪开关,默认为 YES。配置项 LOSCFG_QUEUE_STATIC_ALLOCATION 为支持以用户分配内存的方式创建队列,默认为 NO。配置项 LOSCFG_BASE_IPC_QUEUE_LIMIT 为系统支持的最大队列数,取值范围小于 65 535,默认为 1024。系统支持的最大队列数是指整个系统的队列资源总个数,不是用户任务能使用的个数。例如,系统软件定时器多占用一个队列资源,那么用户能使用的队列资源就会减少一个。

操作失败时,返回对应的错误码,错误码在 0x02000600 和 0x0200061f 之间。

6.2 事件

事件是一种实现任务间通信的方式。任务接收事件,资源、任务、中断可发送事件。事件主要用于实现多任务间的同步,事件通信只用于事件类型的通信,不能进行数据传输。多任务环境下,任务之间往往需要同步操作,事件可以实现一对多、多对多的同步。一对多同步模型是一个任务可以等待多个事件的发生,可以是任意一个事件发生时唤醒任务进行事件处理(逻辑或),也可以是几个事件都发生后才唤醒任务进行事件处理(逻辑或)。多对多同步模型是多个任务等待多个事件的触发。图 6.2 为事件唤醒任务的示意图。

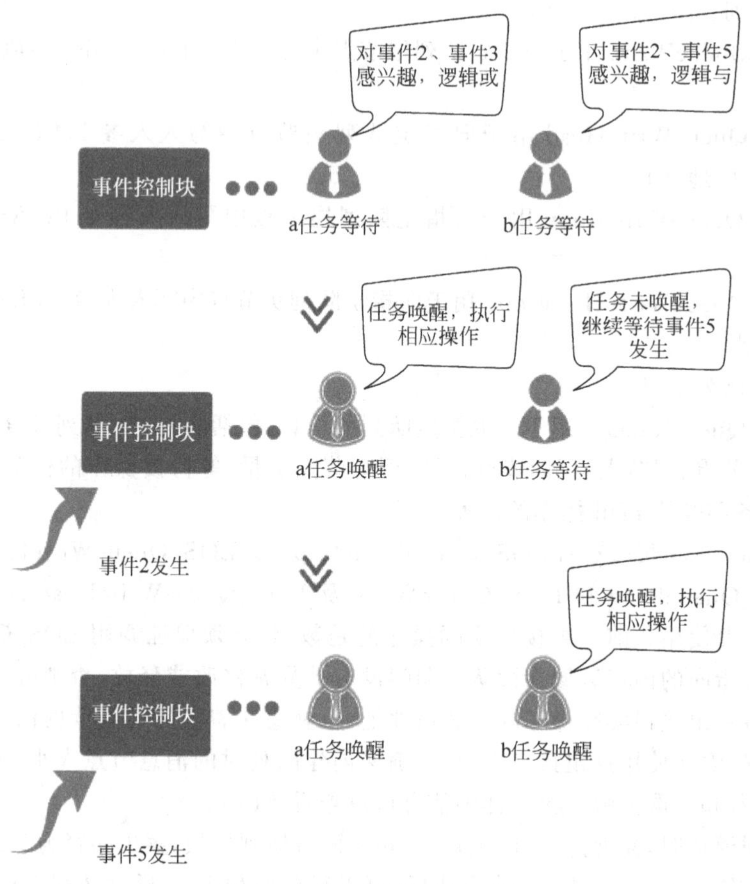

图 6.2　事件唤醒任务示意图

LiteOS 任务通过创建事件控制块来触发事件或等待事件。事件间相互独立，内部实现为一个 32 位无符号整型，每一位标识一种事件类型。第 25 位不可用，最多可支持 31 种事件类型。事件控制块的数据结构如下。

```
typedef struct tagEvent {
    UINT32 uwEventID;              /* 事件 ID,每一位标识一种事件类型 */
    LOS_DL_LIST stEventList;       /* 读取事件的任务链表 */
} EVENT_CB_S, * PEVENT_CB_S;
```

变量 uwEventID 用于标识该任务发生的事件类型，其中每一位表示一种事件类型。0 表示事件类型未发生，1 表示该事件类型已经发生。

LiteOS 任务在读事件时，可以根据入参事件掩码类型读取事件的单个或者多个事件类型。事件读取成功后，可以清除已读取到的事件类型，或不清除已读到的事件类型。在中断中，可以对事件对象进行写操作，但不能进行读操作。在锁任务调度状态下，禁止任务阻塞于读事件。

可以通过入参选择读取模式，读取事件掩码类型中所有事件还是读取事件掩码类型中任意事件。读取模式有三种，分别为所有事件读取模式、任一事件读取模式和清除事件读取模式。

所有事件读取模式(LOS_WAITMODE_AND)表示逻辑与,基于接口传入的事件类型掩码 eventMask,只有这些事件都已经发生才能读取成功,否则该任务将阻塞等待或者返回错误码。

任一事件读取模式(LOS_WAITMODE_OR)表示逻辑或,基于接口传入的事件类型掩码 eventMask,只要这些事件中有任一种事件发生就可以读取成功,否则该任务将阻塞等待或者返回错误码。

清除事件读取模式(LOS_WAITMODE_CLR)是一种附加读取模式,需要与所有事件模式或任一事件模式结合使用(LOS_WAITMODE_AND | LOS_WAITMODE_CLR 或 LOS _WAITMODE_OR | LOS_WAITMODE_CLR)。在这种模式下,当设置的所有事件模式或任一事件模式读取成功后,会自动清除事件控制块中对应的事件类型位。

任务在写事件时,对指定事件控制块写入指定的事件类型,可以一次同时写多个事件类型。写事件会触发任务调度。任务在清除事件时,根据入参事件和待清除的事件类型,对事件对应位进行清 0 操作。

LiteOS 的事件模块提供的功能如下。

(1) 初始化事件 LOS_EventInit,用于初始化一个事件控制块。

(2) 读事件 LOS_EventRead,用于读取指定事件类型,超时时间为相对时间,单位为 Tick。

(3) 写事件 LOS_EventWrite,用于写指定的事件类型。

(4) 清除事件 LOS_EventClear,用于清除指定的事件类型,入参值是要清除的指定事件类型的反码(events),为了区别 LOS_EventRead 接口返回的是事件还是错误码,事件掩码的第 25 位不能使用。

(5) 校验事件掩码 LOS_EventPoll,用于根据用户传入的事件 ID、事件掩码及读取模式,返回用户传入的事件是否符合预期。

(6) 销毁事件 LOS_EventDestroy,用于销毁指定的事件控制块。

其中,读事件接口的参数有 eventCB、eventMask、mode 和 timeout。

```
UINT32 LOS_EventRead(PEVENT_CB_S eventCB,UINT32 eventMask,UINT32 mode,UINT32 timeout
)
```

如果成功,返回值为 0 或 UINT32 数值。如果失败,返回如下错误码。

(1) 错误码 LOS_ERRNO_EVENT_SETBIT_INVALID 含义为设置 eventMask 的第 25 位非法。

(2) 错误码 LOS_ERRNO_EVENT_EVENTMASK_INVALID 含义为传入的 mode 参数错误。

(3) 错误码 LOS_ERRNO_EVENT_READ_IN_INTERRUPT 含义为在中断中读事件。

(4) 错误码 LOS_ERRNO_EVENT_FLAGS_INVALID 含义为模式错误。

(5) 错误码 LOS_ERRNO_EVENT_READ_IN_LOCK 含义为读事件的任务上锁了。

(6) 错误码 LOS_ERRNO_EVENT_PTR_NULL 含义为传入指针是空指针。

(7) 错误码 LOS_ERRNO_EVENT_READ_TIMEOUT 含义为读事件超时。

在使用事件模块时，首先通过 make menuconfig 配置事件，菜单路径为：Kernel→Enable Event。配置项 LOSCFG_BASE_IPC_EVENT 默认值为 YES。然后调用事件初始化 LOS_EventInit 接口，初始化事件等待队列。应用 LOS_EventWrite 写事件，写入指定的事件类型。应用 LOS_EventRead 读事件，可以选择读取模式。应用 LOS_EventClear 清除事件，清除指定的事件类型。

6.3 信号量

信号量是一种实现任务间通信的机制，可以实现任务间同步或共享资源的互斥访问。信号量用作任务间同步时，初始信号量计数值为 0，任务 1 获取信号量而被阻塞，直到任务 2 或者某中断释放信号量，任务 1 才得以进入就绪态或运行态，从而实现任务间的同步。信号量用作共享资源的互斥访问时，初始信号量计数值不为 0，用于表示可用的共享资源数量。在任务需要使用共享资源前，先获取信号量，然后再使用共享资源，在使用完毕后释放信号量。如果全部共享资源被使用，即信号量计数减至 0，此时需要共享资源的任务将被阻塞，从而保证了对共享资源的互斥访问。当只有一个共享资源时，信号量为二值信号量，是一种类似于互斥锁的机制。

信号量的数据结构中，通常有一个计数值，用于记录有效的共享资源数目，表示空闲的可被使用的共享资源数目。计数值可以是 0 或者正整数。计数值为 0 表示该信号量相应的共享资源当前不可获取，因此可能存在正在等待该信号量的任务。计数值为正整数值时表示该信号量相应的共享资源可被获取，如图 6.3 所示。

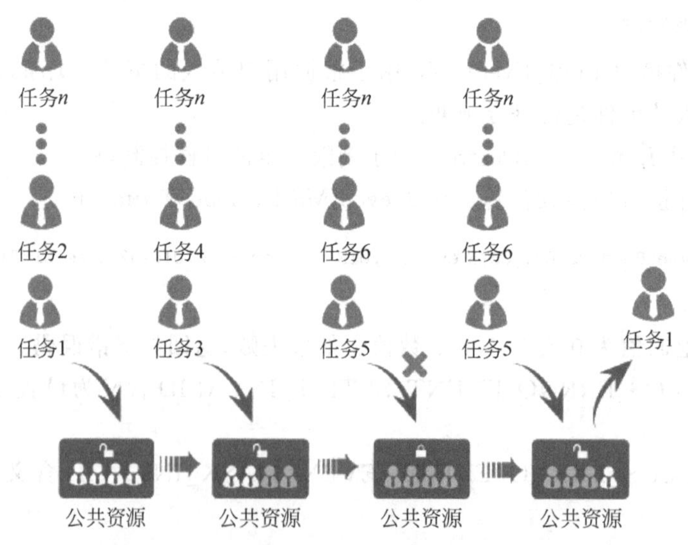

图 6.3 信号量用于共享资源的互斥访问示意图

应用信号量时，涉及信号量初始化、信号量创建、信号量申请、信号量释放和信号量删除等操作。信号量允许多个任务在同一时刻访问共享资源，但会限制同一时刻访问此资源的最大任务数目。当访问资源的任务数达到该资源允许的最大数量时，会阻塞其他试图获取该资源的任务,直到有任务释放该信号量。

除了计数值外,信号量数据结构还可包括阻塞在信号量的任务。LiteOS 的信号量控制块的数据结构如下。

```
typedef struct {
  UINT8        semStat;              /* 是否使用标志位 */
  UINT8        semType;              /* 信号量类型 */
  UINT16       semCount;             /* 信号量计数 */
  UINT32       semId;                /* 信号量索引号 */
  LOS_DL_LIST semList;               /* 挂接阻塞于该信号量的任务 */
} LosSemCB;
```

LiteOS 中,通过信号量初始化函数,为配置的 N 个信号量申请内存,并把所有信号量初始化成未使用,加入到未使用链表中供系统使用。LiteOS 中,信号量个数 N 值可以自行配置,通过 LOSCFG_BASE_IPC_SEM_LIMIT 宏实现。

通过信号量创建函数创建信号量时,从未使用的信号量链表中获取一个信号量,并设定初值。

信号量申请时,若其计数器值大于 0,则直接减 1 返回成功。否则任务阻塞,等待其他任务释放该信号量,等待的超时时间可设定。当任务被一个信号量阻塞时,将该任务挂到信号量等待任务队列的队尾。信号量有三种申请模式,分别为无阻塞模式、永久阻塞模式和定时阻塞模式,具体如下。

(1) 任务申请信号量时,入参 timeout 等于 0 表示无阻塞模式。若当前信号量计数值不为 0,则申请成功,否则立即返回申请失败。

(2) 任务申请信号量时,入参 timeout 等于 0xFFFFFFFF,表示永久阻塞模式。若当前信号量计数值不为 0,则申请成功。否则该任务进入阻塞态,系统切换到就绪任务中优先级最高者继续执行。任务进入阻塞态后,直到有其他任务释放该信号量,阻塞任务才会重新得以执行。

(3) 任务申请信号量时,入参 timeout 范围为(0,0xFFFFFFFF),表示定时阻塞模式。若当前信号量计数值不为 0,则申请成功。否则,该任务进入阻塞态,系统切换到就绪任务中优先级最高者继续执行。任务进入阻塞态后,超时前如果有其他任务释放该信号量,则该任务可成功获取信号量继续执行,若超时前未获取到信号量,接口将返回超时错误码。由于中断不能被阻塞,因此不能在中断中使用阻塞模式申请信号量。

信号量释放,若没有任务等待该信号量,则直接将计数器加 1 返回。否则唤醒该信号量等待任务队列上的第一个任务。

信号量删除,将正在使用的信号量置为未使用信号量,并挂回到未使用链表。

LiteOS 的信号量模块主要有创建、删除、申请和释放信号量功能。

(1) 创建、删除信号量。

- LOS_SemCreate 用于创建信号量,返回信号量 ID。
- LOS_QueueCreateStatic BinarySemCreate 用于创建二值信号量,其计数值最大为 1。
- LOS_SemDelete 用于删除指定的信号量。

(2) 申请、释放信号量。

- LOS_SemPend 用于申请指定的信号量,并设置超时时间。
- LOS_SemPost 用于释放指定的信号量。

LiteOS 中,信号量的开发首先通过 make menuconfig 配置信号量模块,菜单路径为 Kernel→Enable Sem。然后创建信号量 LOS_SemCreate,若要创建二值信号量则调用 LOS_BinarySemCreate。用 LOS_SemPend 申请信号量。用 LOS_SemPost 释放信号量。使用完成后,用 LOS_SemDelete 删除信号量。

信号量相关配置项 LOSCFG_BASE_IPC_SEM 为信号量模块裁剪开关,默认为 YES。配置项 LOSCFG_BASE_IPC_SEM_LIMIT 为系统支持的信号量最大数,范围为 [0,65535],默认为 1024。

6.4 互斥锁

多任务操作系统会存在多个任务访问同一公共资源的情况,而这些公共资源是非共享的临界资源,只能被独占使用。每个任务在对资源操作前都尝试先加锁,成功加锁才能操作,操作结束后解锁。原理示意如图 6.4 所示。

图 6.4 互斥锁运作原理示意图

同一个时刻,只能有一个任务持有该锁。当任务 1 对某个全局变量加锁访问,任务 2 在访问前尝试加锁,拿不到锁,任务 1 阻塞。任务 3 不去加锁,而直接访问该全局变量,依然能够访问,但会出现数据混乱。建议程序中有多任务访问共享资源的时候使用互斥锁,但是不强制限定。

任意时刻互斥锁只有两种状态:开锁或闭锁。当任务持有时,这个任务获得该互斥锁的所有权,互斥锁处于闭锁状态。当该任务释放锁后,任务失去该互斥锁的所有权,互斥锁处于开锁状态。当一个任务持有互斥锁时,其他任务不能再对该互斥锁进行开锁或持有。

LiteOS 的互斥锁模块提供创建、删除、申请和释放互斥锁功能。创建互斥锁使用 LOS_MuxCreate,删除互斥锁使用 LOS_MuxDelete,申请互斥锁使用 LOS_MuxPend,释放互斥锁使用 LOS_MuxPost。

和信号量申请类似,申请互斥锁有无阻塞模式、永久阻塞模式和定时阻塞模式三种模式。无阻塞模式即任务申请互斥锁时,入参 timeout 等于 0。若当前没有任务持有该互斥锁,或者持有该互斥锁的任务和申请该互斥锁的任务为同一个任务,则申请成功,否则立即返回申请失败。永久阻塞模式即任务申请互斥锁时,入参 timeout 等于 0xFFFFFFFF。若当前没有任务持有该互斥锁,则申请成功。否则,任务进入阻塞态,系统切换到就绪任务中优先级最高者继续执行。任务进入阻塞态后,直到有其他任务释放该互斥锁,阻塞任务才会重新得以执行。定时阻塞模式即任务申请互斥锁时,入参在一个区间内,0 < timeout < 0xFFFFFFFF。若当前没有任务持有该互斥锁,则申请成功。否则该任务进入阻塞态,系统切换到就绪任务中优先级最高者继续执行。任务进入阻塞态后,超时前如果有其他任务释放该互斥锁,则该任务可成功获取互斥锁继续执行,若超时前未获取到该互斥锁,接口将返回超时错误码。释放互斥锁时,如果有任务阻塞于该互斥锁,则唤醒被阻塞任务中优先级最高的,该任务进入就绪态,并进行任务调度。如果没有任务阻塞于该互斥锁,则互斥锁释放成功。

需要注意的是,互斥锁不能在中断服务程序中使用。LiteOS 作为实时操作系统需要保证任务调度的实时性,尽量避免任务的长时间阻塞,因此在获得互斥锁之后,应该尽快释放互斥锁。持有互斥锁的过程中,不得再调用 LOS_TaskPriSet 等接口更改持有互斥锁任务的优先级。互斥锁不支持多个相同优先级任务翻转的场景。

互斥锁开发时,需通过 make menuconfig 配置互斥锁模块,菜单路径为: Kernel→Enable Mutex。配置项 LOSCFG_BASE_IPC_MUX 为互斥锁模块裁剪开关,默认为 YES。配置项 LOSCFG_MUTEX_WAITMODE_PRIO 为互斥锁基于任务优先级的等待模式,默认为 YES。配置项 LOSCFG_MUTEX_WAITMODE_FIFO 为互斥锁基于 FIFO 的等待模式,默认为 NO。配置项 LOSCFG_BASE_IPC_MUX_LIMIT 为系统支持的最大互斥锁个数,小于 65 535,默认为 1024。

6.5 自旋锁

自旋锁最初是为了 SMP 多核系统设计的,实现在多处理器情况下保护临界区。自旋锁是 SMP 架构中的一种低级的同步机制。在多核环境中,由于使用相同的内存空间,存在对同一资源进行访问的情况,所以需要互斥访问机制来保证同一时刻只有一个核进行操作。自旋锁就是这样的一种机制。

当一个线程想要获取一把自旋锁时,如果该锁被其他线程锁持有,该线程会在一个循环中自旋,并不断判断是否能够成功获取锁,直到获取到锁才会退出循环。

由于线程自旋时不释放 CPU,因而获取自旋锁的线程应尽快释放自旋锁,否则等待该自旋锁的线程会一直在循环自旋,这就会占用 CPU 时间。还有持有自旋锁的线程在 sleep 之前应该释放自旋锁以便其他线程可以获得自旋锁。

自旋锁与互斥锁比较类似,它们都是为了解决对共享资源的互斥使用问题。无论是互斥锁还是自旋锁,在任何时刻,最多只能有一个持有者。但是两者在调度机制上略有不同,对于互斥锁,如果锁已经被占用,锁申请者会被阻塞,在被阻塞期间,不消耗 CPU 资源;但是自旋锁不会引起调用者阻塞,会一直循环检测自旋锁是否已经被释放,一直消耗 CPU 时间。自旋锁和互斥锁适用于不同的场景。自旋锁适用于那些仅需要阻塞很短时间的场景,而互斥锁适用于那些可能会阻塞很长时间的场景。

自旋锁的实现是为了保护一段短小的临界区代码,保证这个临界区的操作是原子的,从而避免并发的竞争冒险。在 Linux 内核中,自旋锁通常用于保护内核数据结构的操作,在操作这样的结构体时都经历上锁、操作和解锁过程。

LiteOS 的自旋锁模块提供自旋锁的相关功能,主要是静态初始化自旋锁 SPIN_LOCK_INIT,动态初始化自旋锁 LOS_SpinInit,入参为指向需要初始化自旋锁的结构 SPIN_LOCK_S。该结构的数据成员如下。

```
size_t rawLock
       UINT32 cpuid
       VOID * owner
       const CHAR * name
```

除此之外,LiteOS 还有以下功能。

(1) 申请、释放自旋锁。

- LOS_SpinLock 用于申请指定的自旋锁,如果无法获取锁,会一直循环等待。
- LOS_SpinTrylock 用于尝试申请指定的自旋锁,如果无法获取锁,直接返回失败,而不会一直循环等待。
- LOS_SpinUnlock 用于释放指定的自旋锁。

(2) 申请、释放自旋锁(同时进行关中断保护)。

- LOS_SpinLockSave 用于关中断后,再申请指定的自旋锁。
- LOS_SpinUnlockRestore 用于先释放指定的自旋锁,再恢复中断状态。

(3) 获取自旋锁持有状态。

- LOS_SpinHeld 用于检查自旋锁是否已经被持有。

自旋锁依赖于 SMP,可以通过 make menuconfig 配置,菜单路径为 Kernel→Enable Kernel SMP。配置项 LOSCFG_KERNEL_SMP 为 SMP 控制开关,默认为 YES。需要硬件支持多核。配置项 LOSCFG_KERNEL_SMP_CORE_NUM 为多核 core 数量,该值与架构相关,默认为 2。

使用自旋锁时,同一个任务不能对同一把自旋锁进行多次加锁,否则会导致死锁。自旋锁中会执行本核的锁任务操作,因此需要等到最外层完成解锁后本核才会进行任务调度。LOS_SpinLock 与 LOS_SpinUnlock 允许单独使用,即可以不进行关中断,但是用户需要保证使用的接口只会在任务或中断中使用。如果接口同时会在任务和中断中被调用,请使用 LOS_SpinLockSave 与 LOS_SpinUnlockRestore,因为在未关中断的情况下使用 LOS_SpinLock 可能会导致死锁。耗时的操作谨慎选用自旋锁,可使用互斥锁进行保护。未开启 SMP 的单核场景下,自旋锁功能无效,只有 LOS_SpinLockSave 与 LOS_SpinUnlockRestore 接口有关闭恢复中断功能。建议 LOS_SpinLock 和 LOS_SpinUnlock,LOS_SpinLockSave 和 LOS_SpinUnlockRestore 配对使用,避免出错。

第7章

Shell 命令

应当能为革命挑更重的担子，能在最复杂的环境里做艰苦工作。能在困难的时候顶上去。能在最危险的情况下不怕牺牲，能做别人不愿干、不敢干的革命工作。

——王进喜

7.1 概述

LiteOS 的 Shell 命令以命令行交互的方式访问操作系统的功能或服务，通过串口工具输入输出，支持常用的基本调试功能。

Shell 中的系统命令如下。

(1) help 显示当前操作系统内所有 Shell 命令。

(2) date 查询及设置系统时间。

(3) uname 显示操作系统的名称、系统编译时间、版本信息等。

(4) task 查询系统的任务信息。

(5) free 显示系统内存的使用情况，同时显示系统的 text 段、data 段、rodata 段和 bss 段大小。

(6) memcheck 检查动态申请的内存块是否完整，是否存在内存越界造成的节点损坏。

(7) memused 查看当前系统 used 节点中保存的函数调用栈 LR 信息。通过分析数据可检测内存泄漏问题。

(8) hwi 查询当前中断信息。

(9) queue 查看队列的使用情况。

(10) sem 查询系统内核信号量的相关信息。

(11) mutex 查看互斥锁的使用情况。

(12) dlock 检查系统中的任务是否存在互斥锁(mutex)死锁，输出系统中所有任务持有互斥锁的信息。

(13) swtmr 查询系统软件定时器相关信息。

(14) systeminfo 显示当前操作系统的资源使用情况，包括任务、信号量、互斥锁、队列和软件定时器等。对于信号量、互斥锁、队列和软件定时器，如果在系统镜像中已经裁剪了这些模块，那么说明系统没有使用这些资源，该命令也就不会显示这些资源的情况。

(15) log 设置和查询系统的日志打印等级。

(16) dmesg 用于控制内核 dmesg 缓存区。

(17) stack 显示当前操作系统内所有栈的信息。

(18) cpup 查询系统 CPU 的占用率，并以百分比显示占用率。

(19) watch 周期性监听一个命令的运行结果。

部分 Shell 命令需要通过配置 make menuconfig 使能 Shell。菜单路径为 Debug→Enable a Debug Version→Enable Shell。配置项 LOSCFG_SHELL 为 Shell 功能的裁剪开关，LOSCFG_SHELL_UART 设置 Shell 直接与 uart 驱动交互。

LiteOS 可以新增定制的命令。LiteOS 提供了静态注册 Shell 命令接口 SHELLCMD_ENTRY 和动态注册 Shell 命令接口 osCmdReg。SHELLCMD_ENTRY 方式一般用于注册系统常用命令，在 shcmd.h 中声明，osCmdReg 方式一般用于注册用户命令，在 shell.h 中声明。命令类型有两种，CMD_TYPE_EX 类型不支持标准命令参数输入，会把用户填写的命令关键字屏蔽掉。例如，输入“ls /ramfs”，传入给命令处理函数的参数只有/ramfs，对应于命令处理函数中的 argv[0]，而 ls 命令关键字并不会被传入。CMD_TYPE_STD 类型支持标准命令参数输入，所有输入的字符都会通过命令解析后被传入。例如，输入“ls /ramfs”，ls 和/ramfs 都会被传入命令处理函数，分别对应于命令处理函数中的 argv[0]和 argv[1]。

静态注册命令有 5 个入参，如下所述。动态注册命令有 4 个入参，没有命令变量名。

第一个入参是命令变量名，用于设置连接选项(build/mk/liteos_tables_ldflags.mk 的 LITEOS_TABLES_LDFLAGS 变量)。例如，变量名为 ls_shellcmd，连接选项设置为 LITEOS_TABLES _LDFLAGS += -uls_shellcmd。

第二个入参是命令类型。

第三个入参是命令关键字，是命令处理函数在 Shell 中对应的名称。命令关键字必须唯一，即两个不同的命令项不能有相同的命令关键字，否则只会执行其中一个。Shell 在执行用户命令时，如果存在多个命令关键字相同的命令，只会执行在“help”命令中排在最前面的那个。

第四个入参是命令处理函数的入参最大个数。静态注册命令不支持设置。动态注册命令支持设置不超过 32 的入参最大个数，或者设置为 XARGS(其在代码中被定义为 0xffffffff)表示不限制参数个数。

第五个入参为命令处理函数名，即在 Shell 中执行命令时被调用的函数。

静态注册 Shell 命令方式新增 Shell 命令有以下 5 步。

(1) 定义一个新增命令所要调用的命令处理函数。

(2) 使用 SHELLCMD_ENTRY()函数添加新增命令项。

(3) 在 liteos_tables_ldflags.mk 中添加连接该新增命令项参数。

(4) 通过 make menuconfig 使能 Shell。

(5) 重新编译代码后运行。

以下的代码示例了静态注册命令方式注册 Shell 命令 CMDtest。

```
#include "shcmd.h"

/* 定义命令所要调用的命令处理函数 cmd_test() */
int cmd_test(void)
{
        printf("You have a new shell command!\n");
        return 0;
}

/* 添加新增命令项 */
SHELLCMD_ENTRY(test_shellcmd, CMD_TYPE_EX, "CMDtest", 0, (CMD_CBK_FUNC)cmd_test);
```

连接选项中添加连接该新增命令项参数。在 build/mk/liteos_tables_ldflags.mk 中 LITEOS _TABLES_LDFLAGS 项下添加-utest_shellcmd。

```
LITEOS_TABLES_LDFLAGS += -utest_shellcmd
```

通过 make menuconfig 使能 Shell，即设置 LOSCFG_SHELL=y 后，重新编译代码即可使用 CMDtest 命令。

以下的代码示例了动态注册命令方式注册 Shell 命令 CMDtestd。通过 make menuconfig 使能 Shell，即设置 LOSCFG_SHELL=y 后，重新编译代码即可使用 CMDtestd 命令。

```
#include "shell.h"

    /* 定义命令所要调用的命令处理函数 cmd_testd() */
    int cmd_testd(void)
    {
            printf("You have a new shell command!\n");
            return 0;
    }

    /* 在 app_init()函数中调用 osCmdReg()函数动态注册命令 */
    void app_init(void)
    {
            ....
            osCmdReg(CMD_TYPE_EX, 'CMDtestd", 0, (CMD_CBK_FUNC) cmd_testd);
            ....
   }
```

7.2 task 命令

task 命令用于查询系统的任务信息。LiteOS 系统初始任务有用于处理软件定时器超时回调函数的软件定时器任务 Swt_Task，系统空闲时执行的任务 IdleCore000，系统默认工作队列处理任务 system_wq，从底层 buf 读取用户的输入、初步解析命令任务 SerialEntryTask，接收命令后进一步解析并查找匹配的命令处理函数进行调用的 SerialShellTask。

任务状态如下。

(1) Ready：任务处于就绪状态。

(2) Pend：任务处于阻塞状态。

(3) PendTime：阻塞的任务处于等待超时状态。

(4) Suspend：任务处于挂起状态。

(5) Running：任务正在运行。

(6) Delay：任务处于延时等待状态。

(7) SuspendTime：挂起的任务处于等待超时状态。

(8) Invalid：非上述任务状态。

task 命令输出项如下。

(1) Name：任务名。

(2) TID：任务 ID。

(3) Priority：任务的优先级。

(4) Status：任务当前的状态。

(5) StackSize：任务栈大小。

(6) WaterLine：该任务栈已经被使用的内存大小。

(7) StackPoint：任务栈指针，表示栈的起始地址。

(8) TopOfStack：栈顶的地址。

(9) EventMask：当前任务的事件掩码，没有使用事件，则默认任务事件掩码为0(如果任务中使用多个事件，则显示的是最近使用的事件掩码)。

(10) SemID：当前任务拥有的信号量 ID，没有使用信号量，则默认 0xFFFF(如果任务中使用了多个信号量，则显示的是最近使用的信号量 ID)。

(11) CPUUSE：系统启动以来的 CPU 占用率。

(12) CPUUSE10s：系统最近 10s 的 CPU 占用率。

(13) CPUUSE1s：系统最近 1s 的 CPU 占用率。

(14) MEMUSE：截止到当前时间，任务所申请的内存大小，以 B 为单位显示。

MEMUSE 仅针对系统内存池进行统计，不包括中断中处理的内存和任务启动之前的内存。任务申请内存，MEMUSE 会增加，任务释放内存，MEMUSE 会减小，所以 MEMUSE 会有正值和负值的情况，具体如下。

(1) MEMUSE 为 0 说明该任务没有申请内存，或者申请的内存和释放的内存相同。

(2) MEMUSE 为正值说明该任务中有内存未释放。

(3) MEMUSE 为负值说明该任务释放的内存大于申请的内存。

7.3 queue 命令

queue 命令用于查看队列的使用情况。queue 命令依赖 LOSCFG_DEBUG_QUEUE，使用时需要在 menuconfig 中开启 Enable Queue Debugging。

执行 queue 命令后得到队列的使用情况，各输出项含义如下。

(1) queue ID：队列编号。

(2) queue len：队列消息节点个数。

(3) readable cnt：队列中可读的消息个数。

(4) writeable cnt：队列中可写的消息个数。

(5) TaskEntry of creator：创建队列的接口地址。

(6) Latest operation time：队列最后操作时间。

调试过程中使用输出项 TaskEntry of creator 得到创建队列的接口函数地址。在.asm 反汇编文件，/out/< platform >目录下找到该地址，即可以看到创建队列的函数名。

7.4 dlock 命令

dlock 命令检查系统中的任务是否存在互斥锁死锁，输出系统中所有任务持有互斥锁的信息。该命令需使能 LOSCFG_DEBUG_DEADLOCK，使能方式可以通过 make menuconfig 在配置项中开启 Enable Mutex Deadlock Debugging。

dlock 检测输出的是在超过时间阈值(默认为 10min)内没有获取到互斥锁的任务信息，并不能代表这些任务都发生了死锁，需要通过互斥锁信息及任务调用栈信息进一步确认。

发生死锁时，dlock 命令各输出项含义如下。

(1) Task_name：xxx，ID：xxx，holds the Mutexs below 表示疑似死锁的任务名和 ID，后面几行信息是该任务持有的各个互斥锁信息，如果为 null 表示该任务并没有持有互斥锁。

(2) N 为数字，后面几行是该互斥锁的详细信息，包括四个输出项。

(3) Ptr handle：该互斥锁的控制块地址。

(4) Owner：持有该互斥锁的任务名。

(5) Count：该互斥锁的引用计数。

(6) Pended Task：正在等待该互斥锁的任务名，如果没有则为 null。

在怀疑发生死锁后，可以进一步定位问题。

首先在 Shell 中运行 dlock 命令检测死锁。根据 dlock 输出结果，如果有两个不同名字的任务后面有 mutex 信息，表示可能是任务之间发生了死锁。其后几行是互斥锁的详细信息，包括 Ptr handle、Owner、Count 和 Pended task。如果该任务持有多把锁，会逐个打印这些锁的信息(Mutex0 MutexN)。

在 Shell 中运行 task 命令显示当前所有正在运行的任务状态和信息。根据疑似发生死锁的任务名找到任务入口函数地址。

最后打开.asm 反汇编文件，默认在/out/< platform >目录下，在.asm 文件中找到相应的任务入口函数地址，即可定位到互斥锁 pend 的位置及调用的接口。

7.5 调度统计

调度统计用于统计 CPU 的任务调度信息，包括 idle 任务启动时间、idle 任务运行时长、调度切换次数等。

LiteOS 提供了相关的调度统计函数，包括调度统计功能开启函数 OsShellStatisticsStart()、调度统计功能关闭函数 OsShellStatisticsStop()、调度统计信息输出函数 OsStatisticsShow 和 CPU 调度信息输出函数 OsShellCmdDumpSched()。

调度统计信息输出函数输出的各项含义如下。

(1) Passed Time：调度功能运行时长。

(2) CPU：CPU 名称。

(3) Idle(%)：idle 任务运行时长百分比。

(4) ContexSwitch：任务调度切换次数。

(5) HwiNum：中断触发次数。

(6) Avg Pri：切入任务不为 idle 任务的任务优先级平均值。

(7) HiTask(%)：高优先级任务运行时长所占百分比，定义优先级小于 16 为高优先级。

(8) HiTask SwiNum：切入新任务为高优先级的切换次数，定义优先级小于 16 为高优先级。

(9) HiTask P(ms)：高优先级任务运行的平均时长，定义优先级小于 16 为高优先级。

(10) MP Hwi：核间中断触发次数，仅用于多核。

CPU 调度信息显示函数的输出各项说明如下。

(1) TID：任务 ID。

(2) Total Time：所有 CPU 的任务运行时长。

(3) Total CST：所有 CPU 任务上下文切换次数。

(4) CPU：CPU 名称。

(5) Time：单 CPU 的任务运行时长。

(6) CST：单 CPU 的任务上下文切换次数。

7.6 CPU 利用率

LiteOS 提供了 CPU 利用率的统计办法，从 OS 和任务两个角度计算 CPU 利用率。从 OS 的角度，可以判断当前系统负载是否超出设计规格。从任务的角度，判断各个任务的 CPU 占用率是否符合设计的预期。

从 OS 的角度，系统 CPU 利用率是指周期时间内系统的 CPU 占用情况，通过下式进行计算。

系统 CPU 利用率＝系统中除 idle 任务外其他任务运行总时间 / 系统运行总时间

从任务的角度，任务 CPU 利用率指单个任务的 CPU 占用情况，用于表示单个任务在一段时间内的闲忙程度，通过下式进行计算。

任务 CPU 利用率＝任务运行总时间 / 系统运行总时间

LiteOS 采用任务级记录的方式，在任务切换时，记录任务启动时间、任务切出或者退出时间。每次任务退出时，系统会累加任务的占用时间。

LiteOS 的 CPU 利用率模块提供以下功能函数。

(1) 获取系统 CPU 利用率。

- LOS_HistorySysCpuUsage 获取系统 CPU 利用率，不包含 idle 任务。

(2) 获取任务 CPU 利用率。

- LOS_HistoryTaskCpuUsage 使能 LOSCFG_CPUP_INCLUDE_IRQ 后，获取指定中断(传入中断号)的 CPU 利用率；未使能 LOSCFG_CPUP_INCLUDE_IRQ，获取指定任务的 CPU 利用率。
- LOS_AllCpuUsage 使能 LOSCFG_CPUP_INCLUDE_IRQ 且设置入参 flag 为 0 时，获取所有中断的 CPU 利用率。设置入参 flag 为非 0，或者关闭 LOSCFG_CPUP_INCLUDE _IRQ 后，获取所有任务的 CPU 利用率，这里的任务也包含 idel 任务。

(3) 重置 CPU 利用率。

- LOS_CpupReset 重置 CPU 利用率数据，包含系统和任务的 CPU 利用率。

获取到的 CPU 利用率是千分比，所以 CPU 利用率的有效表示范围为 0～1000。获取任务 CPU 占用率时，通过入参 mode 设置不同的统计时间，CPUP_LAST_TEN_SECONDS(值为 0)表示获取最近 10s 内的 CPU 占用率，CPUP_LAST_ONE_SECONDS(值为 1)表示获取最近 1s 的 CPU 占用率，CPUP_ALL_TIME(值为 0xffff)或除 0 和 1 之外的其他值表示获取自系统启动以来的 CPU 占用率。

使用 CPU 利用率时，需要通过 make menuconfig 的配置 CPU 占用率模块，菜单路径为 Kernel→Enable Extend Kernel→Enable Cpup。配置项 LOSCFG_KERNEL_CPUP 为 CPUP 模块的裁剪开关。配置项 LOSCFG_CPUP_INCLUDE_IRQ 使用后，可以在 LOS_HistoryTaskCpuUsage 和 LOS_AllCpuUsage 接口中获取中断的 CPU 利用率。关闭该配置项后，只能获取任务的 CPU 利用率。这两个配置项默认为 YES。系统统计 CPU 利用率对性能有一定影响，一般只有在产品开发时需要了解各个任务的占用率，在发布产品时，关闭 CPU 利用率。

配置完成后，编写代码获取系统 CPU 利用率 LOS_HistorySysCpuUsage，获取指定任务或中断的 CPU 利用率 LOS_HistoryTaskCpuUsage，获取所有任务或所有中断的 CPU 利用率 LOS _AllCpuUsage。

第8章

内核抽象层

我们大家要学习他毫无自私自利之心的精神。从这点出发，就可以变为大有利于人民的人。一个人能力有大小，但只要有这点精神，就是一个高尚的人，一个纯粹的人，一个有道德的人，一个脱离了低级趣味的人，一个有益于人民的人。

——毛泽东

OpenHarmony 的内核子系统采用多内核(Linux 内核或者 LiteOS)设计，支持针对不同资源受限设备选用适合的 OS 内核。内核抽象层 KAL 通过屏蔽多内核差异，对上层提供基础的内核能力，包括进程/线程管理、内存管理、文件系统、网络管理和外设管理等。

LiteOS 提供了内核抽象层的接口，包括一套 POSIX 适配接口和 POSIX NP 适配接口，大部分 CMSIS v1.0 接口，大部分 CMSIS v2.0 接口。接口声明分别在 compat/cmsis/1.0/cmsis_os1.h 和 compat/cmsis/2.0/cmsis_os2.h 文件中。进行开发时，使用一套接口即可，混用可能带来不可预知的后果。

表 8.1 以创建任务以及延时为例给出了不同标准下的接口。

表 8.1　接口标准之间的差异

接口标准	创建任务接口名称	延时接口名称
LiteOS	LOS_TaskCreate()	sleep(),usleep()
POSIX	pthread_create()	nanosleep()
CMSIS v1.0	osThreadCreate()	osDelay()
CMSIS v2.0	osThreadNew()	osDelay()

如在轻量级系统开发时，通常使用 CMSIS 接口。LiteOS 适配 CMSIS v2.0 接口如表 8.2 所示。

表 8.2 CMSIS v2.0 适配接口

接口名称	类型	说明
osKernelInitialize	内核类接口	初始化操作系统
osKernelGetInfo	内核类接口	获取系统版本信息
osKernelGetState	内核类接口	获取系统状态(osThreadState_t)
osKernelStart	内核类接口	启动操作系统
osKernelLock	内核类接口	锁内核(锁调度)
osKernelUnlock	内核类接口	解锁内核(解锁调度)
osKernelRestoreLock	内核类接口	恢复内核锁状态
osKernelGetTickCount	内核类接口	获取系统启动后时间(单位:Tick)
osKernelGetTickFreq	内核类接口	获取每秒的 Tick 数
osKernelGetSysTimerCount	内核类接口	获取系统启动后时间(单位:cycle)
osKernelGetSysTimerFreq	内核类接口	获取每秒的 CPU cycle 数
osThreadNew	任务/线程类接口	创建任务
osThreadGetName	任务/线程类接口	获取任务名
osThreadGetId	任务/线程类接口	获取任务句柄
osThreadGetState	任务/线程类接口	获取任务状态
osThreadGetStackSize	任务/线程类接口	获取任务栈大小
osThreadGetStackSpace	任务/线程类接口	获取未使用过的任务栈空间
osThreadSetPriority	任务/线程类接口	设置任务优先级
osThreadGetPriority	任务/线程类接口	获取任务优先级
osThreadYield	任务/线程类接口	切换至同优先级的就绪任务
osThreadSuspend	任务/线程类接口	挂起任务(恢复前无法得到调度)
osThreadResume	任务/线程类接口	恢复任务
osThreadTerminate	任务/线程类接口	终止任务(建议不要主动终止任务)
osThreadGetCount	任务/线程类接口	获取已创建的任务数量
osThreadFlagsSet	任务事件类接口	写入指定事件
osThreadFlagsClear	任务事件类接口	清除指定事件
osThreadFlagsGet	任务事件类接口	获取当前任务事件
osThreadFlagsWait	任务事件类接口	等待指定事件
osDelay	延时类接口	任务延时(单位:Tick)
osDelayUntil	指针消息类接口	延时至某一时刻(单位:Tick)
osTimerNew	定时器类接口	创建定时器
osTimerGetName	定时器类接口	获取定时器名称(固定返回 null)
osTimerStart	定时器类接口	启动定时器(若定时器正在计时会先停止该定时器)
osTimerStop	定时器类接口	停止定时器
osTimerIsRunning	定时器类接口	定时器是否在计时中
osTimerDelete	定时器类接口	删除定时器
osEventFlagsNew	事件类接口	创建事件(与任务事件 ThreadFlags 的差别在于有独立的句柄和控制块)
osEventFlagsGetName	事件类接口	获取事件名称(固定返回 null)

续表

接口名称	类　型	说　明
osEventFlagsSet	事件类接口	写入指定事件
osEventFlagsClear	事件类接口	清除指定事件
osEventFlagsGet	事件类接口	获取当前事件值
osEventFlagsWait	事件类接口	等待指定事件
osEventFlagsDelete	事件类接口	删除事件
osMutexNew	互斥锁类接口	创建互斥锁
osMutexGetName	互斥锁类接口	获取互斥锁名称(固定返回 null)
osMutexAcquire	互斥锁类接口	获取互斥锁(阻塞等待)
osMutexRelease	互斥锁类接口	释放互斥锁
osMutexGetOwner	互斥锁类接口	获取持有该互斥锁的任务句柄
osMutexDelete	互斥锁类接口	删除互斥锁
osSemaphoreNew	信号量类接口	创建信号量
osSemaphoreGetName	信号量类接口	获取信号量名称(固定返回 null)
osSemaphoreAcquire	信号量类接口	获取信号量(阻塞等待)
osSemaphoreRelease	信号量类接口	释放信号量
osSemaphoreGetCount	信号量类接口	获取信号量的计数值
osSemaphoreDelete	信号量类接口	删除信号量
osMessageQueueNew	消息队列类接口	创建消息队列
osMessageQueueGetName	消息队列类接口	获取消息队列名称(固定返回 null)
osMessageQueuePut	消息队列类接口	往消息队列里放入消息
osMessageQueueGet	消息队列类接口	从消息队列里获取消息
osMessageQueueGetCapacity	消息队列类接口	获取消息队列节点数量
osMessageQueueGetMsgSize	消息队列类接口	获取消息队列节点大小
osMessageQueueGetCount	消息队列类接口	获取当前消息队列里的消息数量
osMessageQueueGetSpace	消息队列类接口	获取当前消息队列里的剩余消息数量
osMessageQueueDelete	消息队列类接口	删除消息队列

考虑接口的易用性和 LiteOS 内部机制与 CMSIS 标准接口的差异,在适配 CMSIS v2.0 接口时,LiteOS 对部分接口进行了修改,如表 8.3 所示。

表 8.3　CMSIS v2.0 部分接口的修改

接口名称	类　型	修改说明
osKernelGetTickCount	内核类接口	标准接口返回类型 uint32_t,LiteOS 适配为 uint64_t
osKernelGetTick2ms	内核类接口	新增接口,用于获取系统启动后时间(单位: ms)
osMs2Tick	内核类接口	新增接口,用于 ms 与系统 Tick 转换
osThreadNew	任务/线程类接口	优先级范围仅支持[osPriorityLow3,osPriorityHigh]
osThreadSetPriority	任务/线程类接口	同上
osDelayUntil	延时类接口	标准接口入参类型 uint32_t,LiteOS 适配为 uint64_t

在 CMSIS v2.0 接口中,有 LiteOS 不支持的,如表 8.4 所示。

表 8.4 CMSIS v2.0 未适配接口

接口名称	类型	修改说明
osKernelSuspend	任务/线程类接口	挂起内核阻止调度,一般用于低功耗处理 LiteOS 提供 Tickless、Runstop 等低功耗机制,暂未适配该接口
osKernelResume	任务/线程类接口	同上
osThreadJoin	任务/线程类接口	目前通过 osThreadNew 创建的任务相互解耦,暂未适配该接口
osThreadExit	任务/线程类接口	LiteOS 任务支持自删除,任务退出前不需要调用 osThreadExit
osThreadEnumerate	任务/线程类接口	获取已创建的任务列表,目前未适配该接口,可以调用 LiteOS 的 LOS_TaskInfoGet 等接口获取任务状态
osMemoryPoolAlloc	块状内存类接口	接口需要支持超时时间内申请内存块,目前 LiteOS 暂未提供这种机制
osMemoryPoolFree	块状内存类接口	osMemoryPoolAlloc 未实现,剩余 osMemPool 类接口暂不实现
osMemoryPoolGetCapacity	块状内存类接口	同上
osMemoryPoolGetBlockSize	块状内存类接口	同上
osMemoryPoolGetCount	块状内存类接口	同上
osMemoryPoolGetSpace	块状内存类接口	同上
osMemoryPoolDelete	块状内存类接口	同上
osMessageQueueReset	消息队列类接口	操作系统暂不提供清空队列接口,由用户对队列内容进行操作,避免资源泄露或其他异常

第3篇　设备开发

第9章

设备开发概述

一个人坐在绒毯之上，困在绸被之下，绝对不会成名的。无声无息度一生，好比空中烟，水面泡，他在地球上的痕迹顷刻就消灭了。

——但丁

为了保证在不同硬件上集成的易用性，OpenHarmony 当前定义了轻量级系统、小型系统和标准系统三种基础系统类型，通过选择基础系统类型完成必选组件集配置后，便可实现其最小系统的开发。

OpenHarmony 轻量和小型系统适用于内存较小的 IoT 设备，这里介绍三款典型开发板，即 Hi3861 WLAN 模组、Hi3516DV300 和 Hi3518EV300，以及一些传感器。

9.1 OpenHarmony 概览

自 2020 年 9 月 OpenHarmony 发布 1.0 版之后，目前为止，已经发布了 3 个主要版本。各版本和发布时间如下。

(1) OpenHarmony 3.2 Release，于 2023 年 4 月 9 日发布。

(2) OpenHarmony 3.1 Release，于 2022 年 3 月 30 日发布。

(3) OpenHarmony 3.0 LTS，于 2021 年 9 月 30 日发布。

(4) OpenHarmony 2.2 beta2，于 2021 年 8 月 4 日发布。

(5) OpenHarmony 2.0 Canary，于 2021 年 6 月 2 日发布。

(6) OpenHarmony 1.1.3 LTS，于 2021 年 9 月 30 日发布。

(7) OpenHarmony 1.1.2 LTS，于 2021 年 8 月 4 日发布。

(8) OpenHarmony 1.1.1 LTS，于 2021 年 6 月 22 日发布。

(9) OpenHarmony 1.1.0 LTS，于 2021 年 4 月 1 日发布。

(10) OpenHarmony 1.0，于 2020 年 9 月 10 日发布。

各个版本可在 https://gitee.com/openharmony/docs/blob/master/zh-cn/release-notes/Readme.md 下载。

9.1.1 OpenHarmony 1.0

2020年9月10日，首次发布OpenHarmony 1.0。2021年4月1日，首次发布LTS(Long-Term Support，长期支持)版本OpenHarmony 1.1.0，在1.0版本的基础上新增了部分功能和修复了部分缺陷。该版本可以在https://repo.huaweicloud.com/harmonyos/os/1.1.0/code-1.1.0.tar.gz下载全量代码。

OpenHarmony 1.1.0扩充了组件能力，新增AI子系统、电源管理子系统、泛Sensor子系统和升级子系统。OpenHarmony 1.1.0有了统一AI引擎框架。LiteOS-M内核完成三方可移植性重构。驱动子系统完善了WiFi、Sensor、Input、Display的驱动模型。图形子系统针对UI功能及JavaScript框架性能和内存得到优化。对目录结构及组件仓做了大幅优化。

该版本完全继承了OpenHarmony 1.0的所有特性，并在OpenHarmony 1.0版本的基础上，对各模块进行了功能扩展和优化。

在内核方面，新增和修改的主要是LiteOS的功能，有以下几项。

(1) LiteOS-M支持Cortex-M7、Cortex-M33和RISC-V芯片架构，新增对应的单板target样例。

(2) LiteOS-M支持MPU功能。

(3) LiteOS-M支持部分POSIX接口。

(4) LiteOS-M支持FatFS文件系统。

(5) LiteOS-M支持异常回调函数注册机制。

(6) LiteOS-M三方芯片易适配性架构调整。

(7) LiteOS-M、LiteOS-A支持堆内存调测功能，包括内存泄露、踩内存、内存统计。

(8) LiteOS-M、LiteOS-A支持TLSF堆内存算法，提高内存申请和释放效率，降低碎片率。

(9) LiteOS-A调度优化。

在泛Sensor方面，新增了Sensor组件，提供了Sensor列表查询、Sensor启停、Sensor订阅/去订阅、设置数据上报模式、设置采样间隔等功能。

全球化方面，新增79种语言的数字格式化、日期和时间格式化、单复数C/C++国际化接口。

JavaScript应用开发框架方面，新增和修改的功能有以下几项。

(1) 新增JavaScript前端opacity全局属性支持。

(2) 新增prompt.showDialog API。

(3) 新增二维码组件qrcode。

(4) 新增事件冒泡机制。

(5) 国际化性能优化，加速页面跳转，支持数字国际化及时间日期转换。

(6) 前端布局能力增强，部分样式值支持设置百分比。

(7) input及switch组件尺寸自适应能力增强。

(8) image组件能力增强，支持显式应用私有数据目录图片。

(9) image-animator组件能力增强，支持结束帧指定。

(10) canvas 组件能力增强,新增部分 API。

(11) device. getInfo API 增强,新增部分返回字段。

(12) DFX 能力增强,支持跟踪异常的方法栈。

(13) 国际化功能不再支持回溯特性。

测试方面,新增测试工具按照用例级别筛选要执行的测试用例和测试 demo 用例。

图形方面,新增组件级旋转缩放、组件级透明度;新增事件冒泡机制,新增旋转表冠事件;新增 GIF 图片解析显示,百分比宽高布局,Video 和二维码控件,以及局部渲染和 SIMD 性能优化。

公共基础方面,新增 dump 系统属性功能,并为上层各模块新增内存池管理接口。

驱动方面,新增 sensor、input、display 驱动模型;新增 mipi dsi 以及 pwm(脉冲宽度调制);新增 WiFi HDI 接口以及 WiFi 的流控;新增驱动框架 IO 服务分组特性。并优化驱动加载流程,支持分段加载。

分布式通信方面,新增 WiFi Aware 特性模块和 IPC 新增对非对齐序列化的支持。

安全方面,新增 HUKS 提供 SHA256/RSA3072/RSA2048/AES128/ECC 安全算法以及接口,以及提供密钥管理和存储能力。HiChain 提供轻量非账号的轻量级组件,用于设备群组管理和认证,支撑软总线通信安全;提供 API 给系统服务与应用。权限管理新增统一的权限管理机制,满足轻量设备权限授权需求。

AI 子系统方面,新增统一的 AI 引擎框架,实现算法能力快速插件化集成。框架中主要包含插件管理、模块管理和通信管理等模块,对 AI 算法能力进行生命周期管理和按需部署。为开发者提供开发指南,并提供两个基于 AI 引擎框架开发的 AI 能力插件和对应的 AI 应用 Sample,方便开发者在 AI 引擎框架中快速集成 AI 算法能力。

升级服务方面,新增轻量级设备升级能力框架,框架包括升级包的校验和解析能力,以及安装的接口,统一轻设备升级能力框架。

XTS 认证方面,增加 AI、DFX、global、OTA 兼容性测试用例。应用程序框架、公共通信、分布式任务调度、IOT、内核等测试能力增强。

编译构建方面,新增命令行工具 hb,采用 hb set 和 hb build 方式构建,并支持在源码目录下及任意子目录下构建;支持独立芯片厂商组件;支持使用组件名单独构建组件;支持按开发板自定义编译工具链和编译选项。

电源管理方面,新增电量查询功能和亮屏锁管理功能及接口。

2021 年 6 月发布的长期支持版本 OpenHarmony 1. 1. 1,新增了部分功能。可在 https://repo. huaweicloud. com/harmonyos/os/1. 1. 1/code-v1. 1. 1-LTS. tar. gz 下载全量代码。

通信方面,更新了部分 STA 相关功能的数据类以及新增了几个 AP 相关功能的 innerkits 接口;新增了蓝牙相关功能的 innerkits 接口,包括 BLE 设备 gatt 相关的操作,以及 BLE 广播、扫描等功能。

安全方面,支持调用方仅使用绑定的能力,裁剪设备认证能力;支持了 huks 裁剪设备认证。

内核方面,修复 clang 编译的系统镜像内核栈回溯功能失效;解决调度中存在有符号数与无符号数比较;修复 setitimer 中定时给进程发信号时未持有调度锁,导致踩内存等问题;lwip 适配内核 posix 接口;修复 sigaction 中 sigsuspend 的后执行信号顺序与预期不符,信号注册时未屏蔽用户传入信号屏蔽字段。

驱动方面,进行 LiteOS_M 上的编译错误修复,合入解决 mmc crash 的问题。

AI 方面,添加共享内存机制,添加 Linux 内核适配,同步算法禁用异步调用,添加 gitignore 和 Cmakelist。

全球化方面,添加日期时间模板 Ed 和 MEd。

ACE 框架方面,修复 checkbox/radio 单击事件异常;修复 list 和 if 指令场景 JS 应用 crash 问题;slider 样式归一处理;pickerview 组件支持循环滑动;修改 align-item 设置值为 stretch 情况下,子项居中显示的问题。

图像方面,更新的内容有以下几项。

(1) 修复 circle progress 开启端点样式情况下,进度为 0,圆形端点需要绘制问题。

(2) 修改旋转表冠灵敏度及方向相关问题。

(3) 增加 UIList 自动对齐动画时间设置功能。

(4) 修复当 LineBreakMode 为 LINE_BRAK_ELLIPSIS 时 UILabel GetText 宽度值错误。

(5) slider 组件新增样式属性。

(6) UITimePicker 增加设置循环接口。

(7) 修复定点数优化导致的 NEON 旋转缩放变换显示异常的漏洞 Bug。

(8) 修复换行算法在字符串中有多个换行符时存在的换行错误。

(9) 修复表盘指针显示花屏问题。

2021 年 8 月发布的长期支持版本 OpenHarmony 1.1.2 完全继承了 OpenHarmony 1.1.1 的所有特性,并在 OpenHarmony 1.1.1 版本的基础上,对部分模块进行了功能扩展和优化。可在 https://repo.huaweicloud.com/harmonyos/os/1.1.2/code-v1.1.2-LTS.tar.gz 下载全量代码。

2021 年 9 月发布的长期支持版本 OpenHarmony 1.1.3 完全继承了 OpenHarmony 1.1.2 LTS 的所有特性,并在 OpenHarmony 1.1.2 LTS 版本的基础上,新增了轻量设备可以在 Windows 环境下的编译版本的特性。

9.1.2 OpenHarmony 2.0

2021 年 6 月发布的 OpenHarmony 2.0 Canary 版本是在 OpenHarmony 1.1.0 的基础上,增加标准系统版本,具备的主要功能包括以下几项。

(1) 新增 22 个子系统,支持全面的 OS 能力,支持内存大于 128MB 的带屏设备开发等。

(2) 提供系统三大应用:桌面、设置和 SystemUI。

(3) 提供全新的 OpenHarmony 应用框架能力、Ability Cross-platform Engine 能力。

(4) 提供 JavaScript 应用开发能力。

(5) 提供媒体框架,支持音视频功能开发。

(6) 提供图形框架能力,支持窗口管理和合成,支持 GPU 能力。

内核方面,基于 Linux Kernel LTS 社区开源基线,汇合 CVE 补丁,包含 OpenHarmony 上层特性适配。

分布式文件方面，提供本地同步文件 JS 接口，包括文件读写、目录访问以及文件 Stat。

图形图像方面，新增窗口管理功能，包括创建、销毁和窗口栈管理等；新增合成器功能，包括 CPU、GPU 和 TDE 合成；新增 bufferqueue 功能，支持进程间传递；新增 vsync 管理功能。

驱动方面，新增用户态驱动框架。

电源管理服务方面，新增电源管理能力，包括关机服务、亮灭屏管理、亮度调节、电池状态查询、系统电源管理、休眠锁管理等功能。

多模输入子系统方面，新增支持单指触屏输入能力。

启动恢复子系统方面，系统属性管理新增 JavaScript API。

升级服务方面，新增 recovery 系统升级服务能力；新增差分包升级能力；新增系统属性管理 JavaScript API。

账号方面，提供分布式云账号登录状态管理功能。

编译构建方面，支持按照部件名或模块名编译指定目标；支持不同芯片平台接入，配置产品部件列表。

测试方面，新增开发者自测试能力，支持 C++ API 单元测试，API 性能测试等。

数据管理方面，提供轻量级 Key-Value 操作，支持本地应用存储少量数据，数据存储在本地文件中，同时也加载在内存中，所以访问速度更快，效率更高。

语言编译运行时方面，提供了 JavaScript、C/C++ 语言程序的编译、执行环境，提供支撑运行时的基础库，以及关联的 API、编译器和配套工具。

分布式任务调度方面，提供系统服务的启动、注册、查询及管理能力。

JavaScript UI 框架方面，提供 40 多个 UI 基础组件和容器组件；提供标准 CSS 动画；支持原子化布局、栅格布局；提供类 Web 开发范式的 UI 编程框架；JS API 扩展机制。

媒体方面，新增媒体播放和录制基本功能；新增相机管理和相机采集基本功能；新增音频音量和设备管理基本功能。

事件通知方面，新增发布、订阅、接收公共事件的基本功能。

用户程序框架方面，新增包安装、卸载、运行及管理能力。

电话服务方面，新增获得信号强度、获得驻网状态能力；新增获得 SIM 卡状态能力；新增拨打电话、拒接电话、挂断电话能力；新增发送短信、接收短信能力。

公共基础类库方面，提供了一些常用的 C、C++ 开发增强 API。

研发工具链方面，新增设备连接调试器；新增性能跟踪能力；新增实时内存和 trace 调优工具，以及端侧插件能力。

分布式软总线方面，新增跨进程通信(IPC)和跨设备的远程过程调用(RPC)能力；新增支持设备发现、组网、传输能力的软总线服务；新增 WiFi 服务，可提供 STA 开关、扫描、连接等基本能力。

XTS 方面，新增各业务特性公共 API 兼容性看护用例套件。

系统桌面应用，新增全量应用图标展示、启动和卸载应用能力；新增桌面管理界面，可切换网格布局与列表布局；新增最近任务管理能力，可热启动和清理任务；新增设置应用，包括亮度设置，应用信息，时间设置和关于设备；SystemUI 方面，新增系统栏展示，包括时间、电量信息；新增系统导航展示。

DFX 方面，新增流水日志；新增应用故障收集和订阅；新增系统事件记录接口；新增应用事件记录接口及框架。

全球化子系统，新增支持资源解析读取能力和支持时间日期格式化能力。

安全方面，新增系统权限管理，包括系统权限声明，应用安装时申请或申明的权限解析，权限查询，权限授予；新增应用签名和验签能力；新增点对点设备连接时的互信认证能力和设备群组管理能力。

OpenHarmony 2.2 Beta2 在继承了 OpenHarmony 2.0 Canary 的基础上，标准系统新增分布式远程拉起能力端到端的构建，新增系统基础应用的拖曳能力和新增若干 Sample 应用；新增媒体三大服务能力，提供更好的媒体系统功能。轻量和小型系统新增轻量级 Linux 版本构建能力；新增轻量级内核能力增强，包括文件系统增强、内核调试工具增强支持、内核模块支持可配置、三方芯片适配支持、支持 ARM9 架构等；轻量级图形能力增强支持，包括支持多语言字体对齐、支持显示控件轮廓、支持点阵字体、供统一多后端框架支持多芯片平台等；DFX 能力增强支持，包括 HiLog 功能增强、HiEvent 功能增强，提供轻量级系统信息 dump 工具、提供重启维侧框架等；AI 能力增强支持，包括新增 Linux 内核适配支持、AI 引擎支持基于共享内存的数据传输。

在标准系统中，分布式文件方面提供本地 system.file 异步文件操作 JavaScript API，包括文件读写、目录访问、增删等接口。

在标准系统中，驱动方面新增 Audio、Camera、USB、马达、ADC 驱动模型。

在标准系统中，电源管理服务方面，新增系统电源状态机、休眠运行锁、休眠唤醒功能。

在标准系统中，升级服务方面，新增恢复出厂功能。

在标准系统中，媒体方面，新增音频服务，提供音频基础控制能；新增相机服务，提供预览、拍照等基础功能；新增媒体服务，提供音频、视频播放能力。

在标准系统中，JS UI 框架方面，支持使用 JavaScript 与 C/C++混合开发 JavaScript API。

在标准系统中，事件通知方面，支持应用本地发送、取消多行文本通知能力。

在标准系统中，分布式软总线方面，新增软总线自组网功能，可信设备接入到局域网中(ETH WiFi)后可自发现、无感知地接入到软总线。

在标准系统中，分布式数据管理方面，新增分布式数据管理能力，支持分布式数据库在本地加密存储；支持轻量级偏好数据库。

在标准系统中，系统应用方面，桌面设置界面 UX 优化；新增桌面图标拖曳特性；新增 WLAN 设置功能；SystemUI 方面，新增卡信号图标显示功能；图库方面，新增图片、视频资源的查看、移动、复制、删除、重命名等功能。

在标准系统中，全球化子系统方面，完善时间日期格式化能力，支持时间段的格式化，新增数字格式化能力。

在标准系统中，Sample 应用方面，在计算器中新增分布式功能，组网后支持拉起另一台组网设备上的计算器，两台设备可协同计算，计算数据实时同步；新增音频播放器应用，支持本地音频播放，组网后可将音乐播放接续至其他组网设备上。

在标准系统中，分布式设备管理方面，新增设备管理系统服务，提供分布式设备账号无关的认证组网能力。

在轻量级、小型系统中，驱动新增 LiteOS-M 支持 HDF 框架。

在轻量级、小型系统中，电源管理服务方面，新增充放电状态查询接口、电量查询接口；提供低功耗模式支持，并提供低功耗模式统一 API 支持。

在轻量级、小型系统中，分布式数据管理方面，提供数据库内容的删除能力；提供统一的 HAL 文件系统操作函数实现；提供相关数据存储的原子操作能力；提供二进制 Value 的写入读取能力。

在轻量级、小型系统中，全球化子系统方面，新增构建自定义数据编译能力；新增构建星期、单复数、数字开关国际化能力；新增构建应用资源解析和加载机制；新增构建资源回溯机制。

在轻量级、小型系统中，DFX 方面，提供 LiteOS 内核系统信息 dump 工具；提供 LiteOS 内核死机重启维测框架；新增数字格式化能力；HiLog 功能增强；HiEvent 功能增强。

在轻量级、小型系统中，内核方面，支持轻量级 Linux 版本；proc 文件系统增强；新增 mksh 命令解析器；文件系统维测增强；LiteOS-A 内核模块支持可配置；支持 LiteOS-A 小型系统三方芯片适配；LiteOS-M 支持三方组件 Mbedtls 编译；LiteOS-M 支持三方组件 curl 编译；支持轻量级 Shell 框架和常用调测命令；LiteOS-M 支持 ARM9 架构；支持基于 NOR Flash 的 littlefs 文件系统；LiteOS-M 对外提供统一的文件系统操作接口；新增 Namecache 模块、Vnode 管理、Lookup 模块。

在轻量级、小型系统中，图形图像方面，支持 A4、A8、LUT8、TSC 图片格式作为输入；支持多语言字体对齐；UIKit 支持显示控件轮廓；ScrollView/List 支持通过弧形进度条展示滑动进度；支持开关按钮/复选框/单选按钮动效；UIKit 支持点阵字体产品化解耦；UI 框架提供统一多后端框架支持多芯片平台；UIKit 组件支持 margin/padding；圆形/胶囊按钮支持缩放和白色蒙层动效。

在轻量级、小型系统中，编译构建方面，支持开源软件的通用 patch 框架。

在轻量级、小型系统中，启动恢复方面，支持恢复出厂设置，支持多语言字体对齐。

在轻量级、小型系统中，分布式调度方面，支持轻量设备启动富设备上的 Ability。

在轻量级、小型系统中，AI 子系统添加 Linux 内核适配，编译选项支持；AI 引擎支持基于共享内存的数据传输。

9.1.3 OpenHarmony 3.0

OpenHarmony 3.0 LTS 在 OpenHarmony 2.2 Beta2 的基础上，针对标准系统有新增功能。用户程序框架支持服务能力(ServiceAbility，DataAbility)和线程模型。支持文件安全访问，即文件转成 URI 和解析 URI 打开文件的能力。支持设备管理 PIN 码认证的基本能力。支持关系型数据库、分布式数据管理基础能力。支持方舟 JavaScript 编译工具链和运行时，支持 OpenHarmony JavaScript UI 框架应用开发和运行。支持远程绑定 ServiceAbility、FA 跨设备迁移能力。支持应用通知订阅与应用通知消息跳转能力。支持输入法框架及支持输入基础英文字母、符号和数字。相机应用支持预览、拍照和录像基础能力。支持 CS 基础通话、GSM 短信能力。支持定时器能力，提供定时时区管理能力。在标准设备间的分布式组网下，提供应用跨设备访问对端资源或能力时的权限校验功能。

针对轻量和小型系统新增了一些特性功能。

在轻量级、小型系统中，分布式任务调度方面，支持从轻量级系统启动标准系统上的能力。

在轻量级、小型系统中，分布式软总线方面，软总线支持基于CoAP的主动发现和被动发现，支持基于WLAN的手动入网和自组网，支持基于WLAN，直通模式下的消息、字节、文件传输。IPC支持设备内基于Linux/LiteOS内核binder协议的进程间通信，支持char/int/long基础数据接口的序列化通信。

在轻量级、小型系统中，轻量级全球化能力增强支持，新增31种语言支持。

在轻量级、小型系统中，媒体方面，新增音频录制功能接口，新增支持播放MP3格式文件。

在轻量级、小型系统中，内核方面，小型系统新增支持OpenHarmony Common Linux Kernel 5.10。

在轻量级、小型系统中，安全方面，轻量系统上新增权限属性字段及其写入接口，上层应用可通过该字段实现相关业务(如弹框授权场景下，用户拒绝授权后不再弹框)。

针对标准系统新增了一些特性功能。

在标准系统中，分布式任务调度方面，新增远程绑定ServiceAbility基本功能；新增FA跨设备迁移功能；新增组件visible属性权限校验功能。

在标准系统中，图形方面，对于带有GPU模块的芯片平台，支持使用GPU进行渲染合成，以提升图形性能，降低CPU负载。

在标准系统中，分布式硬件方面，支持基于分布式软总线认证通道的PIN码认证方案；支持PIN码认证授权提示弹窗；支持PIN码显示弹窗；支持PIN码输入弹窗。

在标准系统中，事件通知方面，支持应用通知订阅&取消订阅；支持应用侧发布&取消本地文本、图片通知；支持应用通知消息跳转能力；支持应用侧增加&删除slot；支持通知流控处理、死亡监听能力。

在标准系统中，分布式软总线方面，软总线支持基于CoAP的主动发现和被动发现，支持通过BLE主动发现连接，支持基于WLAN的手动入网和自组网，支持基于WLAN，直通模式下的消息、字节、文件传输；IPC支持设备内基于Linux内核binder协议的进程间通信能力，支持对象和序列化数据通信；RPC支持设备间基于分布式软总线的进程间通信能力，支持对象和序列化数据通信，接口与IPC保持一致。

在标准系统中，全球化方面，提供获取系统设置的语言、地区、区域信息，以及获取语言和地区的本地化名称的能力。

在标准系统中，系统应用方面，桌面全新架构优化；SystemUI的通知中心以及普通文本通知功能，控制中心的WLAN、飞行模式开关、亮度调节、声音调节，全新架构优化；设置全新架构优化；相机支持基础拍照、录像功能，分布式协同功能，拉起对端相机并拍照。

在标准系统中，语言编译运行时方面，新增方舟JavaScript编译工具链和运行时，支持OpenHarmony JS UI框架应用开发和运行。

在标准系统中，媒体方面，相机组件中新增录像功能，新增音频录制功能接口。

在标准系统中，JS UI框架方面，支持迁移相关生命周期；支持系统服务弹窗；支持使用JS开发service类型和data类型的能力。

在标准系统中，内核方面，新增支持 OpenHarmony Common Linux Kernel 5.10。

在标准系统中，DFX 方面，提供 HiAppEvent 应用事件的 JavaScript API；提供 HiCollie 卡死检测框架；提供 HiTrace 分布式调用链基础库。

在标准系统中，驱动方面，新增 I2S、陀螺仪、压力、霍尔驱动模型。

在标准系统中，安全方面，在标准设备间的分布式组网下，提供应用跨设备访问对端资源或能力时的权限校验功能。

在标准系统中，电话服务方面，搜网功能模块中支持飞行模式设置、搜网模式设置（包括手动搜网和自动搜网）、LTE 制式信号强度获取；SIM 功能模块中支持 PIN/PUK 解锁、卡文件信息获取、卡账户信息的存取、卡状态获取；蜂窝通话功能模块支持通话前后台切换、来电静音、呼叫保持与恢复、三方通话、DTMF；短彩信功能模块支持 SIM 卡短信的增删改查。

在标准系统中，分布式文件方面支持 f2fs、ext4 文件系统不同参数设置的分区挂载能力；支持文件安全访问，即文件转成 URI 和解析 URI 打开文件的能力；支持系统应用访问公共目录的能力。

在标准系统中，分布式数据管理方面，支持关系型数据库 JavaScript 基础能力（增删改查等）；支持分布式数据管理 JavaScript 基础能力（增删改查等）。

在标准系统中，编译构建方面，支持编译 ARM64 形态产品；支持编译 ohos-sdk。

在标准系统中，用户程序框架方面，支持 ServiceAbility JavaScript 开发能力；支持 DataAbility JavaScript 开发能力；HAP 支持多 Ability 声明；本地 Ability 迁移到远程设备；应用任务栈保存与恢复；JavaScript 利用 Zip 库实现文件压缩和解压缩。

在标准系统中，支持定时器能力，提供定时时区管理能力。

OpenHarmony 3.1 beta 版在 OpenHarmony 3.0 LTS 的基础上，更新了标准系统和轻量级系统的支持能力。

标准系统 OS 基础能力增强方面，包括内核提升 CMA 利用率特性、图形新增支持 RenderService 渲染后端引擎、短距离通信支持 STA（Station）和 SoftAP 基础特性、支持地磁场的算法接口、传感器驱动模型能力增强、支持应用账号信息查询和订阅等、全球化特性支持、编译构建支持统一的构建模板、编译运行时提供 Windows/Mac OS/Linux 的前端编译工具链、JS 运行时支持预览器、新增支持 JSON 处理、Eventbus、Vcard、Protobuf、RxJS、LibphoneNumber 等 6 个 JS 三方库、新增时间时区管理、DFX 新增支持 HiSysEvent 部件提供查询和订阅接口等。

标准系统分布式能力增强方面，包括新增支持分布式 DeviceProfile 特性、分布式数据管理支持跨设备同步和订阅、分布式软总线支持网络切换组网、分布式文件系统支持 Statfs API 能力等。

标准系统应用程序框架能力增强方面，新增 ArkUI 自定义绘制能力和 Lottie 动画能力、新增包管理探秘隐式查询和多 HAP 包安装、事件通知支持权限管理、设置通知振动、通知声音设置和查询、通知免打扰、会话类通知等。

标准系统应用能力增强方面，包括输入法应用支持文本输入和横屏下布局显示、短信应用信息管理、联系人应用通话记录和拨号盘显示、设置应用更多设置项。

轻量系统能力增强方面，包括 HiStreamer 轻量级支持可定制的媒体管线框架、Linux 版本 init 支持热插拔、OS 轻内核 & 驱动启动优化、快速启动能力支持。

9.1.4 源码目录概览

OpenHarmony SDK 源码的主要目录如表 9.1 所示。

表 9.1 源码的目录

目录名称	描述
applications	应用程序样例,包括 camera 等
ark	方舟编译
base	基础软件服务子系统集 & 硬件服务子系统集
build	组件化编译、构建和配置脚本
docs	说明文档
domains	增强软件服务子系统集
drivers	驱动子系统
foundation	系统基础能力子系统集
kernel	内核子系统
prebuilts	编译器及工具链子系统
test	测试子系统
third_party	开源第三方组件
utils	常用的工具集
vendor	厂商提供的软件
build. py	编译脚本文件

9.2 Hi3861 WLAN 模组

Hi3861 WLAN 模组是一片宽 2cm、长 5cm 的开发板,主板为 Hi3861 核心板。Hi3861 主控芯片是一款高度集成的 2.4GHz WLAN SoC 芯片,集成 IEEE 802.11b/g/n 基带和 RF 电路。RF 电路包括功率放大器 PA、低噪声放大器 LNA、RF Balun、天线开关以及电源管理等模块,支持 20MHz 标准带宽和 5MHz/10MHz 窄带宽,提供最大 72.2Mb/s 物理层速率,适用于智能家电等物联网智能终端领域。

Hi3861 WLAN 基带支持正交频分复用 OFDM 技术,并向下兼容直接序列扩频 DSSS 和补码键控 CCK 技术,支持 IEEE 802.11b/g/n 协议的各种数据速率。

Hi3861 的功能结构,如图 9.1 所示。

Hi3861 芯片集成高性能 32b 微处理器、硬件安全引擎以及丰富的外设接口。芯片内置 SRAM 和 Flash,可独立运行,并支持在 Flash 上运行程序,整板共 2MB 的 Flash,352KB 的 RAM。

Hi3861 最大工作频率为 160MHz,外设接口包括 2 个 SPI 接口、2 个 I^2C 接口、3 个 UART 接口、15 个 GPIO 接口、7 路 ADC 输入、6 路 PWM、1 个 I2S 接口,同时支持高速 SDIO 2.0 接口,最高时钟可达 50MHz。

Hi3861 的 GPIO 端口有 15 个,名称分别为 GPIO_00~GPIO_14,所有 IO 都可作为输入输出口,电平 3.3V 或 1.8V,都有防倒灌功能。其中,GPIO_03、GPIO_05、GPIO_07 和

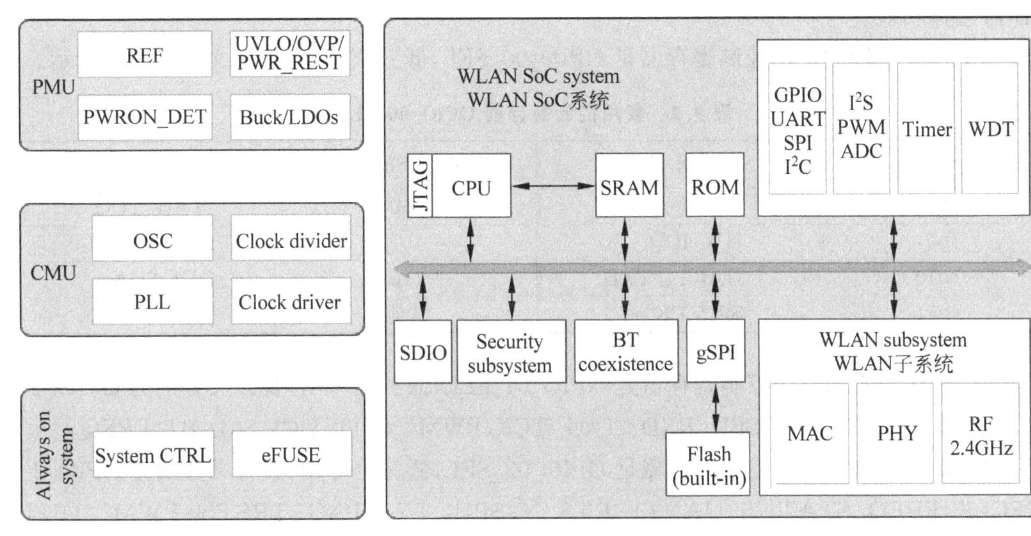

图 9.1 Hi3861 功能结构框图

GPIO_14 在 Udsleep 模式下，这些 IO 端口上升沿可触发唤醒。其 GPIO 符合 AMBA 2.0 的 APB 协议。GPIO 模块原理如图 9.2 所示。主要接口有 APB 接口、IO pad 的外部数据接口和中断信号接口。

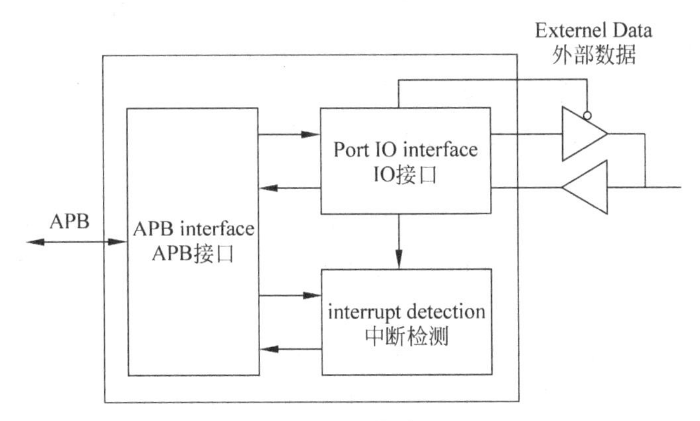

图 9.2 GPIO 模块原理图

GPIO 接口具有以下功能特点。

(1) 时钟源可选择：工作模式晶体时钟频率 24MHz/40MHz、低功耗模式 32kHz 时钟频率。

(2) 1 组 GPIO，共 15 个独立的可配置管脚。

(3) 每个 GPIO 管脚都可单独控制传输方向。

(4) 每个 GPIO 可以单独被配置为外部中断源。

(5) GPIO 用作中断时有 4 种中断触发方式，中断时触发方式可配：上升沿触发，下降沿触发，高电平触发，低电平触发。

(6) GPIO 上报一个中断，CPU 查询上报的 GPIO 编号。

(7) 中断支持独立屏蔽的功能，脉冲中断支持可清除功能。

芯片数字管脚数量有限，通过 IO 复用的方式丰富管脚功能。每个管脚通过复用控制寄存器选择功能。

GPIO_00 管脚的复用控制寄存器是 GPIO_00_SEL，低三位可用，其含义如表 9.2 所示。

表 9.2　复用控制寄存器 GPIO_00_SEL

GPIO_00_SEL[2：0]	复用功能	GPIO_00_SEL[2：0]	复用功能
000	GPIO[0]	100	JTAG_TDO
001	HW_ID[0]	101	PWM3_OUT
010	UART1_TXD	110	I2C1_SDA
011	SPI1_CK	其他	保留

GPIO_01 管脚的复用控制寄存器是 GPIO_01_SEL，低三位可用，其含义分别为 GPIO[1]、HW_ID[1]、UART1_RXD、SPI1_RXD、JTAG_TCK、PWM4_OUT、I2C1_SCL、BT_FREQ。

GPIO_02 管脚的复用控制寄存器是 GPIO_02_SEL，低三位可用，其含义分别为 GPIO[2]、REFCLK_FREQ_STATUS、UART1_RTS_N、SPI1_TX、JTAG_TRSTN、PWM2_OUT、DIAG[0]、SSI_CLK。

GPIO_03 管脚的复用控制寄存器是 GPIO_03_SEL，低三位可用，其含义分别为 GPIO[3]、UART0_TXD、UART1_CTS_N、SPI1_CSN、JTAG_TDI、PWM5_OUT、I2C1_SDA、SSI_DATA。

GPIO_04 管脚的复用控制寄存器是 GPIO_04_SEL，低三位可用，其含义分别为 GPIO[4]、HW_ID[3]、UART0_RXD、JTAG_TMS、PWM1_OUT、I2C1_SCL、DIAG[7]。

GPIO_05 管脚的复用控制寄存器是 GPIO_05_SEL，低三位可用，其含义分别为 GPIO[5]、HW_ID[4]、UART1_RXD、SPI0_CSN、DIAG[1]、PWM2_OUT、I2S0_MCLK、BT_STATUS。

GPIO_06 管脚的复用控制寄存器是 GPIO_06_SEL，低三位可用，其含义分别为 GPIO[6]、JTAG_MODE、UART1_TXD、SPI0_CK、DIAG[2]、PWM3_OUT、I2S0_TX、COEX_SWITCH。

GPIO_07 管脚的复用控制寄存器是 GPIO_07_SEL，低三位可用，其含义分别为 GPIO[7]、HW_ID[5]、UART1_CTS_N、SPI0_RXD、DIAG[3]、PWM0_OUT、I2S0_BCLK、BT_ACTIVE。

GPIO_08 管脚的复用控制寄存器是 GPIO_08_SEL，低三位可用，其含义分别为 GPIO[8]、JTAG_ENABLE、UART1_RTS_N、SPI0_TXD、DIAG[4]、PWM1_OUT、I2S0_WS、WLAN_ACTIVE。

GPIO_09 管脚的复用控制寄存器是 GPIO_09_SEL，低三位可用，其含义分别为 GPIO[9]、I2C0_SCL、UART2_RTS_N、SDIO_D2、SPI0_TXD、PWM0_OUT、DIAG[5]、I2S0_MCLK。

GPIO_10 管脚的复用控制寄存器是 GPIO_10_SEL，低三位可用，其含义分别为 GPIO[10]、I2C0_SDA、UART2_CTS_N、SDIO_D3、SPI0_CK、PWM1_OUT、DIAG[6]、I2S0_TX。

GPIO_11 管脚的复用控制寄存器是 GPIO_11_SEL，低三位可用，其含义分别为 GPIO[11]、HW_ID[6]、UART2_TXD、SDIO_CMD、SPI0_RXD、PWM2_OUT、RF_TX_EN_EXT、I2S0_RX。

GPIO_12 管脚的复用控制寄存器是 GPIO_12_SEL，低三位可用，其含义分别为 GPIO[12]、HW_ID[7]、UART2_RXD、SDIO_CLK、SPI0_CSN、PWM3_OUT、RF_RX_EN_EXT、I2S0_BCLK。

GPIO_13 管脚的复用控制寄存器是 GPIO_13_SEL，低三位可用，其含义分别为 SSI_DATA、UART0_TXD、UART2_RTS_N、SDIO_D0、GPIO[13]、PWM4_OUT、I2C0_SDA、I2S0_WS。

GPIO_14 管脚的复用控制寄存器是 GPIO_14_SEL，低三位可用，其含义分别为 SSI_CLK、UART0_RXD、UART2_CTS_N、SDIO_D1、GPIO[14]、PWM5_OUT、I2C0_SCL、HW_ID[2]。

芯片的 UART 实现 BFG 子系统和 HOST 的通信，支持四线的协议(RXD、TXD、CTS、RTS)，其中，RXD 和 TXD 用于数据传送，RTS 和 CTS 用于流控。UART 接口支持多种波特率，波特率大小和传送速率之间成正比关系，支持的波特率从 9600b/s 到 4Mb/s，其速率可以通过寄存器进行配置。烧录时的速率为 115 200b/s。

HiSpark WiFi-IoT 智能家居物联网开发套件或者 WiFi-IoT 智能小车套件的核心板上，Hi3861 芯片引脚连接如图 9.3 所示。

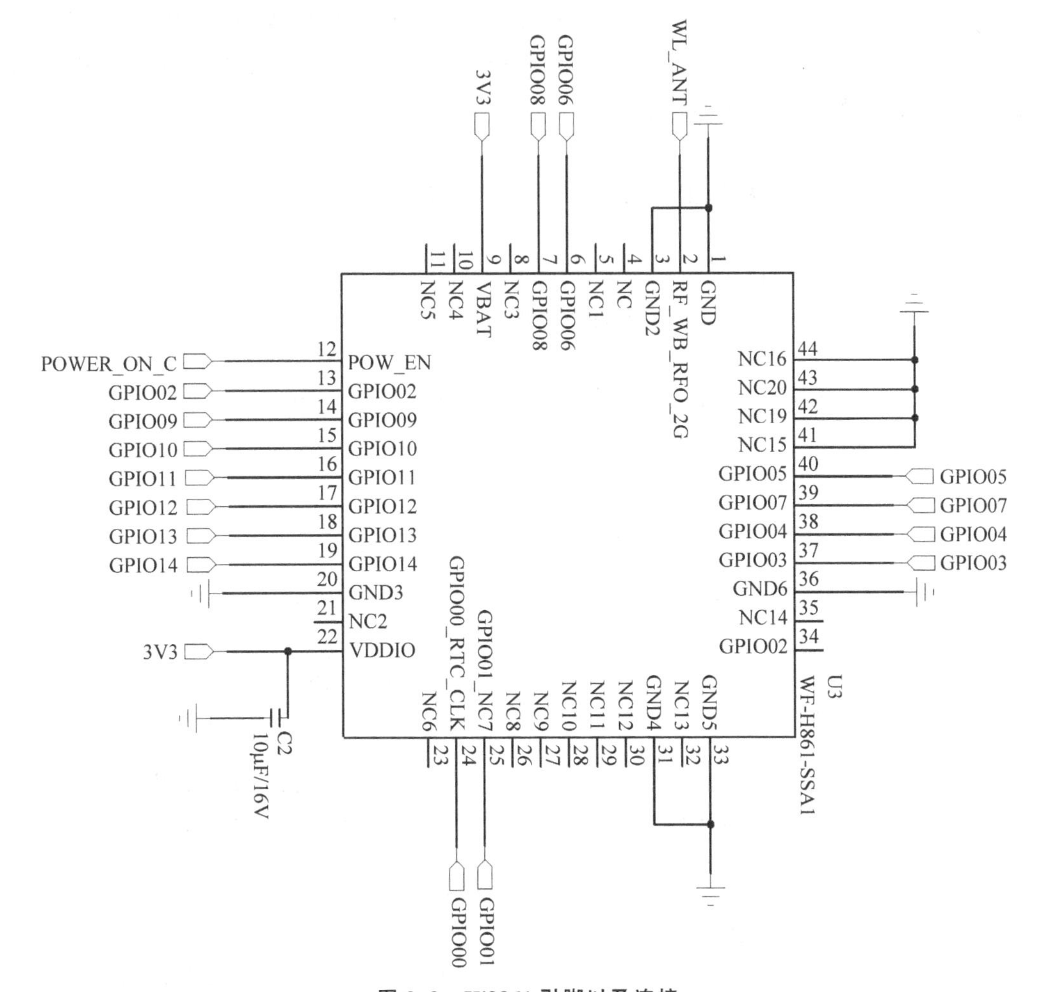

图 9.3　Hi3861 引脚以及连接

Hi3861 核心板上内置了 USB 转串口芯片 CH340G，如图 9.4 所示。

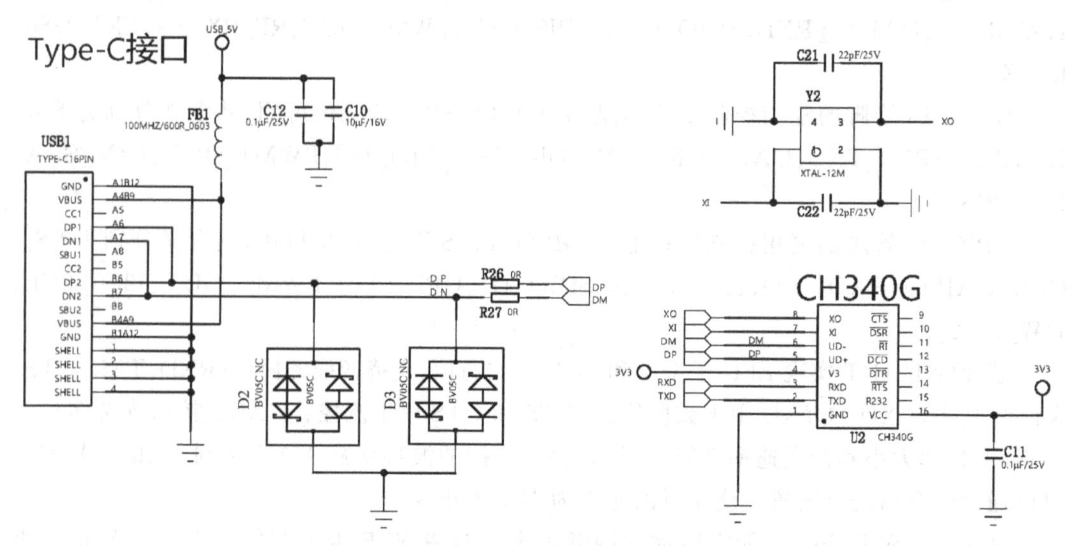

图 9.4 TypeC 和 CH340G 连接原理图

与计算机的连接通过 USB 口进行直连，PC 侧需要安装该芯片的驱动程序 CH341SER.exe。通过 Windwos 设备管理器查看串口，PC 通过 TypeC 连接核心板后，若未出现 CH340G 串口，请检查驱动是否安装正常。不同计算机的 CH340G 串口的串口号可能不同。

使用串口功能时，如烧录、串口调试，需用跳线短接主板上 J1 的两个引脚和 J2 的两个引脚，原理如图 9.5 所示。

J1 连接串口芯片 CH340G 的 RXD 引脚和 Hi3861 芯片的 GPIO3(UART0_TXD)引脚。J2 连接串口芯片 CH340G 的 TXD 引脚和 Hi3861 芯片的 GPIO4(UART0_RXD)引脚。

Hi3861 核心板的 J3 用于连接 Hi3861 的 GPIO9 引脚和 LED1 的两端，原理如图 9.6 所示。

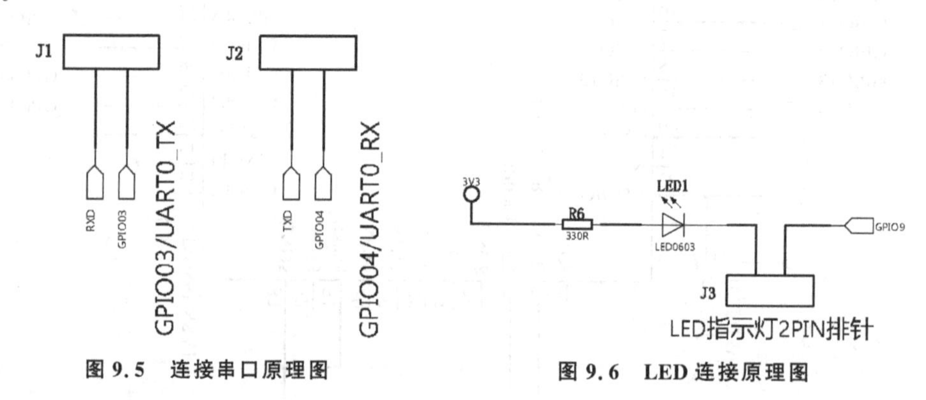

图 9.5 连接串口原理图

图 9.6 LED 连接原理图

如果跳线连接，可以使用 Hi3861 的 GPIO9 引脚控制 LED1 的点亮和熄灭。

Hi3861 核心板按键连接电路原理示意如图 9.7 所示。

开关 S2 连接 Hi3861 的 GPIO5 引脚。开关 S1 为复位按键，可以对主板进行复位。

HiSpark WiFi-IoT 智能家居物联网开发套件中的环境监测板上，设计了一个蜂鸣器电路，电路原理如图 9.8 所示。

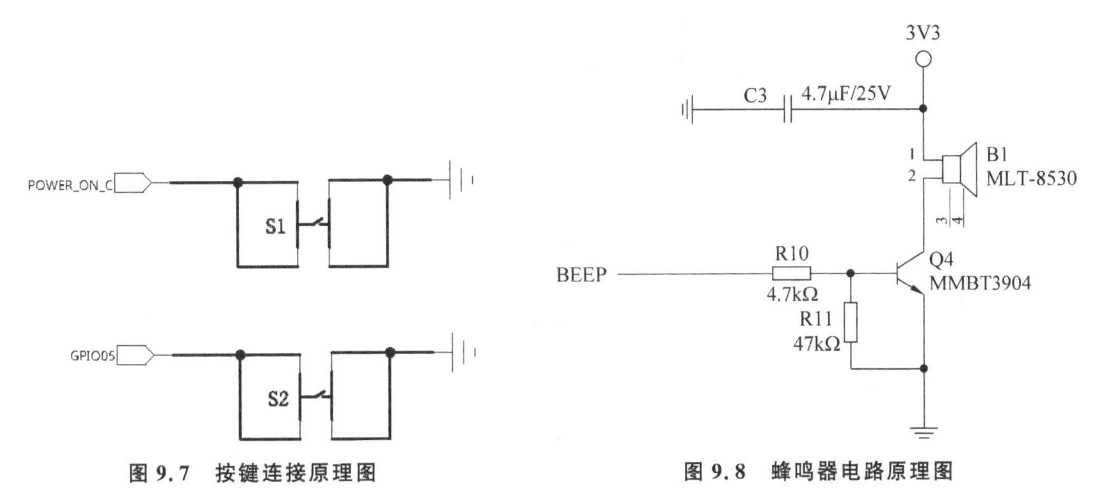

图 9.7　按键连接原理图　　　　图 9.8　蜂鸣器电路原理图

蜂鸣器的信号 BEEP 通过核心板 Hi3861 的 GPIO09 或 PWM0_OUT 输出。

9.3　温湿度传感器 AHT20

WiFi IoT 环境监测板配备了温湿度传感器、可燃气体传感器和蜂鸣器。温湿度传感器采用的是 AHT20 传感器，其电路如图 9.9 所示。

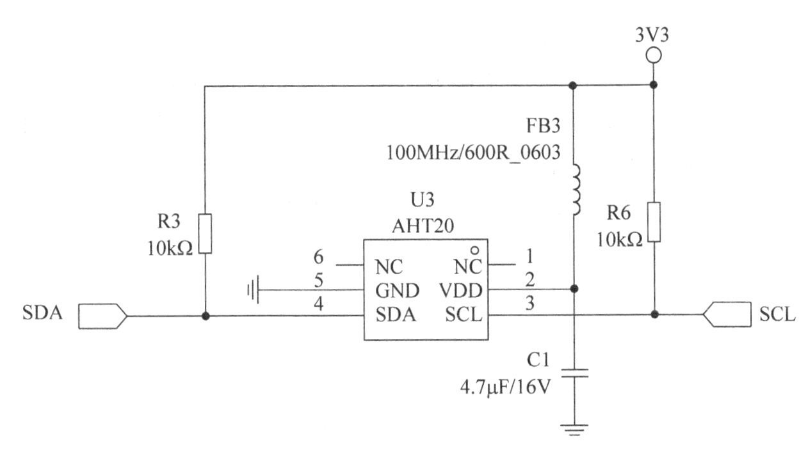

图 9.9　AHT20 接线原理图

AHT20 传感器通过底板连接到 Hi3861 的 I2C0，I2C0_SDA 对应 GPIO13，I2C0_SCL 对应 GPIO14。

AHT20 采用标准的 I^2C 协议进行通信。每个传输序列都以 Start 状态作为开始并以 Stop 状态作为结束。在启动传输后，随后传输的 I^2C 首字节包括 7 位的 I^2C 设备地址 0x38 和一个 SDA 方向位 x(读 R：'1'，写 W：'0')。设备地址如图 9.10 所示。在第 8 个 SCL 时钟下降沿之后，通过拉低 SDA 引脚

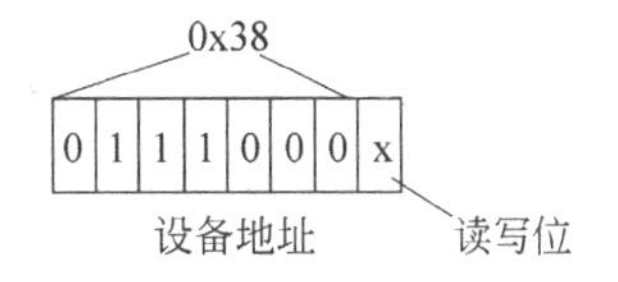

图 9.10　AHT20 设备地址

(ACK 位),指示传感器数据接收正常。

该设备基本的命令如下。

(1) 1011'1110 (0xBE) 初始化校准命令。

(2) 1010'1100 (0xAC) 触发测量。

(3) 1011'1010 (0xBA) 软复位。

(4) 0111'0001 (0x71) 获取状态。

软复位命令用于在无须关闭和再次打开电源的情况下,重新启动传感器系统。在接收到这个命令之后,传感器系统开始重新初始化,并恢复默认设置状态,软复位所需时间不超过 20ms。

在发送测量命令 0xAC 之后,主机必须等到测量完成。图 9.11 为从机返回的状态位说明。

比 特 位	意 义	描 述
bit[7]	忙闲指标	1——设备忙,处于测量状态 0——设备闲,处于休眠状态
bit[6:5]	保留	保留
bit[4]	保留	保留
bit[3]	标准使能位	1——已校准 0——未校准
bit[2:0]	保留	保留

图 9.11 AHT20 状态位说明

该传感器获取温湿度的流程如下。

(1) 上电后要等待 40ms,读取温湿度值之前,首先要看状态字的校准使能位 Bit[3]是否为 1(通过发送 0x71 可以获取一个字节的状态字),如果不为 1,要发送 0xBE 命令(初始化校准),此命令参数有两个字节,第一个字节为 0x08,第二个字节为 0x00,然后等待 10ms。

(2) 如图 9.12 所示,直接发送 0xAC 命令(触发测量),此命令参数有两个字节,第一个字节为 0x33,第二个字节为 0x00。

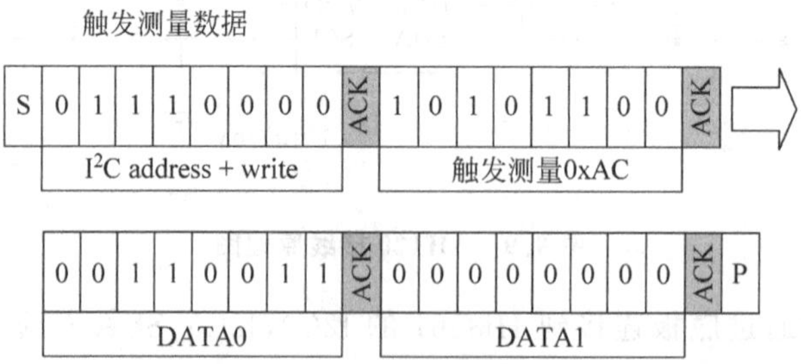

图 9.12 AHT20 触发测量

(3) 如图 9.13 所示,等待 80ms 待测量完成,如果读取状态字 Bit[7]为 0,表示测量完成,然后可以连续读取 6B;否则继续等待。

(4) 当接收完 6B 后,紧接着下一个字节是 CRC 校验数据,用户可以根据需要读出,如果接收端需要 CRC 校验,则在接收完第六个字节后发 ACK 应答,否则发 NACK 结束,CRC

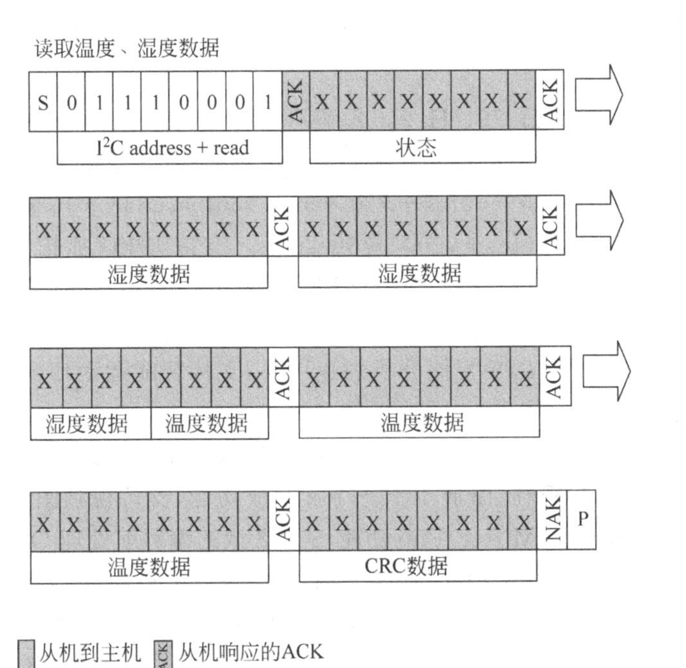

图 9.13 AHT20 读取温度、湿度数据

初始值为 0XFF，CRC8 校验多项式为

$$CRC[7:0]=1+x^4+x^5+x^8$$

(5) 计算温湿度值。相对湿度 RH 可以根据 SDA 输出的相对湿度信号 SRH 通过如下公式计算获得(结果以%RH 表示)：

$$RH=\frac{S_{RH}}{2^{20}}\times 100\%$$

温度 T 可以通过将温度输出信号 S_T 代入到公式计算得到(结果以摄氏温度℃表示)：

$$T=\frac{S_T}{2^{20}}\times 200-50$$

9.4 Hi3516 IP 摄像机 SOC

Hi3516 系列为行业类 IP 摄像机 SOC，有 Hi3516EV200、Hi3516EV300、Hi3516DV200、Hi3516DV300、Hi3516AV300 和 Hi3516CV500 等。

以 Hi3516EV300 为例简单说明该系列 SOC 的功能。Hi3516EV300 是行业专用 Smart HD IP 摄像机 SOC，集成新一代 ISP(Image Signal Processor)、H.265 视频压缩编码器，同时集成高性能 NNIE 引擎，使得 Hi351EV300 在低码率、高画质、智能处理和分析、低功耗等方面引领行业水平。

处理器内核为 ARM Cortex A7，工作频率为 900MHz，具有 32KB I-Cache，32KB D-Cache 和 128KB L2 Cache。支持 Neon 加速，集成 FPU 处理单元。

视频编码支持 H. 264 BP/MP/HP，H. 265 Main Profile 和 MJPEG/JPEG Baseline 编码。

视频编码处理性能方面，H. 264/H. 265 编码可支持最大分辨率为 2688×1520/2592×1944，宽度最大 2688。支持 H. 264/H. 265 多码流实时编码能力，包括 2048×1536@30fps+720×576@30fps、2304×1296@30fps+720×576@30fps、2688×1520@25fps+720×576@25fps 和 2592×1944@20fps+720×576@20fps。支持 JPEG 抓拍 4M(2688×1520)@5fps/5M(2592×1944)@5fps，支持 CBR/VBR/FIXQP/AVBR/QPMAP/CVBR 六种码率控制模式，支持智能编码模式。输出码率最高 60Mb/s，支持 8 个感兴趣区域(ROI)编码。

智能视频分析方面，集成 IVE 智能分析加速引擎，支持智能运动侦测、周界防范、视频诊断等多种智能分析应用。

视频与图形处理方面，支持 3D 去噪、图像增强、动态对比度增强处理功能，支持视频、图形输出抗闪烁处理，支持视频、图形 1/15～16x 缩放功能，支持视频图形叠加，支持图像 90°、180°、270°旋转，支持图像 Mirror、Flip 功能，8 个区域的编码前处理 OSD 叠加。

ISP 方面，支持 4×4Pattern RGB-IR sensor，3A(AE/AWB/AF)，支持第三方 3A 算法。具有固定模式噪声消除、坏点校正、镜头阴影校正、镜头畸变校正、紫边校正功能。具有方向自适应 demosaic，gamma 校正、动态对比度增强、色彩管理和增强，区域自适应去雾功能。支持多级降噪(BayerNR、3DNR)以及锐化增强，Local Tone mapping，Sensor Built-in WDR，2F-WDR 行模式/2F-WDR 帧模式，数字防抖。支持智能 ISP 调节，提供 PC 端 ISP tuning tools。

音频编解码方面，支持通过软件实现多协议语音编解码，协议支持 G. 711、G. 726、ADPCM，支持音频 3A(AEC、ANR、AGC)功能。

安全引擎方面，硬件实现 AES/RSA 多种加解密算法，硬件实现 HASH(SHA1/SHA256/HMAC_SHA1/HMAC_SHA256)，内部集成 32Kb 一次性编程空间和随机数发生器。

视频接口方面，输入支持 8/10/12b RGB Bayer DC 时序视频输入，支持 BT. 1120 输入。支持 MIPI、LVDS/Sub-LVDS、HiSPi 接口，支持与 SONY、ON、OmniVision、Panasonic 等主流高清 CMOS sensor 对接，兼容多种 sensor 并行/差分接口电气特性，提供可编程 sensor 时钟输出，支持输入最大分辨率为 2688×1520/2592×1944。输出支持 6/8/16b LCD 输出，支持 BT656/BT1120 输出。

音频接口方面，集成 Audio codec，支持 16b 语音输入和输出，支持双声道 mic/line in 输入，支持双声道 line out 输出，支持 I2S 接口，支持对接外部 Audio codec。

外围接口丰富，支持 POR，集成高精度 RTC，集成 4 通道 LSADC，3 个 UART 接口，支持 I^2C、SPI、GPIO 等接口，4 个 PWM 接口，2 个 SDIO 2. 0 接口，1 个 USB 2. 0 HOST/Device 接口，集成 FEPHY。支持 TSO 网络加速，集成 PMC 待机控制单元。

外部存储器接口有 SDRAM 接口、内置 1Gb DDR3L、SPI NOR Flash 接口、支持 1、2、4 线模式最大容量支持 256MB。具有 SPI NAND Flash 接口，支持 1、2、4 线模式，最大容量支持 1GB。有 4/8b 数据位宽 eMMC 5. 0 接口。

系统启动方面，可选择从 SPI NOR Flash、SPI NAND Flash 或 eMMC 启动，支持安全启动。

开发方面，提供基于 HUAWEI LiteOS/Linux-4.9 SDK 包，提供 H.264 的高性能 PC 解码库，提供 H.265 的高性能 PC、Android、iOS 解码库。

9.5　Hi3518 Camera SOC

Hi3518EV300 是消费类 Camera SOC，集成新一代 ISP 以及 H、265 视频压缩编码器，在低码率、高画质等方面领先。同时具有人形检测，支持人脸和异常声音检测等智能应用。采用先进低功耗工艺和低功耗架构设计，集成 POR、RTC、Audio Codec。

该芯片关键特性如下。

(1) 数字信号处理特性。

- 支持 4x4Pattern RGB-IR sensor。
- 3A(AE/AWB/AF)，支持第三方 3A 算法。
- 固定模式噪声消除、坏点校正。
- 镜头阴影校正、镜头畸变校正、紫边校正。
- 方向自适应 demosaic。
- gamma 校正、动态对比度增强、色彩管理和增强。
- 区域自适应去雾。
- 多级降噪(BayerNR、3DNR)以及锐化增强。
- Local Tone mapping。
- Sensor Built-in WDR。
- 2F-WDR 帧模式。
- 数字防抖。
- 支持智能 ISP 调节，提供 PC 端 ISP tuning tools。

(2) 视频编码。

- H.264 BP/MP/HP，支持 I/P 帧。
- H.265 Main Profile，支持 I/P 帧。
- MJPEG/JPEG Baseline 编码。

(3) 视频编码处理性能。

- H.264/H.265 编码可支持最大分辨率为 2304×1296，宽度最大 2304。
- H.264/H.265 多码流实时编码能力，包括 2048×1536@20f/s+720×576@20f/s，2304×1296@20f/s+720×576@20f/s，1920×1080@30f/s+720×576@30f/s。
- 支持 JPEG 抓拍 3M(2304×1296)@5f/s。
- 支持 CBR/VBR/FIXQP/AVBR/QPMAP/CVBR 六种码率控制模式。
- 支持智能编码模式。
- 输出码率最高 60Mb/s。
- 支持 8 个感兴趣区域(ROI)编码。

(4) 智能视频分析。

- 集成 IVE 智能分析加速引擎、人形检测、支持人脸和异常声音检测等智能应用。
- 支持智能运动侦测、周界防范、视频诊断等多种智能分析应用。

(5) 视频与图形处理。

- 支持3D去噪、图像增强、动态对比度增强处理功能。
- 支持视频、图形输出抗闪烁处理。
- 支持视频、图形1/15～16x缩放功能。
- 支持视频图形叠加。
- 支持图像90°、180°、270°旋转。
- 支持图像Mirror、Flip功能。
- 8个区域的编码前处理OSD叠加。

(6) 音频编解码。

- 通过软件实现多协议语音编解码。
- 协议支持G.711、G.726、ADPCM。
- 支持音频3A(AEC、ANR、AGC)功能。

(7) 安全引擎。

- 硬件实现AES/RSA多种加解密算法。
- 硬件实现HASH(SHA1/SHA256/HMAC_SHA1/HMAC_SHA256)。
- 内部集成32kb一次性编程空间和随机数发生器。

(8) 视频接口。

- 输入支持8/10/12b RGB Bayer DC时序视频输入，支持MIPI、LVDS/Sub-LVDS、HiSPi接口，支持与SONY、ON、OmniVision、Panasonic等主流高清CMOS sensor对接，兼容多种sensor并行/差分接口电气特性，提供可编程sensor时钟输出，支持输入最大分辨率为2304×1296。
- 输出支持6/8b LCD输出，支持BT656/BT1120输出。

(9) 音频接口。

- 集成Audio codec，支持16b语音输入和输出。
- 支持双声道mic/line in输入。
- 支持单声道line out输出。
- 支持I2S接口，支持对接外部Audio codec。

(10) 外围接口。

- 支持POR。
- 集成高精度RTC。
- 集成2通道LSADC。
- 3个UART接口。
- 支持I^2C、SPI、GPIO等接口。
- 4个PWM接口。
- 1个SDIO 2.0接口+1个SD卡2.0接口。
- 1个USB 2.0HOST/Device接口。
- 集成PMC待机控制单元。

(11) 外部存储器接口。

- SDRAM接口，内置512MB的DDR2。

- SPI NOR Flash 接口,支持 1、2、4 线模式,最大容量支持 256MB。
- SPI NAND Flash 接口,支持 1、2、4 线模式,最大容量支持 1GB。
- eMMC4.5 接口,4b 数据位宽。

(12) 系统启动。

- 可选择从 SPI NOR Flash、SPI NAND Flash 或 eMMC 启动。
- 支持安全启动。

(13) 开发 SDK 支持。

- 提供基于 HUAWEI LiteOS/Linux-4.9 SDK 包。
- 提供 H.264 的高性能 PC 解码库。
- 提供 H.265 的高性能 PC、Android、iOS 解码库。

第10章

轻量级系统设备开发

仰不愧于天，俯不怍于人。

——孟子

在 Hi3861 芯片中，共有 2MB 的 Flash，352KB 的 RAM，硬件资源极其有限，但能实现 WiFi IoT 功能。适合 OpenHarmony 当前定义的三种基础系统类型中采用 LiteOS-M 内核的轻量系统。

目前的 OpenHarmony 3.0 LTS 版本中，Hi3861 芯片为核心的设备开发采用的是库方法，并非驱动开发方法。在 OpenHarmony 2.2 版本中，LiteOS-M 新增了 HDF 框架的支持。不过，在具体的 Hi3861 应用方面，OpenHarmony 3.0 LTS 中的代码没有使用 HDF 框架的具体示例代码，仍旧是通过集成第三方 SDK 的方式实现。这里的第三方 SDK，实际上是适配 LiteOS 系统中的 SDK。

OpenHarmony 硬件服务子系统集提供硬件服务，由位置服务、生物特征识别、穿戴专有硬件服务和 IoT 专有硬件服务等子系统组成。OpenHarmony IoT 硬件子系统提供了控制外设的 API。

10.1 概述

OpenHarmony 在 Hi3861 核心板上运行，需要编写任务代码、编写用于将任务构建成静态库的 BUILD.gn 文件、编写模块 BUILD.gn 文件以及指定需参与构建的特性模块等步骤。

下面通过编写代码，输出“Hello World”示例了解 OpenHarmony 在 Hi3861 核心板上运行的过程。

在/applications/sample/wifi-iot/app 路径下新建一个目录(或一套目录结构)，用于存放源码文件。如在 app 下新建一个目录 testapp，目录中新建 helloworld.c 源文件代码，如下。

```
//helloworld.c
        #include <stdio.h>
        #include "ohos_init.h"
```

```
#include "ohos_types.h"

void HelloWorld(void)
{
        printf("\nHello world.\n");
}
SYS_RUN(HelloWorld);
```

在文件 helloworld.c 中书写入口函数 HelloWorld，实现打印功能。最后使用 OpenHarmony 启动恢复模块接口 SYS_RUN()启动该函数。其中，SYS_RUN 在 ohos_init.h 文件中定义。

testapp 目录中新建编译脚本 BUILD.gn，如下。

```
static_library("myapp") {
              sources = [
              "helloworld.c"
              ]
              include_dirs = [
              "//utils/native/lite/include"
              ]
      }
```

编译脚本 BUILD.gn 用于构建静态库。BUILD.gn 文件由目标、源文件和头文件路径三部分内容构成。static_library 中指定业务模块的编译结果，为静态库文件 libmyapp.a。sources 中指定静态库.a 所依赖的.c 文件及其路径，若路径中包含"//"则表示绝对路径(此处为代码根路径)，若不包含"//"则表示相对路径。include_dirs 中指定 source 所需要依赖的.h 文件路径。注意这里不能使用 Tab 键，如需对齐，需使用空格。

配置./applications/sample/wifi-iot/app/BUILD.gn 文件，如下。

```
import("//build/lite/config/component/lite_component.gni")

lite_component("app") {
        features = [
        "testapp:myapp",
        ]
}
```

在 features 字段中增加索引，使目标模块参与编译。features 字段指定目标模块的路径和目标。以 testapp 举例，features 字段配置如下。testapp 是相对路径，指向./applications/sample/wifi-iot/app/testapp/BUILD.gn。myapp 是目标，指向./applications/sample/wifi-iot/app/testapp/BUILD.gn 中的 static_library("myapp")。

该示例代码编译、烧录和运行后，在串口界面会显示如下信息。

```
ready to OS start
sdk ver:Hi3861V100R001C00SPC025 2020-09-03 18:10:00
FileSystem mount ok.
wifi init success!
hilog will init.
hievent will init.
```

```
hievent init success.
Hello world.

hiview init success.No crash dump found!
```

10.2 GPIO

10.2.1 GPIO 相关 API

OpenHarmony 1.0 的 IoT 硬件子系统中，和 GPIO 相关的代码文件为 wifiiot_gpio.h 和 wifiiot_gpio_ex.h，前者声明 GPIO 接口功能，后者声明扩展 GPIO 接口功能。在 OpenHarmony 2.2 之后，和 GPIO 相关的代码文件为 iot_gpio.h。该头文件中有接口定义和枚举。OpenHarmony 3.0 LTS 中，wifiiot_gpio_ex.h 缺失，如果使用该文件，需要自行添加。该文件放在目录 base/iot_hardware/peripheral/interfaces/kits 下。

使用 OpenHarmony IoT 接口时，需要根据 OpenHarmony 版本，使用不同命名的函数。以下为 OpenHarmony 3.0 版本中文件 iot_gpio.h 中声明的接口和数据结构。

(1) GPIO 端口电平枚举，如下。

```
typedef enum {
        /* 低 GPIO 电平 */
        IOT_GPIO_VALUE0 = 0,
        /* 高 GPIO 电平 */
        IOT_GPIO_VALUE1
} IotGpioValue;
```

(2) GPIO 端口传输方向枚举，如下。

```
typedef enum {
        /* 输入 */
        IOT_GPIO_DIR_IN = 0,
        /* 输出 */
        IOT_GPIO_DIR_OUT
} IotGpioDir;
```

(3) GPIO 端口中断触发模式枚举，如下。

```
typedef enum {
        /* 电平触发中断 */
        IOT_INT_TYPE_LEVEL = 0,
        /* 边沿触发中断 */
        IOT_INT_TYPE_EDGE
} IotGpioIntType;
```

(4) GPIO 端口中断触发极性枚举，如下。

```
typedef enum {
        /* 低电平或下降沿中断 */
        IOT_GPIO_EDGE_FALL_LEVEL_LOW = 0,
```

```
    /* 高电平或上升沿中断 */
    IOT_GPIO_EDGE_RISE_LEVEL_HIGH
} IotGpioIntPolarity;
```

(5) GPIO 端口中断回调函数类型定义,如下。

```
/**
 * @brief 指明 GPIO 中断回调 */
typedef void (*GpioIsrCallbackFunc) (char *arg);
```

(6) GPIO 初始化函数,如下。

```
/**
 * @brief 初始化 GPIO 设备。
 *
 * @param id 指明 GPIO 端口号。
 * @return 如果 GPIO 设备初始化了,返回 IOT_SUCCESS; 否则返回 IOT_FAILURE.其他返回值的详细
信息,参考芯片说明书。
 */
unsigned int IoTGpioInit(unsigned int id);
```

(7) GPIO 解除初始化函数,如下。

```
/*
 * @brief 解除初始化 GPIO 设备。
 *
 * @param id 指明 GPIO 端口号。
 * @return 如果 GPIO 设备解除初始化了,返回 IOT_SUCCESS; 否则返回 IOT_FAILURE.其他返回值的
详细信息,参考芯片说明书。
 */
unsigned int IoTGpioDeinit(unsigned int id);
```

(8) 设置 GPIO 端口数据方向函数,如下。

```
/*
 * @brief 设置 GPIO 端口的方向。
 *
 * @param id 指明 GPIO 端口号。
 * @param dir 指明 GPIO 输入/输出方向。
 * @return 如果设置了方向,返回 IOT_SUCCESS; 否则返回 IOT_FAILURE。其他返回值的详细信息,参
考芯片说明书。
 */
unsigned int IoTGpioSetDir(unsigned int id, IotGpioDir dir);
```

(9) 获取 GPIO 端口数据方向函数,如下。

```
/*
 * @brief 获取 GPIO 端口的方向。
 *
 * @param id 指明 GPIO 端口号。
 * @param dir 指明指向 GPIO 输入/输出方向的指针。
 * @return 如果获取了方向,返回 IOT_SUCCESS; 否则返回 IOT_FAILURE。其他返回值的详细信息,参
考芯片说明书。
```

```
*/
unsigned int IoTGpioGetDir(unsigned int id, IotGpioDir *dir);
```

(10) 设置 GPIO 端口输出值函数,如下。

```
/*
* @brief 设置 GPIO 端口的输出电平值。
*
* @param id 指明 GPIO 端口号。
* @param val 指明端口的输出电平值。
* @return 如果设置了 GPIO 端口的输出电平值,返回 IOT_SUCCESS; 否则返回 IOT_FAILURE。其他返回值的详细信息,参考芯片说明书。
*/
unsigned int IoTGpioSetOutputVal(unsigned int id, IotGpioValue val);
```

(11) 获取 GPIO 端口输出电平函数,如下。

```
/*
* @brief 获取 GPIO 端口的输出电平值。
*
* @param id 指明 GPIO 端口号。
* @param val 指明指向输出电平值的指针
* @return 如果获取了 GPIO 端口的输出电平值,返回 IOT_SUCCESS; 否则返回 IOT_FAILURE。其他返回值的详细信息,参考芯片说明书。
*/
unsigned int IoTGpioGetOutputVal(unsigned int id, IotGpioValue *val);
```

(12) 获取 GPIO 端口输入电平函数,如下。

```
/*
* @brief 获取 GPIO 端口的输出电平值。
*
* @param id 指明 GPIO 端口号.
* @param val 指明指向输入电平值的指针。
* @return 如果获取了 GPIO 端口的输入电平值,返回 IOT_SUCCESS; 否则返回 IOT_FAILURE.其他返回值的详细信息,参考芯片说明书。
*/
unsigned int IoTGpioGetInputVal(unsigned int id, IotGpioValue *val);
```

(13) 使能 GPIO 端口中断函数,中断服务函数为 func,如下。

```
/*
* @brief 使能 GPIO 端口的中断特性。
*
* 该函数用于设置 GPIO 端口的中断类型、中断极性和中断回调。
*
* @param id 指明 GPIO 端口号。
* @param intType 指明中断类型。
* @param intPolarity 指明中断极性。
* @param func 指明中断回调函数。
* @param arg 指明指向中断回调函数的参数的指针。
* @return 如果使能了中断特性,返回 IOT_SUCCESS; 否则返回 IOT_FAILURE.其他返回值的详细信息,参考芯片说明书。
*/
```

```
unsigned int IoTGpioRegisterIsrFunc(unsigned int id, IotGpioIntType intType, IotGpioIntPolarity
intPolarity,GpioIsrCallbackFunc func, char *arg);
```

(14) 除能 GPIO 端口中断函数,如下。

```
/*
* @brief 除能 GPIO 端口的中断特性。
*
* @param id 指明 GPIO 端口号。
* @return 如果除能了中断特性,返回 IOT_SUCCESS; 否则返回 IOT_FAILURE。其他返回值的详细信
息,参考芯片说明书。
*/
unsigned int IoTGpioUnregisterIsrFunc(unsigned int id);
```

(15) 屏蔽 GPIO 端口中断函数,如下。

```
/*
* @brief 屏蔽 GPIO 端口的中断特性。
*
* @param id 指明 GPIO 端口号。
* @param mask 值"1"意为屏蔽了中断功能,值"0"意为没有屏蔽中断功能。
* @return 如果屏蔽了中断特性,返回 IOT_SUCCESS; 否则返回 IOT_FAILURE。其他返回值的详细信
息,参考芯片说明书。
*/
unsigned int IoTGpioSetIsrMask(unsigned int id, unsigned char mask);
```

(16) 设置 GPIO 端口中断触发模式函数,如下。

```
/*
* @brief 设置 GPIO 端口的中断触发特性。
*
* 该函数设置端口号的中断类型和中断极性。
*
* @param id 指明 GPIO 端口号。
* @param intType 指明中断类型。
* @param intPolarity 指明中断极性。
* @return 如果设置了中断触发模式,返回 IOT_SUCCESS; 否则返回 IOT_FAILURE。其他返回值的详
细信息,参考芯片说明书。
*/
unsigned int IoTGpioSetIsrMode(unsigned int id, IotGpioIntType intType, IotGpioIntPolarity
intPolarity);
```

对应以上函数的,在 OpenHarmony 1.0 中的函数名称如下。

```
GpioInit()
GpioDeinit()
GpioSetDir()
GpioGetDir()
GpioSetOutputVal()
GpioGetOutputVal()
GpioGetInputVal()
GpioRegisterIsrFunc()
GpioUnregisterIsrFunc()
```

```
GpioSetIsrMask()
GpioSetIsrMode()
```

OpenHarmony IoT 子系统接口最终通过直接操作端口实现。以如下 IoTGpioSetDir()为例做说明。

```
unsigned int IoTGpioSetDir(unsigned int id, IotGpioDir dir)
{
        return hi_gpio_set_dir((hi_gpio_idx)id, (hi_gpio_dir)dir);
}
```

该函数在 hal_iot_gpio. c 中实现,通过直接调用 hi_gpio_set_dir()完成。

函数 hi_gpio_set_dir()在文件 hi_flashboost_gpio. c 中,核心代码是调用 hi_reg_read16()等函数,如下。

```
hi_u32 hi_gpio_set_output_val(hi_gpio_idx id, hi_gpio_value val)
{
        if (id >= HI_GPIO_IDX_MAX || val > HI_GPIO_VALUE1) {
                return HI_ERR_GPIO_INVALID_PARAMETER;
        }

        hi_u16 reg_val = 0;

        hi_reg_read16((HI_GPIO_REG_BASE + GPIO_SWPORT_DR), reg_val);
        hi_io_val_set(val, (hi_u16) id, reg_val);
        hi_reg_write16((HI_GPIO_REG_BASE + GPIO_SWPORT_DR), reg_val);

        return HI_ERR_SUCCESS;
}
```

hi_reg_read16()在文件 hi_boot_rom. h 中定义,如下,该函数通过寄存器端口地址直接获取端口数据。

```
#define hi_reg_read16(addr, val)     ((val) = *(volatile hi_u16 *)(uintptr_t)(addr))
```

在头文件 wifiiot_gpio_ex. h 中,定义了数据结构,以及 IoSetPull()和 IoSetFunc()等函数,如下。

```
unsigned int IoSetPull(unsigned int id, IotIoPull val);
unsigned int IoSetFunc(unsigned int id, unsigned char val);
```

这些函数用于设置 GPIO 的复用功能。如果需要使用,可在 wifiiot_gpio. h 同一目录下添加该文件。尚不清楚更高版本的 OpenHarmony 3. 1 beta 等版本中是否包含该文件。

相关函数实现在文件 wifiiot_gpio_ex. c 中,如果需要使用,可在 wifiiot_gpio. c 同一目录下添加该文件。同时修改该目录下面的 BUILD. gn 文件,使得 wifiiot_gpio_ex. c 参与编译。

视频讲解

10.2.2 GPIO 输出

OpenHarmony 3. 0 LTS 版本中,目录\applications\sample\wifi-iot\app\iothardware

下有一示例程序 led_example. c。用于通过 GPIO 控制 LED 的点亮和熄灭。也可在 \applications\sample\wifi-iot\app 目录下创建 led_demo 目录，在该目录下创建名为 led_example. c 的文件。

示例程序 led_example. c 中，LedTask()完成控制 LED 的功能，包含 LED 灯熄灭、点亮或闪烁三种方式。这三种方式通过如下枚举实现。

```
enum LedState {
    LED_ON = 0,
    LED_OFF,
    LED_SPARK,
};
```

查看 LED 电路原理图(图 9.6)可知，板载 LED 灯连接于 GPIO9 端口。GPIO9 端口输出高电平时，LED 灯熄灭。GPIO9 端口输出低电平时，LED 灯点亮。定义 LED_TEST_GPIO 为端口 9。

```
#define LED_TEST_GPIO 9
```

使用 GPIO 前，需要完成 GPIO 管脚初始化，明确管脚用途，并创建任务，使 LED 周期性亮灭，达到闪烁的效果。

函数 LedExampleEntry(void)中进行 GPIO9 初始化和设置方向。IOT_GPIO_DIR_OUT 在 iot_gpio. h 中定义。

```
/* 管脚初始化 */
IoTGpioInit(LED_TEST_GPIO);
/* 配置 9 号管脚为输出方向 */
IoTGpioSetDir(LED_TEST_GPIO, IOT_GPIO_DIR_OUT);
```

函数 LedExampleEntry(void)中还包括注册线程，数据结构 osThreadAttr_t 为描述线程的数据结构，attr 的 name 成员指定该线程运行的函数是 LedTask()。priority 指定该线程优先级，stack_size 指定栈大小。

```
osThreadAttr_t attr;

/*
...
 */

attr.name = "LedTask";
attr.attr_bits = 0U;
attr.cb_mem = NULL;
attr.cb_size = 0U;
attr.stack_mem = NULL;
attr.stack_size = LED_TASK_STACK_SIZE;
attr.priority = LED_TASK_PRIO;
```

osThreadNew()用于注册线程，如果不成功，则输出一些文字。osThreadNew()函数为内核抽象层 CMSIS-RTOS API V2 提供的 API，在 cmsis_os2. h 中定义。若不使用该抽象层，也可以使用内核的 API 完成任务的注册。对应的注册函数为 LOS_TaskCreate()，对应数据结构 osThreadAttr_t 的是任务控制块 TCB，详情如第 2 章所述。

```
if (osThreadNew((osThreadFunc_t)LedTask, NULL, &attr) == NULL) {
        printf("[LedExample] Falied to create LedTask!\n");
}
```

函数 LedTask()用于完成 LED 的功能。该功能在一个 while 循环中，通过变量 g_ledState 指定模式。点亮 LED 通过向 GPIO9 输出低电平实现。

```
IoTGpioSetOutputVal(LED_TEST_GPIO, 0);
```

熄灭 LED 通过向 GPIO9 输出高电平实现。

```
IoTGpioSetOutputVal(LED_TEST_GPIO, 1);
```

LED 闪烁通过向 GPIO9 间歇输出高电平和低电平实现。闪烁时亮灭时间各为 300 000μs。

```
IoTGpioSetOutputVal(LED_TEST_GPIO, 0);
usleep(LED_INTERVAL_TIME_US);
IoTGpioSetOutputVal(LED_TEST_GPIO, 1);
usleep(LED_INTERVAL_TIME_US);
```

在代码最下方，使用 OpenHarmony 启动恢复模块接口 SYS_RUN()启动注册。SYS_RUN 在 ohos_init.h 文件中定义。

```
/**
 * @brief 按优先级 2 标识初始化和启动系统运行阶段的入口。
 *
 * 该宏用于标识启动过程的系统启动阶段优先级为 2 调用的入口。
 *
 * @param func 指明初始化和启动系统运行阶段的入口函数。
 * The type is void (*)(void).
 */
#define SYS_RUN(func) LAYER_INITCALL_DEF(func, run, "run")
```

视频讲解

10.2.3 查询方式 GPIO 输入

通过 GPIO 输入状态，可以控制系统行为。以下示例查询方式下，通过按键控制 LED 灯。

Hi3861 核心板的开关 S2 连接 Hi3861 的 GPIO5 引脚。当 S2 按下时，该引脚直接接地。查询方式的含义为一直查看端口状态，根据端口状态实现不同的功能。具体做法是通过 IoTGpioGetInputVal()获取端口值。

下面描述当该按键按下时，LED 停止闪烁的过程。

OpenHarmony 3.0 LTS 版本中，在\applications\sample\wifi-iot\app 目录下创建 iotkey 目录，在该目录下创建名为 keyPolling.c 的文件。

在该文件中，将 led_example.c 文件的内容复制过来。添加头文件 iot_gpio_ex.h，定义按键端口为 GPIO5，修改任务栈大小为 4096。

```
#include "iot_gpio_ex.h"
#define KEY_GPIO 5
#define LED_TASK_STACK_SIZE 4096
```

添加枚举，按键按下为0。

```
enum KeyState {
      KEY_DOWN = 0,
      KEY_UP,
};
```

把任务函数名修改为KeyPollingTask()，并在函数体中增加三行代码，如下。

```
static void * KeyPollingTask(const char * arg)
{
        (void)arg;
        printf("\n Task is running! \n");
        //新增变量 value,用于保存读取到的 GPIO 端口值
        IotGpioValue value = IOT_GPIO_VALUE0;
        while (1) {
                //新增读取 GPIO 值的功能,端口值存放在 value
                IoTGpioGetInputVal(KEY_GPIO, &value);
                //判断端口值是否为按下状态。如果按下,LED 不再闪烁; 如果没按,LED 持续闪烁。
                if (value == KEY_UP){
                        //LED 闪烁代码
                }

        }

        return NULL;
}
```

把任务注册函数名改为KeyPollingEntry()，在其中增加GPIO5的初始化部分。attr成员name改为KeyPollingTask。osThreadNew的第一个参数改为任务函数名称KeyPollingTask。

```
static void KeyPollingEntry(void)
{
        osThreadAttr_t attr;

        IoTGpioInit(LED_TEST_GPIO);
        IoTGpioSetDir(LED_TEST_GPIO, IOT_GPIO_DIR_OUT);

        IoTGpioDeinit(KEY_GPIO);
        IoTGpioInit(KEY_GPIO);                            //初始化
        IoSetFunc(IOT_IO_NAME_GPIO_5, IOT_IO_FUNC_GPIO_5_GPIO);
        IoTGpioSetDir(KEY_GPIO, IOT_GPIO_DIR_IN);         //数据方向设置
        IoSetPull(KEY_GPIO,1);

        attr.name = "KeyPollingTask";
        attr.attr_bits = 0U;
```

```
        attr.cb_mem = NULL;
        attr.cb_size = 0U;
        attr.stack_mem = NULL;
        attr.stack_size = LED_TASK_STACK_SIZE;
        attr.priority = LED_TASK_PRIO;

        if (osThreadNew((osThreadFunc_t)KeyPollingTask, NULL, &attr) == NULL) {
              printf("[LedExample] Falied to create LedTask!\n");
        }
}
```

在代码最下方,SYS_RUN()启动注册 KeyPollingEntry。

```
SYS_RUN(KeyPollingEntry);
```

10.2.4 中断方式 GPIO 输入

通过 GPIO 按下事件触发中断,通过中断方式可以控制系统行为。以下示例中断方式下,通过按键控制 LED 灯闪烁。

仍旧以 Hi3861 核心板的开关 S2 作为事件触发。

在 OpenHarmony 3.0 LTS 版本,下面示例了当该按键按一次时,LED 闪烁状态变换的过程。

在任务入口函数中,通过 IoTGpioRegisterIsrFunc()函数注册该端口的中断服务函数,函数名称为 OnKeyDown(),触发方式为边沿触发,下跳沿触发。

```
static void KeyInterEntry(void)
{
        //...
        IoTGpioInit(KEY_GPIO);
        IoSetFunc(IOT_IO_NAME_GPIO_5, IOT_IO_FUNC_GPIO_5_GPIO);
        IoTGpioSetDir(KEY_GPIO, IOT_GPIO_DIR_IN);
        IoSetPull(KEY_GPIO,1);
        IoTGpioRegisterIsrFunc(KEY_GPIO,
        IOT_INT_TYPE_EDGE,
        IOT_GPIO_EDGE_FALL_LEVEL_LOW,
        OnKeyDown,NULL);

        attr.name = "KeyIntTask";
        //...

        if (osThreadNew((osThreadFunc_t)KeyIntTask, NULL, &attr) == NULL) {
              printf("[InterruptExample] Falied to create KeyIntTask!\n");
        }
}
```

如果对系统实时性能要求不高,可以在中断函数 OnKeyDown()中,直接写入使得 LED 闪烁的功能。如每次中断,闪烁 5 次,代码如下。

```
static void OnKeyDown(char * arg)
```

```
{
        (void)arg;
        for(int i = 0; i++; i<5) {
                switch (g_ledState) {
                        //...
                        case LED_SPARK:
                        IoTGpioSetOutputVal(LED_TEST_GPIO, 0);
                        usleep(LED_INTERVAL_TIME_US);
                        IoTGpioSetOutputVal(LED_TEST_GPIO, 1);
                        usleep(LED_INTERVAL_TIME_US);
                        break;
                        default:
                        usleep(LED_INTERVAL_TIME_US);
                        break;
                }
        }
}
```

由于中断时，任务被挂起，实时系统中的中断函数的代码不宜长，执行时间不易长，不应包含有可能引起阻塞的操作。

因此，可以定义一个全局位变量 value，中断函数 OnKeyDown()的功能是翻转这个位变量，指令短小。每次中断，该变量的值做一次翻转。在任务函数 KeyIntTask()中根据该位变量的值对 LED 进行控制。

```
static volatile IotGpioValue value = IOT_GPIO_VALUE0;

static void OnKeyDown(char * arg)
{
        (void)arg;
        //IoTGpioSetIsrMask(KEY_GPIO, 1);
        value = !value;
        //IoTGpioSetIsrMask(KEY_GPIO, 0);
}

static void * KeyIntTask(const char * arg)
{
        (void)arg;
        while (1) {
                if ( !value ){ //根据该位变量的值对 LED 进行控制
                        switch (g_ledState) {
                                //...
                        }
                }
        }

        return NULL;
}
```

在代码最下方，SYS_RUN()启动注册入口函数。

10.3 PWM

10.3.1 PWM 简介

PWM 为 Pulse Width Modulation 的简写,意为脉冲宽度调制。

PWM 波形是固定频率(或固定周期)的信号,占空比可变的方波。占空比是一个周期内高电平时间和低电平时间的比例,一个周期内高电平时间长,占空比大,反之占空比小。占空比用百分比表示,范围为 0%~100%。

PWM 通过数字方式控制模拟电路,大幅度降低了系统的成本和功耗。通过改变 PWM 脉冲的周期可以调频,改变 PWM 脉冲的宽度或占空比可以调压,采用适当控制方法即可使电压与频率协调变化。可以通过调整 PWM 的周期、PWM 的占空比而达到控制充电电流的目的。

PWM 广泛应用在很多领域,包括测量、通信、电机控制、伺服控制、调光、开关电源、功率控制与变换等领域。如航模中的控制信号大多是 PWM 信号,工业上 PID 控制的温控信号可以使用 PWM 脉冲,PWM 控制技术在逆变电路中也应用广泛。

10.3.2 PWM 相关 API

Harmony 3.0 LTS 版本中的 PWM 相关 API 在文件 iot_pwm.h 中定义。

(1) 对指定 PWM 通道进行初始化函数,如下。

```
/**
 * @brief 初始化 PWM 设备。
 *
 * @param port 指明 PWM 设备的端口号。
 * @return 如果初始化了 PWM 设备,返回 IOT_SUCCESS; 否则返回 IOT_FAILURE。其他返回值的详细信息,参考芯片说明书。
 */
unsigned int IoTPwmInit(unsigned int port);
```

(2) 对指定 PWM 通道进行解除初始化函数,如下。

```
/**
 * @brief 解除初始化 PWM 设备。
 *
 * @param port 指明 PWM 设备的端口号。
 * @return 如果解除初始化了 PWM 设备,返回 IOT_SUCCESS; 否则返回 IOT_FAILURE。其他返回值的详细信息,参考芯片说明书。
 */
unsigned int IoTPwmDeinit(unsigned int port);
```

(3) 从指定 PWM 通道开始输出指定频率和占空比的 PWM 信号,如下。

```
/*
```

```
* @brief 基于给定的输出频率和占空比,从指定端口开始输出 PWM 信号。
* @param port 指明 PWM 设备的端口号。
* @param duty 指明 PWM 信号输出的占空比。值为 1~99。
* @param freq 指明 PWM 信号输出的频率。
* @return 如果开始了 PWM 信号输出,返回 IOT_SUCCESS; 否则返回 IOT_FAILURE。其他返回值的详
细信息,参考芯片说明书。
*/
unsigned int IoTPwmStart(unsigned int port, unsigned short duty, unsigned int freq);
```

信号的频率由参数 freq 间接计算得来,计算方法是根据 freq 对时钟频率进行分频,得到的即为信号频率。计算公式由以下代码实现。如晶振频率 CLK_160M 是 160MHz,freq 为 40 000,则输出信号频率为 160 000 000/40 000,即 4000Hz。

```
hiFreq = (unsigned short)(CLK_160M / freq);
```

信号的占空比由参数 duty 和参数 freq 间接计算得来,计算方法是参数 duty 和参数 freq 的比值。如 duty 参数为 20 000,freq 参数为 40 000,则占空比为 50%。

(4) 在指定 PWM 通道停止输出 PWM 信号函数,如下。

```
/*
* @brief 从指定端口停止输出 PWM 信号。
*
* @param port 指明 PWM 设备的端口号。
* @return 如果停止了 PWM 信号输出,返回 IOT_SUCCESS; 否则返回 IOT_FAILURE。其他返回值的详
细信息,参考芯片说明书。
*/
unsigned int IoTPwmStop(unsigned int port);
```

OpenHarmony IoT 子系统接口最终通过直接操作端口实现。以指定 PWM 通道进行 PWM 的初始化 IoTPwmInit()为例做一说明,该函数实现如下。

```
unsigned int IoTPwmInit(unsigned int port)
{
        if (hi_pwm_set_clock(PWM_CLK_160M) != HI_ERR_SUCCESS) {
              return IOT_FAILURE;
        }
        return hi_pwm_init((hi_pwm_port)port);
}
```

该函数在 hal_iot_pwm.c 中实现,首先 hi_pwm_set_clock()进行 PWM 时钟频率的设置。然后通过直接调用 hi_pwm_init()完成。

PWM 时钟频率的设置 hi_pwm_set_clock()函数在 hi_pwm.c 中实现,如下。

```
hi_u32 hi_pwm_set_clock(hi_pwm_clk_source clk_type)
{
        if (clk_type >= PWM_CLK_MAX) {
              return HI_ERR_PWM_INVALID_PARAMETER;
        }

        if (clk_type == PWM_CLK_160M) {
              hi_reg_clrbit(CLDO_CTL_CLK_SEL_REG, 0);
```

```
    } else {
        hi_reg_setbit(CLDO_CTL_CLK_SEL_REG, 0);
    }

    return HI_ERR_SUCCESS;
}
```

该函数的核心是操作芯片的时钟选择寄存器复位。该寄存器地址由以下语句定义。

```
#define CLDO_CTL_CLK_SEL_REG (CLDO_CTL_RB_BASE_ADDR + 0x38)
```

hi_pwm_init()函数实现在 hi_pwm.c 中,如下。

```
hi_u32 hi_pwm_init(hi_pwm_port port)
{
    hi_u32 ret;
    pwm_ctl *ctrl = HI_NULL;
    hi_u16 reg_val;

    if (pwm_check_port(port) != HI_ERR_SUCCESS) {
        return HI_ERR_PWM_INVALID_PARAMETER;
    }
    ctrl = pwm_get_ctl(port);
    if (ctrl->is_init == HI_FALSE) {
        hi_reg_read16(CLDO_CTL_CLKEN1_REG, reg_val);
        switch (port) {
            case HI_PWM_PORT_PWM0:
            ret = hi_sem_bcreate(&(ctrl->pwm_sem), HI_SEM_ONE);
            reg_val |= 1 << CLKEN1_PWM0;
            break;
            case HI_PWM_PORT_PWM1:
            ret = hi_sem_bcreate(&(ctrl->pwm_sem), HI_SEM_ONE);
            reg_val |= 1 << CLKEN1_PWM1;
            break;
            case HI_PWM_PORT_PWM2:
            ret = hi_sem_bcreate(&(ctrl->pwm_sem), HI_SEM_ONE);
            reg_val |= 1 << CLKEN1_PWM2;
            break;
            case HI_PWM_PORT_PWM3:
            ret = hi_sem_bcreate(&(ctrl->pwm_sem), HI_SEM_ONE);
            reg_val |= 1 << CLKEN1_PWM3;
            break;
            case HI_PWM_PORT_PWM4:
            ret = hi_sem_bcreate(&(ctrl->pwm_sem), HI_SEM_ONE);
            reg_val |= 1 << CLKEN1_PWM4;
            break;
            default:
            ret = hi_sem_bcreate(&(ctrl->pwm_sem), HI_SEM_ONE);
            reg_val |= 1 << CLKEN1_PWM5;
            break;
        }
```

```
            if (ret == HI_ERR_SUCCESS) {
                ctrl->is_init = HI_TRUE;
                reg_val |= (1 << CLKEN1_PWM_BUS) | (1 << CLKEN1_PWM);
                hi_reg_write16(CLDO_CTL_CLKEN1_REG, reg_val);    /* 使能 pwmx 时钟
                                                                    总线 */
            }
        } else {
            ret = HI_ERR_SUCCESS;    /* HI_ERR_PWM_INITILIZATION_ALREADY 返回成功 */
        }
        return ret;
}
```

该函数首先检查PWM通道值是否有效,然后设置该端口值的时钟使能位。

再以指定PWM通道进行PWM开始输出函数IoTPwmStart()为例,该函数在hal_iot_pwm.c中实现,首先hi_pwm_set_clock()进行PWM时钟频率的设置。然后通过直接调用hi_pwm_init()完成。该函数实现在hi_pwm.c文件中,如下。

```
hi_u32 hi_pwm_start(hi_pwm_port port, hi_u16 duty, hi_u16 freq)
{
        hi_u32 ret;

        if ((pwm_check_port(port) != HI_ERR_SUCCESS) || (duty == 0) || (freq == 0)
        || (duty > freq)) {
            return HI_ERR_PWM_INVALID_PARAMETER;
        }
        if (pwm_is_init(port) == HI_FALSE) {
            return HI_ERR_PWM_NO_INIT;
        }
        ret = pwm_lock(port);
        if (ret != HI_ERR_SUCCESS) {
            return ret;
        }
        pwm_set_enable(port, HI_TRUE);
        pwm_set_freq(port, freq);
        pwm_set_duty(port, duty);
        pwm_take_effect(port);
        return pwm_unlock(port);
}
```

该函数核心代码的步骤是使能PWM,设置信号频率,设置占空比和启动。

注意,LiteOS是可裁剪的系统,PWM默认不支持,因此包含hi_pwm.h文件必须先进行PWM支持的配置,否则编译时会出现"undefined reference"错误。如下即为app_main.c中的源代码。可以在此处,但不建议直接注释该ifdef语句,更为合适的做法是修改系统配置。

```
#ifdef CONFIG_PWM_SUPPORT
#include <hi_pwm.h>
#endif
```

10.3.3 PWM 输出

在 OpenHarmony SDK 的目录\applications\sample\wifi-iot\app\iothardware 下新建程序代码文件 pwmout.c。

该程序功能是在按键 S2 的控制下，通过 GPIO 输出 PWM 信号控制蜂鸣器。按键的中断服务函数 OnKeyDown 用于改变共享变量 beepon 的状态，如下。

```
#define KEY_GPIO 5

static int beepon = 1;

static void OnKeyDown(char * arg)
{
        (void)arg;
        //IoTGpioSetIsrMask(KEY_GPIO, 1);
        beepon = !beepon;
        //IoTGpioSetIsrMask(KEY_GPIO, 0);
        //printf("Pressed Key! beepon = %d\n", beepon);
}
```

查看 WiFi IoT 套件的环境监测板的蜂鸣器电路原理图，可知蜂鸣器连接于 Hi3861 芯片的 GPIO9 端口。查看该端口的复用控制寄存器可知，该端口复用 PWM 通道为 PWM0_OUT。该端口的初始化代码如下。IoTPwmInit(0)用于初始化 PWM 的 0 通道。

```
#define PWM_IO 9

        IoTGpioInit(PWM_IO);
        IoSetFunc(PWM_IO, IOT_IO_FUNC_GPIO_9_PWM0_OUT);
        IoTGpioSetDir(PWM_IO, IOT_GPIO_DIR_OUT);
        IoTPwmInit(0);
```

PWM 输出任务 PWMTask 函数如下。

```
static void * PWMTask(const char * arg)
{
        (void)arg;
        printf("\n PWMTask is running!\n");
        while (1) {
                if (beepon){
                        IoTPwmStart(0, 50, 40000);
                        //IoTPwmStart(0, 40000000, 80000000);
                        //IoTPwmStart(0, 40000, 160000);
                        //usleep(10000000);
                }else{
                        IoTPwmStop(0);
                }

        }
        return NULL;
}
```

该函数的功能是在变量 beepon 为 TRUE 时，通过 IoTPwmStart()输出设定频率的 PWM 信号。第一个参数是通道号，第二个参数用于占空比设置，第三个参数用于设置 PWM 信号频率。输出端口需要在初始化时设定。

10.4 I²C

10.4.1 I²C 概述

I²C(Inter-Integrated Circuit)总线是由 PHILIPS 公司开发的两线式串行总线，由数据线 SDA 和时钟线 SCL 构成，数据线用来传输数据，时钟线用来同步数据收发。SDA 和 SCL 是双向的，通过一个电流源或上拉电阻连接到正电压。I²C 总线上每个器件有一个唯一的地址，同时支持多个主机和多个从机，连接到总线的接口数量由总线电容限制决定。标准模式、快速模式和高速模式下数据传输速率分别为 100kb/s、400kb/s 和 3.4Mb/s。

I²C 总线空闲状态时，SDA 和 SCL 信号同时处于高电平，此时各个器件的输出级场效管均处在截止状态，即释放总线，由两条信号线各自的上拉电阻把电平拉高。在 SCL 高电平周期内，SDA 线电平必须保持稳定，SDA 线仅可以在 SCL 为低电平时改变。

I²C 通信过程由起始、结束、发送、应答和接收五个部分构成。

起始信号和结束信号如图 10.1 所示。

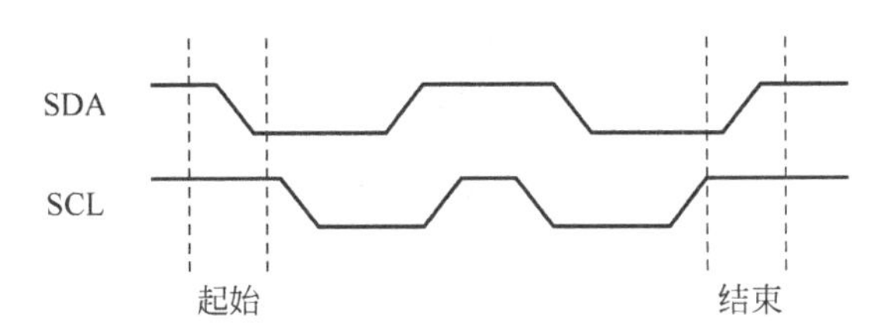

图 10.1 I²C 起始信号和结束信号

当 SCL 为高电平的时候，SDA 线上由高到低的跳变被定义为起始条件。当 SCL 为高电平的时候，SDA 线上由低到高的跳变被定义为结束条件。

每当主机向从机发送完一个字节的数据，主机总是需要从机给出一个应答信号，以确认从机是否成功接收到了数据。从机应答主机所需要的时钟仍是主机提供的，应答出现在每一次主机完成 8 个数据位传输后紧跟着的时钟周期，低电平 0 表示应答，1 表示非应答，如图 10.2 所示。

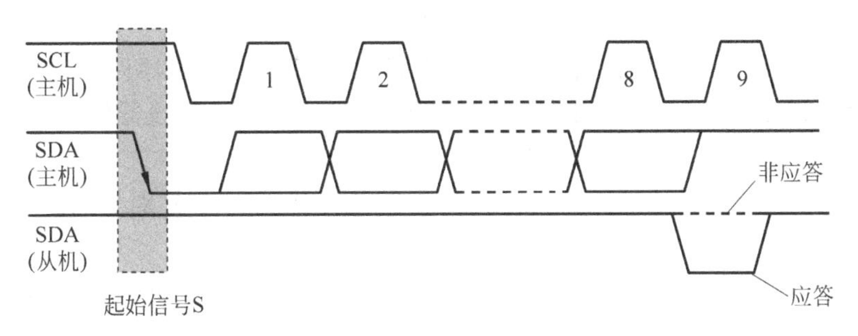

图 10.2 I²C 应答信号

I^2C 总线上传送的数据信号包括地址信号和真正的数据信号。写数据操作时序如图 10.3 所示。

图 10.3 I^2C 单字节地址写时序

写数据操作的 START 为起始信号，DEVICE ADDRESS 从机地址(7b)＋R/$\overline{W}$(0)一共 8 位，如 EEPROM 器件 AT24C64，其器件地址为 1010 加 3 位的片选信号。WORD ADDRESS 是从设备寄存器地址，DATA 是字节数据，停止信号为 STOP。

如果地址不是单字节，而是两字节，写数据操作时序如图 10.4 所示。另外，部分器件如存储器件，支持 I^2C 连续写，此处省略连续写时序。

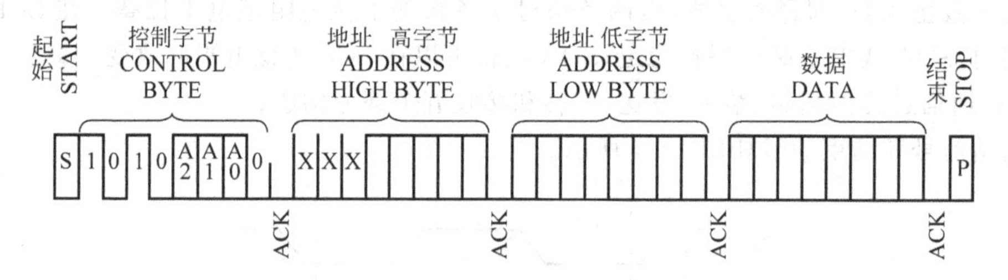

图 10.4 I^2C 两字节地址写时序

从主机角度，一次写入过程包含以下步骤。

(1) 主机设置 SDA 为输出。

(2) 主机发起 START 信号。

(3) 主机传输 DEVICEADDRESS 字节，其中最低位为 0，表明为写操作。

(4) 主机设置 SDA 为输入三态，读取从机 ACK 信号。

(5) 读取 ACK 信号成功，传输 1 字节 WORDADDRESS 数据。

(6) 主机设置 SDA 为输入三态，读取从机 ACK 信号。

(7) 对于两字节地址器件，传输地址数据低字节，对于单字节地址段器件，传输待写入的数据。

(8) 设置 SDA 为输入三态，读取从机 ACK 信号。

(9) 对于两字节地址段器件，传输待写入的数据(2 字节地址段器件可选)。

(10) 设置 SDA 为输入三态，读取从机 ACK 信号(2 字节地址段器件可选)。

(11) 主机产生 STOP 位，终止传输。

I^2C 读数据时，单字节地址操作时序和两字节地址操作时序分别如图 10.5 和图 10.6 所示。

Hi3861 芯片提供了两路 I^2C 通道，分别为 I2C0 和 I2C1。使用的 GPIO 端口如表 10.1 所示。

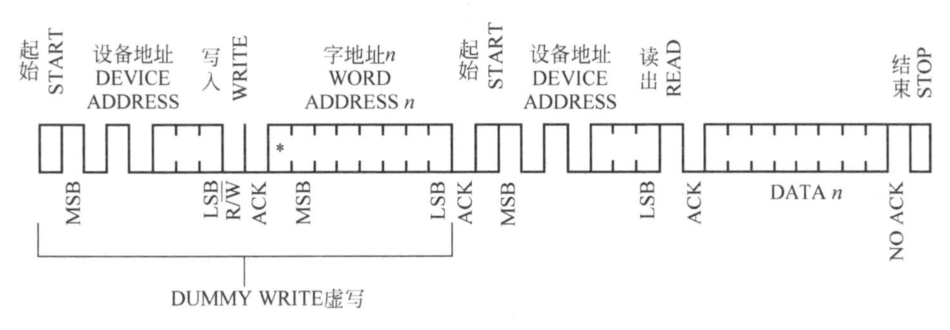

图 10.5 I²C 单字节地址读时序

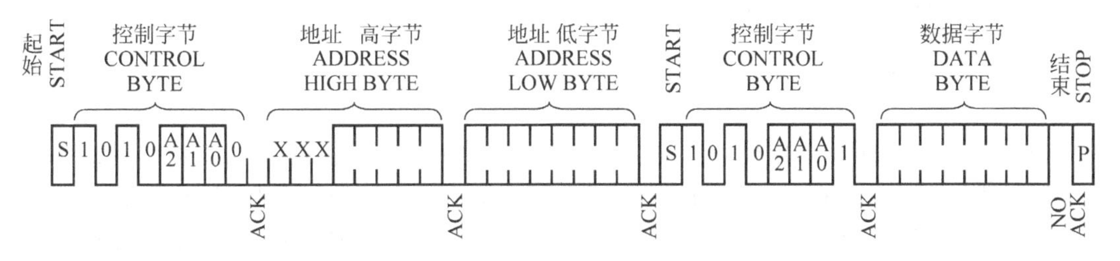

图 10.6 I²C 两字节地址读时序

表 10.1 I²C 端口

功　　能	名　　称	复 用 端 口
I2C0 时钟	I2C0_SCL	GPIO14
I2C0 数据	I2C0_SDA	GPIO13
I2C1 时钟	I2C1_SCL	GPIO01,GPIO04
I2C1 数据	I2C1_SDA	GPIO00,GPIO03

10.4.2 I²C 相关 API

OpenHarmony 3.0 LTS 中的 IoT 硬件子系统中，和 I²C 相关的代码文件为 iot_i2c.h。该头文件中有接口定义和枚举。该文件在目录 base/iot_hardware/peripheral/interfaces/kits 下。

以下为 OpenHarmony 3.0 LTS 版本中文件 iot_i2c.h 中声明的主要接口，包括初始化和读写数据接口等。

(1) I²C 初始化和波特率设置接口以及指定 I²C 通道号和波特率接口。

```
/**
 * @brief 用指定的波特率初始化 I2C 设备。
 * @param id 指明 I2C 设备 ID。
 * @param baudrate 指明 I2C 波特率。
 * @return 如果初始化了 I2C 设备,返回 IOT_SUCCESS; 否则返回 IOT_FAILURE.其他返回值的详细信
息,参考芯片说明书。
 */
unsigned int IoTI2cInit(unsigned int id, unsigned int baudrate);

unsigned int IoTI2cSetBaudrate(unsigned int id, unsigned int baudrate);
```

(2) 向指定通道 I^2C 的指定地址设备写、读数据接口。

```
/**
 * @brief 向 I2C 设备写数据。
 * @param id 指明 I2C 设备 ID。
 * @param deviceAddr 指明 I2C 设备地址。
 * @param data 指明要写的数据的指针。
 * @param dataLen 指明要写的数据长度。
 * @return 如果数据成功写入 I2C 设备,返回 IOT_SUCCESS; 否则返回 IOT_FAILURE。其他返回值的
详细信息,参考芯片说明书。
 */
unsigned int IoTI2cWrite(unsigned int id, unsigned short deviceAddr, const unsigned char *
data, unsigned int dataLen);

unsigned int IoTI2cRead(unsigned int id, unsigned short deviceAddr, unsigned char * data,
unsigned int dataLen);
```

这些接口的实现在源代码文件 hal_iot_i2c.c 中,该文件在/device/hisilicon/hispark_pegasus/ hi3861_adapter/hals/iot_hardware/wifiiot_lite 目录中。以该源码文件中的 IoTI2cWrite()为例详解。该函数实例化 hi_i2c_data 数据结构,然后调用 hi_i2c_write()。

```
unsigned int IoTI2cWrite(unsigned int id, unsigned short deviceAddr, const unsigned char *
data, unsigned int dataLen)
{
        hi_i2c_data i2cData;
        i2cData.receive_buf = NULL;
        i2cData.receive_len = 0;
        i2cData.send_buf = data;
        i2cData.send_len = dataLen;

        return hi_i2c_write((hi_i2c_idx)id, deviceAddr, &i2cData);
}
```

hi_i2c_write()在 i2c.h 和 i2c.c 文件中声明和实现,这两个文件在/device/hisilicon/hispark _pegasus/sdk_liteos/platform/drivers/i2c 目录下。在该函数的实现过程中,关键的部分由该函数中的 i2c_send_data()完成。

```
hi_u32 hi_i2c_write(hi_i2c_idx id, hi_u16 device_addr, const hi_i2c_data * i2c_data)
{
        hi_u32 ret;

        if (id > HI_I2C_IDX_1 || id < HI_I2C_IDX_0) {
              return HI_ERR_I2C_INVALID_PARAMETER;
        }

        if (id >= I2C_NUM) {
              return HI_ERR_I2C_INVALID_PARAMETER;
        }

        if (g_i2c_ctrl[id].init == HI_FALSE) {
              return HI_ERR_I2C_NOT_INIT;
```

```
    }

    if (i2c_data == HI_NULL) {
        return HI_ERR_I2C_INVALID_PARAMETER;
    }

    if (i2c_data->send_buf == HI_NULL) {
        i2c_error("null point.\n");
        return HI_ERR_I2C_INVALID_PARAMETER;
    }

    if (i2c_data->send_len == 0) {
        i2c_error("invalid send_len. \n");
        return HI_ERR_I2C_INVALID_PARAMETER;
    }

    ret = hi_sem_wait(g_i2c_drv_sem[id], HI_SYS_WAIT_FOREVER);
    if (ret != HI_ERR_SUCCESS) {
        return HI_ERR_I2C_WAIT_SEM_FAIL;
    }

    if (g_i2c_ctrl[id].prepare_func) {
        g_i2c_ctrl[id].prepare_func();
    }

    ret = i2c_send_data(id, device_addr, i2c_data);
    if (ret) {
        if (g_i2c_ctrl[id].reset_bus_func) {
            g_i2c_ctrl[id].reset_bus_func();
        }
    }

    if (g_i2c_ctrl[id].restore_func) {
        g_i2c_ctrl[id].restore_func();
    }

    hi_sem_signal(g_i2c_drv_sem[id]);

    return ret;
}
```

在 i2c_send_data()中，通过软件实现了 I^2C 协议。

```
static hi_u32 i2c_send_data(hi_i2c_idx id, hi_u16 device_addr, const hi_i2c_data * i2c_data)
{
    hi_u32 i;
    hi_u32 ret;

    //写 I2C 控制寄存器
    hi_reg_write32((i2c_base(id) + I2C_CTRL),
    (I2C_IP_ENABLE | I2C_UNMASK_ALL | I2C_UNMASK_ACK | I2C_UNMASK_ARBITRATE | I2C_UNMASK_OVER));
```

```
        /* 清除所有 I2C 中断 */
        hi_reg_write32((i2c_base(id) + I2C_ICR), I2C_CLEAR_ALL);

        i2c_set_addr(id, device_addr & WRITE_OPERATION);

        if (i2c_is_10bit_addr(device_addr) == HI_TRUE) {
                ret = i2c_10bit_send_addressing(id, device_addr);
                if (ret != HI_ERR_SUCCESS) {
                        return ret;
                }
        } else {
                /* 7b 地址 */
                i2c_set_addr(id, device_addr & WRITE_OPERATION);
                ret = i2c_start(id);
                if (ret != HI_ERR_SUCCESS) {
                        hi_reg_write32((i2c_base(id) + I2C_ICR), I2C_CLEAR_ALL);
                        return ret;
                }
        }

        //发送数据
        for (i = 0; i < (i2c_data->send_len); i++) {
                //发送 1 字节
                ret = i2c_send_byte(id, *(i2c_data->send_buf + i));
                if (ret != HI_ERR_SUCCESS) {
                        i2c_error("i2csendbyte() error ! \n");
                        hi_reg_write32((i2c_base(id) + I2C_ICR), I2C_CLEAR_ALL);
                        return ret;
                }
        }

        ret = i2c_stop(id);
        if (ret != HI_ERR_SUCCESS) {
                hi_reg_write32((i2c_base(id) + I2C_ICR), I2C_CLEAR_ALL);
                return ret;
        }

        return HI_ERR_SUCCESS;
}
```

其中，hi_reg_write32 在/device/hisilicon/hispark_pegasus/sdk_liteos/include/hi_types_base.h 中定义。

```
#define hi_reg_write32(addr, val) (*(volatile unsigned int *)(uintptr_t)(addr) = (val))
```

10.4.3 I²C 温湿度传感器

WiFi IoT 套件的环境监测板上，配备了温湿度传感器芯片 AHT20，该芯片采用标准的

I^2C协议进行通信。首先要配置I^2C接口，然后按照该芯片手册中的使用流程发送命令和读取数据。芯片的命令和操作流程参考9.3节。

配置I^2C接口的函数IoTI2cInit()在头文件iot_i2c.h中声明，根据环境监测板上芯片的电路连接原理图，芯片连接到了Hi3861的两个I^2C通道的0通道，芯片波特率设为400kb/s。I^2C初始化之前，必须先初始化相关的GPIO端口，此处是GPIO13和GPIO14。

(1) 初始化GPIO13。

(2) 设置GPIO13复用功能为I2C0_SDA。

(3) 初始化GPIO14。

(4) 设置GPIO14复用功能为I2C0_SCL。

(5) 设置I^2C通道0传输速率。

相关代码如下。

```
#include "iot_gpio.h"
#include "iot_gpio_ex.h"
#include "iot_i2c.h"

#define BAUDRATE_INIT          (400000)       //I2C 波特率
#define IotI2cIdx              0              //I2C 通道 0

IoTGpioInit(13);                              //初始化 GPIO13
IoSetFunc(13, 6);                             //设置 GPIO13 功能为 I2C0_SDA
IoTGpioInit(14);                              //初始化 GPIO14
IoSetFunc(14, 6);                             //初始化 GPIO14 功能为 I2C0_SCL

IoTI2cInit(IotI2cIdx, BAUDRATE_INIT);
```

分别通过以下函数对I^2C设备AHT进行读写，函数主要参数为数据结构IotI2cData。

```
typedef struct {
        /* 发送数据缓冲区指针 */
        unsigned char * sendBuf;
        /* 发送数据长度 */
        unsigned int sendLen;
        /* 接收数据缓冲区指针 */
        unsigned char * receiveBuf;
        /* 接收数据长度 */
        unsigned int receiveLen;
} IotI2cData;
```

读数据函数AHT_Read()对IoTI2cRead()进一步进行了封装，其中指定了AHT设备的I^2C通道号和AHT的读取操作地址。AHT的读取地址由7b的AHT设备地址0x38和读标志0x01组成，长度为1B，其通过define定义。AHT的写地址由7b的AHT设备地址0x38和读标志0x00组成，长度为1B，也其通过define定义。

```
#define AHT_DEVICE_ADDR        (0x38)            //7b 设备地址
#define AHT_READ_ADDR          (0x38 << 1)|0x1   //读设备地址,7b 设备地址左移一位 + 1
#define AHT_WRITE_ADDR         (0x38 << 1)|0x0   //写设备地址,7b 设备地址左移一位 + 0
```

AHT 设备读取数据函数到 buffer,AHT_Read()的实现如下,其中,IOT_SUCCESS 的值在头文件 iot_errno.h 中定义,值为 0。AHT 返回设备状态或者测量结果时,程序通过该函数读取这些数据。

```
#include "iot_i2c.h"
#include "iot_errno.h"

static uint32_t AHT_Read ( uint8_t * buffer, uint32_t bufflen)
{
        IotI2cData data = {0};
        data.receiveBuf = buffer;
        data.receiveLen = bufflen;
        uint32_t ret = IoTI2cRead(IotI2cIdx, AHT_READ_ADDR, &data, sizeof(data));
        if (ret != IOT_SUCCESS){
              printf("IoTI2cRead() failed, %0X!\n", ret);
              return ret;
        }
        return IOT_SUCCESS;
}
```

AHT 设备写数据函数到 buffer,AHT_Write()的实现如下。向 AHT 发送命令时,通过该函数完成。注意 AHT 的常用命令的格式各有不同。

```
static uint32_t AHT_Write ( uint8_t * buffer, uint32_t bufflen)
{
        IotI2cData data = {0};
        data.sendBuf = buffer;
        data.sendLen = bufflen;
        uint32_t ret = IoTI2cWrite(IotI2cIdx, AHT_WRITE_ADDR, &data, sizeof(data));
        if (ret != IOT_SUCCESS){
              printf("IoTI2cWrite(%02X) failed, %0X!\n", buffer[0], ret);
              return ret;
        }
        return IOT_SUCCESS;
}
```

通过对 AHT_Write()进一步封装,可以得到 AHT 的操作命令函数。分别为初始化校准命令、触发测量命令、软复位命令和获取状态命令。

初始化校准命令字为 0xBE0800,从 I^2C 端口发送给 AHT。

```
#define AHT_CMD_CALIBRATION       (0xBE)   //初始化命令字
#define AHT_CMD_CALIBRATION_0     (0x08)   //初始化命令参数 1
#define AHT_CMD_CALIBRATION_1     (0x00)   //初始化命令参数 2

static uint32_t AHT_CalibrateCommand(void)
{
        uint8_t calibrateCmd[] = {AHT_CMD_CALIBRATION,
              AHT_CMD_CALIBRATION_0,AHT_CMD_CALIBRATION_1};
        return AHT_Write(calibrateCmd, sizeof(calibrateCmd));
}
```

触发测量命令字为0xAC3300,从I^2C端口发送给AHT。

```
#define AHT_CMD_TRIGGER              (0xAC)   //测量命令字
#define AHT_CMD_TRIGGER_0            (0x33)   //测量命令字参数1
#define AHT_CMD_TRIGGER_1            (0x00)   //测量命令字参数2

static uint32_t AHT_StartMeasure(void)
{
        uint8_t MeaCmd[] = {AHT_CMD_TRIGGER,
               AHT_CMD_TRIGGER_0, AHT_CMD_TRIGGER_1};
        return AHT_Write(MeaCmd, sizeof(MeaCmd));
}
```

软复位命令字为0xAC3300,从I^2C端口发送给AHT。

```
#define AHT_CMD_RESET                (0xBA)   //软复位命令字

static uint32_t AHT_ResetCommand(void)
{
        uint8_t resetCmd[] = {AHT_CMD_RESET};
        return AHT_Write(resetCmd, sizeof(resetCmd));
}
```

获取状态命令字为0x71,从I^2C端口发送给AHT。

```
#define AHT_CMD_GETSTATUS            (0x71)   //获取状态命令字

static uint32_t AHT_StatusCommand(void)
{
        uint8_t statusCmd[] = {AHT_CMD_GETSTATUS};
        return AHT_Write(statusCmd, sizeof(statusCmd));
}
```

AHT数据读取在发送获取状态命令字0x71之后进行。发出0x71之后,读取到的第一个字节是状态字,各位含义参考图9.11。根据校准使能位bit[3]判断是否已经校准,根据忙闲指示位bit[7]判断是否测量完成。根据芯片手册介绍,一次测量需要80ms。

```
#define AHT_TIME_STARTUP             40 * 1000    //40ms
#define AHT_TIME_CALIBRATION         (10 * 1000) //10ms
#define AHT_TIME_MEASURE             (80 * 1000) //80ms

#define AHT_REG_ARRAY_LEN_INIT       1 //0x71 获取状态后的状态字节

#define AHT_STATUS_BUSY_SHIFT        7 //bit[7]为忙闲指示位
#define AHT_STATUS_BUSY_MASK         (0x1 << AHT_STATUS_BUSY_SHIFT)//0b1000'0000
#define AHT_STATUS_BUSY(status)      ((status & AHT_STATUS_BUSY_MASK) >> AHT_STATUS_BUSY_SHIFT)

#define AHT_STATUS_CALI_SHIFT        3 //bit[3]为校准指示位
#define AHT_STATUS_CALI_MASK         (0x1 << AHT_STATUS_CALI_SHIFT)//0b0000'1000
#define AHT_STATUS_CALI(status)      ((status & AHT_STATUS_CALI_MASK)>> AHT_STATUS_CALI_SHIFT)

uint32_t AHT_Calibrate(void)
```

```
{
        uint32_t ret = 0;
        uint8_t buffer[AHT_REG_ARRAY_LEN_INIT] = {AHT_CMD_GETSTATUS};
        memset(&buffer, 0x0, sizeof(buffer));

        ret = AHT_StatusCommand();
        if (ret != IOT_SUCCESS)
        return ret;

        ret = AHT_Read(buffer, sizeof(buffer));
        if (ret != IOT_SUCCESS)
        return ret;

        if (AHT_STATUS_BUSY(buffer[0]) || !AHT_STATUS_CALI(buffer[0])) {
              ret = AHT_ResetCommand();
              if (ret != IOT_SUCCESS)
              return ret;
              usleep(AHT_TIME_STARTUP);
              ret = AHT_CalibrateCommand();
              usleep(AHT_TIME_CALIBRATION);
              return ret;
        }
        return IOT_SUCCESS;
}
```

接收测量结果，并将结果拼接为湿度值和温度值。湿度值数据格式和温度值数据格式参考图9.13。拼接时采用移位方法。

```
#define AHT_REG_ARRAY_LEN          (6)        //AHT 返回 6B
#define AHT_RETRY_MAXTIME          3          //最多重试次数

uint32_t AHT_ObtainRlt(float * tempVal, float * humiVal)
{
        uint32_t ret = 0;
        uint32_t i = 0;
        if (tempVal == NULL || humiVal == NULL){
              return IOT_FAILURE;
        }

        uint8_t buffer[AHT_REG_ARRAY_LEN] = {0};
        memset(&buffer, 0x0, sizeof(buffer));

        ret = AHT_Read(buffer,sizeof(buffer));
        if(ret!= IOT_SUCCESS){
              return ret;
        }

        for(i = 0; AHT_STATUS_BUSY(buffer[0]) && i < AHT_RETRY_MAXTIME; i++){
              usleep(AHT_TIME_MEASURE);
              ret = AHT_Read(buffer, sizeof(buffer));
              if(ret != IOT_SUCCESS){
```

```
                return ret;
            }
        }

        if( i >= AHT_RETRY_MAXTIME){
            printf("AHT always busy! \r\n");
            return IOT_FAILURE;
        }

        //两个半字节,即 buffer[1]、buffer[2]、buffer[3][7:4]拼接为 20b 的湿度值
        uint32_t humiOringi = buffer[1];
        humiOringi = (humiOringi << 8) | buffer[2];
        humiOringi = (humiOringi << 4) | ((buffer[3] &0xf0)>> 4);

        * humiVal = humiOringi/pow(2,20) * 100;        //转换为相对湿度

        //两个半字节,即 buffer[3][3:0]、buffer[4]、buffer[5]拼接为 20b 的温度值
        uint32_t tempOringi = buffer[3]&0x0f;
        tempOringi = (tempOringi << 8) | buffer[4];
        tempOringi = (tempOringi << 8) | buffer[5];

        * tempVal = tempOringi/pow(2,20) * 200 - 50;   //转换为摄氏温度

        return IOT_SUCCESS;
}
```

使用 AHT 进行测量的流程如下。

(1) 初始化 AHT。

(2) 开始测量。

(3) 获取并打印结果。

完整的任务函数如下。最后需要任务入口函数 StartAhtTaskEntry(void),在其中完成注册线程,指定堆栈大小等操作。

```
static void TempHumiTask(void * arg)
{
        (void) arg;
        uint32_t ret = 0;
        float humirslt = 0.0f;
        float temprslt = 0.0f;


        while( AHT_Calibrate()!= IOT_SUCCESS){
            printf("AHT sensor init failed! \r\n");
            usleep(1000);
        }

        while(1){
            ret = AHT_StartMeasure();
            if (ret != IOT_SUCCESS){
                printf("TAHT trigger measure failed! \r\n");
```

```
            }
            ret = AHT_ObtainRlt(&temprslt, &humirslt);
            if(ret != IOT_SUCCESS){
                    printf ("Failed to obtain result!\r\n");
            }
            printf("temprature: %.2f",temprslt);
            printf("humidity: %.2f",humirslt);
            sleep(1);
        }
}
```

视频讲解

10.5 WiFi

10.5.1 WiFi 概述

WiFi 英文全称为 Wireless Fidelity，即无线保真技术，是一种可以将计算机或手机等终端设备以无线方式互相连接的技术。在无线局域网的范畴是指“无线相容性认证”，实质上是一种商业认证，同时也是一种无线联网的技术。

WiFi 的主要术语有接入点、工作站和服务集标识等。

接入点(Access Point，AP)是无线网络中的特殊节点，通过这个节点，无线网络中的其他类型节点可以和无线网络外部以及内部进行通信。

工作站(Station)表示通过 AP 连接到无线网络中的设备，这些设备可以和内部其他设备或者无线网络外部通信。

关联(Assosiate)指如果一个 Station 想要加入到无线网络中，需要和这个无线网络中的 AP 关联。

服务集标识(Service Set IDentifier，SSID)用来标识一个无线网络，可以将一个无线局域网分为几个需要不同身份验证的子网络，每一个子网络都需要独立的身份验证，只有通过身份验证的用户才可以进入相应的子网络，防止未被授权的用户进入本网络。

基本服务集标志符(BSSID)用来标识一个 BSS，其格式和 MAC 地址一样，是 48 位的地址格式。一般来说，它就是所处的无线接入点的 MAC 地址。

基本服务集(Basic Service Set，BSS)由一组相互通信的工作站组成。主要有两种：独立的基本服务组合称为 IBSS(Independent BSS)，或者 ad hoc BSS，以及基础型基本服务组合 infrastructure BSS。

接收信号强度(Received Signal Strength Indication，RSSI)是指通过 STA 扫描到 AP 站点的信号强度。

连接 WiFi 过程包含三个过程：扫描网络(scanning)、认证过程(authentication)和关联过程(association)。

(1) 扫描网络阶段，station 通过主动扫描和被动扫描两种方式获取无线网络信息。主动扫描时，station 定期发送 Probe Request 帧。如果扫描指定 SSID，如果有就该 AP 返回 Probe Response。如果扫描时发送广播 Probe Request，station 会定期在其支持的信道列表中,发送 Probe Request 扫描网络,AP 会回复 Probe Response,station 就会显示所有的 SSID 信息。被动扫描时,AP 每隔一段时间发送 Beacon 信标帧,提供 AP 和 BSS 相关信息,station 会接收,显示可以加入的网络。

(2) 认证过程可以通过 AP 和 station 配置相同的共享密钥的共享密钥认证进行,也可以开放系统认证进行。

(3) 关联过程中,station 将速率、支持的信道,支持 QoS 的能力,以及选择的认证和加密算法,发送给 AP,AP 认证通过后返回一个唯一识别码,告诉 station 认证成功。

10.5.2 station 模式 API

OpenHarmony 中,station 模式的 API 如下。

(1) 注册 WiFi 事件的回调函数的函数 RegisterWifiEvent()和取消注册 WiFi 事件的回调函数的函数 UnRegisterWifiEvent()。

```
/**
 * @brief 为指定 WiFi 事件注册回调函数
 *
 * 当 {@link WifiEvent} 中定义的 WiFi 事件发生时,将调用注册的回调函数
 *
 * @param event 指明要为其注册回调的事件
 * @return 如果回调函数注册成功,返回{@link WIFI_SUCCESS}; 否则返回{@link WifiErrorCode}
中定义的错误代码
 */
WifiErrorCode RegisterWifiEvent(WifiEvent * event);

WifiErrorCode UnRegisterWifiEvent(const WifiEvent * event);
```

当 WiFi 事件发生时,注册的回调函数将会被调用。其中的事件在结构体 WifiEvent 中。该函数在 wifi_device. h 中声明。如果需要监控 WiFi 相关事件,该函数需要在 WiFi 使用前写好。

该函数返回的为枚举 WifiErrorCode,如下。其在 wifi_error_code. h 中定义,有 10 种错误。

```
typedef enum {
        /* 无错误 */
        WIFI_SUCCESS = 0,
        /* 无效参数 */
        ERROR_WIFI_INVALID_ARGS = -1,
        /* 无效芯片 */
        ERROR_WIFI_CHIP_INVALID = -2,
        /* 无效 WiFi 接口 */
        ERROR_WIFI_IFACE_INVALID = -3,
        /* 无效 RTT controller */
        ERROR_WIFI_RTT_CONTROLLER_INVALID = -4,
        /* 当前版本或设备不支持 WiFi */
        ERROR_WIFI_NOT_SUPPORTED = -5,
```

```
        /* WiFi 不可用 */
        ERROR_WIFI_NOT_AVAILABLE = -6,
        /* WiFi 没有初始化或启动 */
        ERROR_WIFI_NOT_STARTED = -7,
        /* 系统忙 */
        ERROR_WIFI_BUSY = -8,
        /* WiFi 无效口令 */
        ERROR_WIFI_INVALID_PASSWORD = -9,
        /* 未知错误 */
        ERROR_WIFI_UNKNOWN = -128
} WifiErrorCode;
```

结构体 WifiEvent 在 wifi_event. h 中定义，这里定义了 5 个事件，分别是连接状态改变事件、扫描状态改变、热点状态改变、Station 已连接和 Station 断开连接。

```
/*
 * @brief 表示指向无线站点和热点的连接、断开或扫描的 WiFi 事件回调函数的指针
 **
 * 如果不需要回调，就将其指针的值设置为 NULL
 */
typedef struct {
        /* 连接状态更改 */
        void (*OnWifiConnectionChanged)(int state, WifiLinkedInfo *info);
        /* 扫描状态更改 */
        void (*OnWifiScanStateChanged)(int state, int size);
        /* 热点状态更改 */
        void (*OnHotspotStateChanged)(int state);
        /* 站点已连接 */
        void (*OnHotspotStaJoin)(StationInfo *info);
        /* 站点断开连接 */
        void (*OnHotspotStaLeave)(StationInfo *info);
} WifiEvent;
```

(2) 打开 WiFi 的 station 模式函数 EnableWifi()，和此函数功能相对应的函数是禁用设备的 station 模式函数 DisableWifi()。

```
/**
 * @brief 启用 station 模式
 *
 * @return 如果启用了 station 模式，则返回 {@link WIFI_SUCCESS}；否则返回{@link WiFi Error
Code}中定义的错误代码
 * @since 7
 */
WifiErrorCode EnableWifi(void);

WifiErrorCode DisableWifi(void);
```

该函数用于开启设备的 WiFi 功能，是一切后续操作的基础。

(3) 函数 AddDeviceConfig()用于增加设备的 WiFi 配置，RemoveDevice()用于删除一个热点设置。

```
/**
 * @brief 增加用于连接到热点的指定热点配置
 *
 * 该函数产生 <b>networkId</b>. \n
 *
 * @param config 表示要添加的热点配置
 * @param result 表示产生的 <b>networkId</b>。每个<b>networkId</b> 匹配一个热点
配置
 * @return 如果增加了指定的热点配置,则返回 {@link WIFI_SUCCESS} ; 否则返回 {@link
WifiErrorCode} 中定义的错误代码
 */
WifiErrorCode AddDeviceConfig(const WifiDeviceConfig *config, int *result);

/*
 * @brief 删除与指定的 <b>networkId</b>匹配的热点配置
 *
 * @param networkId 表示与要删除的热点配置相匹配的 <b>networkId</b>
 * @return 如果热点配置被删除,则返回 {@link WIFI_SUCCESS} ; 否则返回 {@link
WifiErrorCode} 中定义的错误代码
 * @since 7
 */
WifiErrorCode RemoveDevice(int networkId);
```

函数 AddDeviceConfig()用于增加设备的 WiFi 配置，并且给设备分配一个 networkId。设备通过结构体 WifiDeviceConfig 指定。设备有最大数量限制，由 # define WIFI_MAX_CONFIG_SIZE 10 定义。

结构体 WifiDeviceConfig 中包含 SSID、BSSID 等信息。其中的 WifiSecurityType 是一个枚举类型，包含开放型 WIFI_SEC_TYPE_OPEN、WEP 加密 WIFI_SEC_TYPE_WEP、PSK 加密 WIFI_SEC_TYPE_PSK、SAE 加密 WIFI_SEC_TYPE_SAE，值分别为 0、1、2、3。

```
/**
 * @brief 表示用于连接到指定 WiFi 设备的 WiFi 站配置
 */
typedef struct WifiDeviceConfig {
        /* 服务集 ID (SSID)。其长度参见 {@link WIFI_MAX_SSID_LEN} */
        char ssid[WIFI_MAX_SSID_LEN];
        /* 基本服务集 ID (BSSID)。其长度参见 {@link WIFI_MAC_LEN} */
        unsigned char bssid[WIFI_MAC_LEN];
        /* 密码。其长度参见 {@link WIFI_MAX_KEY_LEN} */
        char preSharedKey[WIFI_MAX_KEY_LEN];
        /* 安全类型。其定义在 {@link WifiSecurityType} */
        int securityType;
        /* 已分配的 <b>networkId</b> */
        int netId;
        /* 频率 */
        unsigned int freq;
        /* PSK 类型,参见 {@link WifiPskType} */
        int wapiPskType;
        /* IP 地址类型 */
        IpType ipType;
```

```
    /* 静态 IP 地址 */
    IpConfig staticIp;
    /* 1 表示隐藏 SSID */
    int isHiddenSsid;
} WifiDeviceConfig;
```

(4) 连接函数 ConnectTo()。

```
/*
 * @brief 连接到与指定的 <b> networkId </b>匹配的热点
 *
 * 在调用此函数之前,调用 {@link AddDeviceConfig} 添加热点配置 \n
 *
 * @param networkId 表示与目标热点匹配的 <b> networkId </b>
 * @return 如果热点已连接,则返回 {@link WIFI_SUCCESS}; 否则返回 {@link WifiErrorCode} 中定义的错误代码
 */
WifiErrorCode ConnectTo(int networkId);
```

函数 ConnectTo()用于连接一个指定的网络,networkId 是 WifiDeviceConfig 类型的全局数组的索引。WiFi 连接成功后,需要启动 DHCP 服务,动态获取 IP 地址之后,才能接入外部网络。HarmonyOS 中使用 LwIP 网络协议。该协议中和 DHCP 相关的函数在 netifapi.h 中声明。

(5) netifapi_netif_find()用于查找网络接口,成功则返回网络接口的结构体。

```
/*
 * @ingroup Threadsafe_Network_Interfaces
 * @brief
 * 这个线程安全的接口在寻找接口时被调用
 */
struct netif *netifapi_netif_find(const char *name);
```

(6) 设置网络中主机名,使用 netifapi_set_hostname()函数。

```
/**
 * @ingroup Threadsafe_DHCP_Interfaces
 * @brief
 * 该 API 用于设置 netif 的主机名,该主机名在 DHCP 消息中使用。主机名字符串长度应小于 NETIF_HOSTNAME_MAX_LEN,否则主机名将被截断为 (NETIF_HOSTNAME_MAX_LEN - 1)
 *
 * @param[in]  netif  表示 lwIP 网络接口
 * @param[in]  hostname 将使用的主机名
 * @param[in]  namelen 主机名字符串长度应该在 0~NETIF_HOSTNAME_MAX_LEN - 1 区间内
 *
 * @return
 * ERR_OK: 成功时 \n
 * ERR_ARG: 传递无效参数时 \n
 *
 */
err_t netifapi_set_hostname(struct netif *netif, char *hostname, u8_t namelen);
```

(7) WiFi 设备 station 模式启动 DHCP 函数 netifapi_dhcp_start(),获取 IP 地址。netifapi_dhcp_stop()移除 DHCP。

```
/** @ingroup Threadsafe_DHCP_Interfaces
 * @brief
 * 该接口用于启动网络接口的 DHCP 协商。如果没有 DHCP 客户端实例连接到此接口,将首先创建一个新的客户端。如果 DHCP 客户端实例已经存在,它将重新开始协商。这是在用户空间调用 dhcp_start 的线程安全方式
 * */
err_t netifapi_dhcp_start(struct netif *netif);

err_t netifapi_dhcp_stop(struct netif *netif);
```

(8) 通过 GetSignalLevel()函数获取信号强度。

```
/*
 * @brief 获取指定接收信号强度指示器(RSSI)和频带的信号电平
 * 根据信号电平,可以显示由信号条数量表示的信号强度 \n
 *
 * @param rssi 表示 RSSI
 * @param band 表示频带, {@link HOTSPOT_BAND_TYPE_5G} 或 {@link HOTSPOT_BAND_TYPE_2G}
 * @return 如果获得信号电平,则返回信号电平; 否则返回 <b>-1</b>
 */
int GetSignalLevel(int rssi, int band);
```

10.5.3 AP 模式 API

AP 模式下,相关的 API 包括启动接入点等函数在文件 wifi_hotspoc.h 中。

```
//启动接入点
WifiErrorCode EnableHotspot(void);
//停止接入点
WifiErrorCode DisableHotspot(void);
//配置接入点
WifiErrorCode SetHotspotConfig(const HotspotConfig *config);
//获得接入点配置
WifiErrorCode GetHotspotConfig(HotspotConfig *result);
int IsHotspotActive(void);
//获得连接到接入点的 station 列表
WifiErrorCode GetStationList(StationInfo *result, unsigned int *size);
//取消 station 的关联
WifiErrorCode DisassociateSta(unsigned char *mac, int macLen);
```

10.5.4 WiFi 应用

把 Hi3861 作为 station,通过 WiFi 建立和接入点的无线连接,是物联网应用中常见的场景。建立连接主要的步骤如下,取消连接的步骤大致相反。

(1) 编写 WiFi 事件发生时的回调函数。

(2) 注册 WiFi 事件 RegisterWifiEvent()。

(3) 打开 WiFi 设备 EnableWifi()。

(4) 添加接入点设备 AddDeviceConfig()。

(5) 连接到接入点 ConnectTo()。

(6) 发现网络接口 netifapi_netif_find()。

(7) 设置主机名 netifapi_set_hostname()。

(8) 开启 DPCP 服务 netifapi_dhcp_start()。

视频讲解

10.6 MQTT

10.6.1 MQTT 协议

MQTT 是机器对机器(Machine to Machine,M2M)/物联网(IoT)连接协议,是一个极其轻量级的发布/订阅消息传输协议。对于需要较小代码占用空间和/或网络带宽非常宝贵的远程连接非常有用,是专为受限设备和低带宽、高延迟或不可靠的网络而设计的协议。该协议成为 M2M 或 IoT 的理想选择。例如,通过卫星链路与代理通信的传感器、与医疗服务提供者的拨号连接,以及一系列家庭自动化和小型设备场景中使用了该协议。在移动应用中,因为 MQTT 体积小,功耗低,数据包最小,并且可以有效地将信息分配给一个或多个接收器,也有广泛应用。

MQTT 协议具有以下主要的几项特性。

(1) 使用发布/订阅消息模式,提供一对多的消息发布,解除应用程序耦合。

(2) 对负载内容屏蔽的消息传输。

(3) 使用 TCP/IP 提供网络连接。

(4) 三种消息发布服务质量。

“至多一次”:消息发布完全依赖底层 TCP/IP 网络。会发生消息丢失或重复。这一级别可用于如下情况,环境传感器数据,丢失一次读记录无所谓,因为不久后还会有第二次发送。这一种方式主要普通 App 的推送,倘若智能设备在消息推送时未联网,推送过去没收到,再次联网也就收不到了。

“至少一次”:确保消息到达,但消息重复可能会发生。

“只有一次”:确保消息到达一次。在一些要求比较严格的计费系统中,可以使用此级别。在计费系统中,消息重复或丢失会导致不正确的结果。这种最高质量的消息发布服务还可以用于即时通信类的 App 的推送,确保用户收到且只会收到一次。

(5) 小型传输,开销很小(固定长度的头部是 2B),协议交换最小化,以降低网络流量。

(6) 使用 Last Will 和 Testament 特性通知有关各方客户端异常中断的机制。Last Will 即遗言,用于通知同一主题下的其他设备发送遗言的设备已经断开了连接。Testament 遗嘱机制,功能类似于 Last Will。

MQTT 中的术语如下。

(1) 网络连接指由底层传输协议提供给 MQTT 使用的架构。网络连接的底层传输协议能够连通客户端和服务端并能提供有序的、可靠的、双向字节流。

(2) 应用消息指通过 MQTT 在网络中传输的应用程序数据。当应用消息通过 MQTT 传输的时候会附加上质量服务(QoS)和话题名称。

(3) 客户端指使用 MQTT 的程序或设备。客户端总是去连接服务端。它可以发布其他客户端可能会感兴趣的应用消息、订阅自己感兴趣的应用消息、退订应用消息以及从服务端断开连接。

(4) 服务端是订阅或发布应用消息的客户端之间的中间人。一个服务端接受客户端的网络连接、接受客户端发布的应用消息、处理客户端订阅和退订的请求、转发匹配客户端订阅的应用消息。

(5) 订阅,一个订阅由一个话题过滤器和一个最大的 QoS 组成。一个订阅只能关联一个会话。一个会话可以包含多个订阅。每个订阅都有不同的话题过滤器。

(6) 话题名称指附着于应用消息的标签,服务端用它来匹配订阅。服务端给每个匹配到的客户端发送一份应用信息的复制。

(7) 话题过滤器包含在订阅里的一个表达式中,来表示一个或多个感兴趣的话题。话题过滤器可以包含通配符。

(8) 会话是一个有状态的客户端和服务端的交互。有些会话的存续依赖于网络连接,而其他则可以跨越一个客户端和服务端之间的多个连续的网络连接。

(9) MQTT 控制包是通过网络连接发送的包含一定信息的数据包。MQTT 规范定义了 14 个不同类型的控制包,其中一个(PUBLISH 包)用来传输应用信息。

实现 MQTT 协议需要客户端和服务器端通信完成。在通信过程中,MQTT 协议中有三种身份:发布者(publish)、代理(broker)(服务器)、订阅者(subscribe)。其中,消息的发布者和订阅者都是客户端,消息代理是服务器,消息发布者可以同时是订阅者。

MQTT 传输的消息分为主题(topic)和负载(payload)两部分。topic,可以理解为消息的类型,订阅者订阅(subscribe)后,就会收到该主题的消息内容(payload)。payload,可以理解为消息的内容,是指订阅者具体要使用的内容。

MQTT 控制包结构包含三部分:固定包头,存在于所有 MQTT 控制包;可变包头,存在于某些 MQTT 控制包;载荷,存在于某些 MQTT 控制包。

固定包头格式如图 10.7 所示。

bit	7	6	5	4	3	2	1	0
Byte 1	MQTT控制报文的类型				用于指定控制报文类型的标志位			
Byte 2…	剩余长度							

图 10.7 MQTT 固定包头格式

控制报文的类型在第 1 个字节高 4 位。MQTT 定义了 0～15 的 16 种控制报文的类型,如图 10.8 所示。

控制报文类型的标志在固定报头第 1 个字节的低 4 位。任何标记为 Reserved 的标志位,都是保留给以后使用的,必须设置为图 10.9 中列出的值。如果收到非法的标志,接收者必须关闭网络连接。

该图中,DUP2 为重复发送 PUBLISH 控制包,QoS2 为 PUBLISH 质量服务,

Name 包名	Value 值	Direction of flow 流向	Description 描述
Reserved	0	Forbidden 禁用	Reserved 保留
CONNECT	1	Client to Server 客户端到服务器	Client request to connect to Server 客户端请求连接到服务器
CONNACK	2	Server to Client 服务器到客户端	Connect acknowledgment 连接确认
PUBLISH	3	Client to Server or Server to Client	Publish message 发布消息
PUBACK	4	Client to Server or Server to Client	Publish acknowledgment 发布确认
PUBREC	5	Client to Server or Server to Client	Publish received (assured delivery part 1) 发布已收(有保证投递1)
PUBREL	6	Client to Server or Server to Client	Publish release (assured delivery part 2) 发布释放(有保证投递2)
PUBCOMP	7	Client to Server or Server to Client	Publish complete (assured delivery part 3) 发布完成(有保证投递3)
SUBSCRIBE	8	Client to Server 客户端到服务器	Client subscribe request 客户端订阅请求
SUBACK	9	Server to Client 服务器到客户端	Subscribe acknowledgment 订阅确认
UNSUBSCRIBE	10	Client to Server 客户端到服务器	Unsubscribe request 退订请求
UNSUBACK	11	Server to Client 服务器到客户端	Unsubscribe acknowledgment 退订确认
PINGREQ	12	Client to Server 客户端到服务器	PING request PING请求
PINGRESP	13	Server to Client 服务器到客户端	PING response PING响应
DISCONNECT	14	Client to Server 客户端到服务器	Client is disconnecting 客户端断开连接
Reserved	15	Forbidden 禁用	Reserved 保留

图 10.8 MQTT 控制报文的类型

Control Package 控制包	Fixed header flags 固定头标识	bit3	bit2	bit1	bit0
CONNECT	Reserved 保留	0	0	0	0
CONNACK	Reserved 保留	0	0	0	0
PUBLISH	应用在 MQTT 3.1.1	DUP1	QoS2	QoS2	RETAIN3
PUBACK	Reserved 保留	0	0	0	0
PUBREC	Reserved 保留	0	0	0	0
PUBREL	Reserved 保留	0	0	1	0
PUBCOMP	Reserved 保留	0	0	0	0
SUBSCRIBE	Reserved 保留	0	0	1	0
SUBACK	Reserved 保留	0	0	0	0
UNSUBSCRIBE	Reserved 保留	0	0	1	0
UNSUBACK	Reserved 保留	0	0	0	0
PINGREQ	Reserved 保留	0	0	0	0
PINGRESP	Reserved 保留	0	0	0	0
DISCONNECT	Reserved 保留	0	0	0	0

图 10.9 MQTT 控制报文类型的标志

RETAIN3 为 PUBLISH 保留标识。

剩余长度位置从第二个字节开始。剩余长度是指当前包中的剩余字节,包括可变包头的数据以及载荷。剩余长度不包含用来编码剩余长度的字节。

剩余长度使用了一种可变长度的结构来编码,这种结构使用单一字节表示 0～127 的值。大于 127 的值如下处理。每个字节的低 7 位用来编码数据,最高位用来表示是否还有后续字节。因此每个字节可以编码 128 个值,再加上一个标识位。剩余长度最多可以用四个字节来表示。

某些类型的 MQTT 控制包包含一个可变包头结构。位于固定包头和载荷之间。可变包头的内容取决于包的类型。可变包头中的包标识符字段在大多类型的包中比较常见。

很多类型的控制包的可变包头结构都包含 2 字节的唯一标识字段。这些控制包是 PUBLISH(QoS > 0)、PUBACK、PUBREC、PUBREL、PUBCOMP、SUBSCRIBE、SUBACK、UNSUBSCRIBE 和 UNSUBACK。

SUBSCRIBE、UNSUBSCRIBE 和 PUBLISH(QoS > 0 的时候)控制包必须包含非零的唯一标识。每次客户端发送上述控制包的时候,必须分配一个未使用过的唯一标识。如果一个客户端重新发送一个特别的控制包,必须使用相同的唯一标识符。唯一标识会在客户端收到相应的确认包之后变为可用。例如,PUBLIST 在 QoS1 的时候对应 PUBACK,在 QoS2 时对应 PUBCOMP。对于 SUBSCRIBE 和 UNSUBSCRIBE 对应 SUBACK 和 UNSUBACK。服务端发送 QoS>0 的 PUBLISH 时,同样如此。

QoS为0的PUBLISH包不允许包含唯一标识。

PUBACK、PUBREC和PUBREL包的唯一标识必须和对应的PUBLISH相同。同样的SUBACK和UNSUBACK的唯一标识必须与对应的SUBSCRIBE和UNSUBSCRIBE包相同。

MQTT控制包所需的标识符如表10.2所示。

表10.2　MQTT控制包所需的标识符

控　制　包	包标识字段	控　制　包	包标识字段
CONNECT	NO	SUBSCRIBE	YES
CONNACK	NO	SUBACK	YES
PUBLISH	YES (QoS＞0)	UNSUBSCRIBE	YES
PUBACK	YES	UNSUBACK	YES
PUBREC	YES	PINGREQ	NO
PUBREL	YES	PINGRESP	NO
PUBCOMP	YES	DISCONNECT	NO

一些MQTT控制包的最后一部分包含载荷,有的不包含。

10.6.2　MQTT典型控制包

MQTT报文可以分为三类,即和连接相关的报文、和订阅相关的报文,以及和消息相关的报文。

1. CONNECT包结构

下面以客户端请求连接服务器的CONNECT包为例详述CONNECT包的结构。

客户端和服务端建立网络连接后,第一个从客户端发送给服务端的包必须是CONNECT包,每个网络连接客户端只能发送一次CONNECT包。服务端必须把客户端发来的第二个CONNECT包当作违反协议处理,并断开与客户端的连接。CONNECT包的载荷包含一个或多个编码字段。用来指定客户端的唯一标识、话题、信息、用户名和密码。除了客户端唯一标识,其他都是可选项,是否存在取决于可变包头里的标识。

CONNECT包固定包头两个字节,其中,byte1的值为0b00010000,byte2的值是剩余长度,指可变包头长度(10B)加上载荷的长度。

CONNECT包的可变包头由四个字段构成,如图10.10所示。

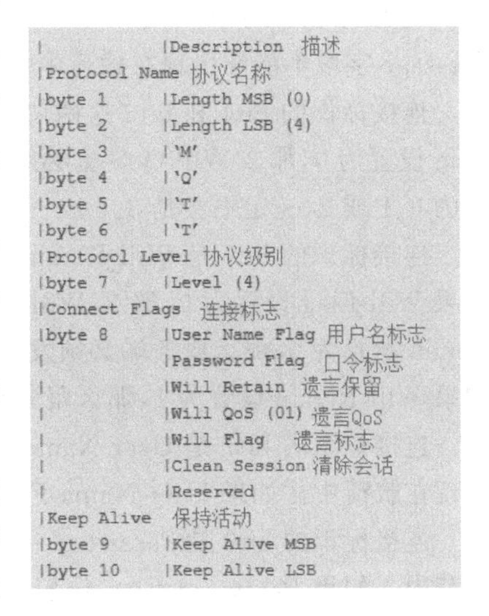

图10.10　CONNECT包的可变包头

连接标识(Connect Flags)包含一些参数来指定MQTT的连接行为,它也能表示负载中的字段是否存在。服务端必须验证CONNECT控制包的预留字段是否为0,如果不为0断开与客户端的连接。

连接标识字节的 Clean Session 这个位指明了会话状态的处理方式。客户端和服务端可以存储会话状态,以便能够在一系列的网络连接中可靠地传递消息。这一位用来控制会话状态的生命周期。

如果 Clean Session 被设置为 0,服务器必须根据当前的会话状态恢复与客户端的通信(客户端的唯一标识作为会话的标识)。如果没有与客户端唯一标识相关的会话,服务端必须创建一个新的会话。客户端和服务端在断开连接后必须存储会话。当 Clean Session 为 0 的会话断开后,服务器还必须将所有和客户端订阅相关的 QoS1 和 QoS2 的消息作为会话状态的一部分存储起来。也可以选择把 QoS0 的消息也存储起来。

如果 Clean Session 被设置为 1,客户端和服务端必须断开之前的会话启动一个新的会话。只要网络连接存在会话就存在。一个会话的状态数据一定不能被随后的会话复用。

客户端会话状态的构成,一是已经发送到服务端,但没有收到确认的 QoS1 和 QoS2 消息;二是接收到的从发来的服务端 QoS2 消息,还没有收到确认的。

服务端会话状态的构成如下。

(1) 即使会话状态为空,会话本身也必须存在。

(2) 客户端的订阅。

(3) 发送到客户端的但没有得到确认的 QoS1 和 QoS2 消息。

(4) 等待发送到客户端的 QoS1 和 QoS2 消息。

(5) 从客户端收到的 QoS2 消息,但还没有确认的。

(6) 可选项,等待发送到客户端的 QoS0 消息。

在服务端,保留消息不属于会话状态,它们不必在会话结束的时候被删除。

连接标识的 bit2 为 Will Flag,如果 Will Flag 被设置为 1,意味着,如果连接请求被接受,服务端必须存储一个 Will Message,并和网络连接关联起来。之后在网络连接断开的时候必须发布 Will Message,除非服务端收到 DISCONNECT 包删掉了 Will Message。

如果 Will Flag 被设置为 1,连接标识中的 Will QoS 和 Will Retain 字段将会被服务端用到,而且 Will Topic 和 Will Message 字段必定会出现在载荷中。如果 Will Flag 被设置为 0,连接标识中的 Will QoS 和 Will Retain 字段必须设置为零,并且 Will Topic 和 Will Message 字段不能够出现在载荷中。

连接标识的 bit4 和 bit3 这两位表示发布 Will Message 时使用 QoS 的等级。如果 Will Flag 设置为 0,那么 Will QoS 也必须设置为 0,如果 Will Flag 设置为 1,那么 Will QoS 的值可为 0、1 或 2,一定不会是 3。

连接标识的 bit5 是 Will Retain,这一位表示 Will Message 在发布之后是否需要保留。如果 Will Flag 设置为 0,那么 Will Retain 必须是 0。如果 Will Flag 设置为 1,如果 Will Retain 设置为 0,那么服务端必须发布 Will Message,不必保存。如果 Will Flag 设置为 1,如果 Will Retain 设置为 1,那么服务端必须发布 Will Message,并保存。

连接标识的 bit7 是 User Name Flag,如果 User Name Flag 设置为 0,那么用户名不必出现在载荷中。如果 User Name Flag 设置为 1,那么用户名必须出现在载荷中。

连接标识的 bit6 是 Password Flag,如果 Password Flag 设置为 0,那么密码不必出现在载荷中。如果 Password Flag 设置为 1,那么密码必须出现在载荷中。如果 User Name Flag 设置为 0,那么 Password Flag 必须设置为 0。

Keep Alive 是以 s 为单位的时间间隔。用 2B 表示，它指的是客户端从发送完成一个控制包到开始发送下一个的最大时间间隔。客户端有责任确保两个控制包发送的间隔不能超过 Keep Alive 的值。如果没有其他控制包可发，客户端必须发送 PINGREQ 包。

客户端可以在任何时间发送 PINGREQ 包，不用关心 Keep Alive 的值，用 PINGRESP 来判断与服务端的网络连接是否正常。

如果 Keep Alive 的值非 0，而且服务端在一个半 Keep Alive 的周期内没有收到客户端的控制包，服务端必须作为网络故障断开网络连接。

如果客户端在发送了 PINGREQ 包后，在一个合理的时间都没有收到 PINGRESP 包，客户端应该关闭和服务端的网络连接。

Keep Alive 的值为 0，就关闭了维持的机制。这意味着，在这种情况下，服务端不会断开静默的客户端。

2. PUBLISH 包结构

PUBLISH 控制包可以从服务端发送给客户端，也可以从客户端发送给服务端，来运送应用消息。

PUBLISH 包的固定包头的格式如图 10.11 所示。

Bit	7	6	5	4	3	2	1	0
byte 1	MQTT Control Packet type (3) MQTT控制包类型				DUP flag DUP标志	QoS level QoS级别		RETAIN 保留
	0	0	1	1	X	X	X	X
byte 2	Remaining Length 剩余长度							

图 10.11 PUBLISH 包的固定包头格式

DUP flag 位于 byte1 的 bit3，如果该标识被设置为 0，标识这是服务端或客户端第一次尝试发送 PUBLISH 包。如果 DUP 标识被设置为 1，标识这可能是在重复发送早前尝试发送过的数据包。

当客户端或是服务端试图重新发送 PUBLISH 包的时候，DUP 标识必须被设置为 1。所有 QoS 为 0 的消息 DUP 标识必须也设置为 0。

服务端收到带有 DUP 值的 PUBLISH 包，当服务端发送这个 PUBLISH 包给订阅者的时候，DUP 的值不会传播。发送的 PUBLISH 包的 DUP 标识独立于收到的 PUBLISH 包的 DUP 标识，它的值只由是否是重复发送决定。

QoS Level 字段表明应用消息传送的 QoS 水平，该字段设为 00 表示至多一次传送，该字段设为 01 表示至少一次传送，该字段设为 10 表示只有一次传送，该字段设为 11 时，禁止使用。如果服务端或客户端收到的 PUBLISH 包中 QoS 的两个位都设置为 1 的话，必须关闭网络连接。

RETAIN 位于 byte1 的 bit0。如果 RETAIN 标识被设置为 1，在一个从客户端发送到服务端的 PUBLISH 包中，服务端必须存储应用消息和 QoS，以便可以发送给之后订阅这个话题的订阅者。当一个新的订阅发生，最后一个保留的消息，如果有的话，而且匹配订阅话题，必须发送给订阅者。如果服务端收到一个 QoS0 并且 RETAIN 标识设置为 1 的消息，它必须清空之前为这个话题保存的所有消息。服务端应该存储新的 QoS0 的消息作为这个话题新的保留消息，但是也可以选择在任何时候清空保留消息——如果这样做了，那这个话题就没有保留消息了。

如果消息是作为客户端新的订阅的结果从服务端发送 PUBLISH 包给客户端，服务端必须将 RETAIN 标识设置为 1。当 PUBLISH 包发送给客户端，必须设置 RETAIN 为 0，因为不管标识如何设置，它都是已订阅的消息。

RETAIN 标识被设置为 1，而且载荷包含 0 个字节的 PUBLISH 包也会被服务端像平常一样处理，发送给匹配话题的客户端。而且所有这个话题下的保留消息都会被清除，这个话题接下来的订阅者都不会收到保留消息。“平常”意味着现存客户端收到的消息 RETAIN 标识都没有设置。0 字节的保留消息一定不会作为保留消息存储在服务端。

如果 RETAIN 标识为 0，在客户端发送给服务端的 PUBLISH 包中，服务端一定不能存储这个消息，也一定不能删除或替换任何已存在的保留消息。

固定包头的剩余长度是可变包头的长度加上载荷的长度。

可变包头按顺序包含话题名、包唯一标识字段。话题名指载荷数据发布的信息通道。话题名必须是 PUBLISH 包可变包头的第一个字段，必须是 UTF-8 编码字符串。PUBLISH 中的话题名一定不能包含通配符。包唯一标识只在 QoS 等级为 1 或 2 的 PUBLISH 包中存在。

载荷包含发布的应用消息。内容和格式由应用决定。载荷的长度可以由固定包头中的 Remaining Length 减去可变包头长度得到，也适用于载荷长度为零的 PUBLISH 包。

PUBLISH 包的接收方必须根据 PUBLISH 包的 QoS 来决定如何响应。QoS Level 为 0、1 和 2 时，期望响应分别为 None、PUBACK 包和 PUBREC 包。

客户端使用 PUBLISH 包发送应用消息给服务端。为了分发给匹配订阅的客户端，服务端使用 PUBLISH 包发送应用消息给每一个匹配订阅的客户端。当客户端通过带有通配符的话题过滤器订阅的时候，订阅之间可能会有重叠，以至于发布的消息会匹配多个过滤器。这种情况下，服务端必须使用客户端所有匹配的订阅中的最大的 QoS 来派发消息。而且，服务端可能会发送多个消息副本，每个匹配的订阅使用相应的 QoS 发送一次。当收到 PUBLISH 包的时候，接收者的行为依赖 QoS 等级。如果服务器实现没有授权客户端执行 PUBLISH，没有方法通知那个客户端。服务端要么根据 QoS 规则做出积极的确认，要么就关闭网络连接。

10.6.3 MQTT API

paho mqtt-c 基于 C 语言实现，可在 OpenHarmony 系统中应用，源码在 https://github.com/eclipse/paho.mqtt.embedded-c 下载。在应用前需要对源码进行一些修改，适配 OpenHarmony 系统，过程详情参考 https://harmonyos.51cto.com/posts/1384，此处不再重复。现对在应用时使用的 MQTT 相关函数做一介绍。

在/third_party/pahomqtt/MQTTPacket/samples 目录 transport.c 文件中，有 transport_open()、transport_close()、transport_sendPacketBuffer()和 transport_getdata()等函数，如下。

```
/*
套接字返回>=0
```

```
@todo 基本上是从示例中原封不动地搬来的,为了清楚起见,应该适应"sock"的相同用法。
*/
int transport_open(char * addr, int port);
int transport_close(int sock);

/*
传输层发送 packet
*/
int transport_sendPacketBuffer(int sock, unsigned char * buf, int buflen);

/*
传输层接收 packet
*/
int transport_getdata(unsigned char * buf, int count);
```

函数 transport_open()用于在指定端口建立 TCP 连接,函数输入参数为 IP 地址和端口。MQTT 默认端口为 1883。transport_close()关闭连接。函数 transport_sendPacketBuffer()和 transport_getdata()用于发送和接收 packet。packet 由 buf 指定。

在/third_party/pahomqtt/MQTTPacket/src 目录 MQTTConnectClient. c 文件中,函数 MQTTSerialize_connect()用于序列化 MQTT 的 CONNECT 包,如下。其中,MQTTPacket_connectData 结构中定义了 CONNECT 控制包。序列化之后的包由 transport_sendPacketBuffer()发送。

```
/*
 * 序列化连接选项到缓冲中
 * @param buf 序列化包的缓冲
 * @param len 字节为单位的缓冲大小
 * @param options 建立连接包的选项
 * @return 序列化的长度,或错误
 */
int MQTTSerialize_connect(unsigned char * buf,int buflen,MQTTPacket_connectData * options)
```

其中,MQTTPacket_connectData 结构中定义了 CONNECT 控制包。序列化之后的包由 transport_sendPacketBuffer()发送。MQTTPacket_connectData 结构如下。宏定义 MQTTPacket_connectData_initializer 给出了初始数值,可在此基础上做进一步的修改。

```
typedef struct
{
        /* 标志该结构,必须为 MQTC */
        char struct_id[4];
        /* 该结构的版本号,必须为 0 */
        int struct_version;
        /* MQTT 版本,3 表示 3.1 版,4 表示 3.1.1 版
         */
        unsigned char MQTTVersion;
        MQTTString clientID;
        unsigned short keepAliveInterval;
        unsigned char cleansession;
        unsigned char willFlag;
```

```
        MQTTPacket_willOptions will;
        MQTTString username;
        MQTTString password;
} MQTTPacket_connectData;

#define MQTTPacket_connectData_initializer { {'M', 'Q', 'T', 'C'}, 0, 4, {NULL, {0, NULL}}, 60, 1, 0, \
        MQTTPacket_willOptions_initializer, {NULL, {0, NULL}}, {NULL, {0, NULL}} }

#define MQTTPacket_willOptions_initializer { {'M', 'Q', 'T', 'W'}, 0, {NULL, {0, NULL}}, {NULL,
{0, NULL}}, 0, 0 }
```

MQTTPacket_read()函数用于把packet读入buf中。该函数在MQTTPacket.c中实现，其中，getfn为接收到的packet指针。

```
/**
 * 从某个源读取数据包数据到缓冲区的辅助函数
 * @param buf 数据包将被序列化到的缓冲区
 * @param buflen 提供的缓冲区的字节长度
 * @param getfn 指向一个函数的指针,该函数将从所需的源读取任意数量的字节
 * @return MQTT 数据包类型,或错误 -1
 * @note 整个消息必须适合调用者的缓冲区
 */
int MQTTPacket_read(unsigned char* buf, int buflen, int (*getfn)(unsigned char*, int));
```

在/third_party/pahomqtt/MQTTPacket/src目录MQTTConnectClient.c文件中，函数MQTTDeserialize_connack()用于反序列化MQTT的CONNACK包。

```
/**
 * 将提供的(wire)缓冲区反序列化为 connack 数据 - 返回码
 * @param session 提供返回的会话呈现标志(仅适用于 MQTT 3.1.1)
 * @param connack_rc 返回 connack 返回码的整数值
 * @param buf 原始缓冲区数据,其正确长度由剩余长度字段确定
 * @param len 提供的缓冲区中数据的字节长度
 * @return 1 是成功,0 是失败
 */
int MQTTDeserialize_connack(unsigned char* sessionPresent, unsigned char* connack_rc,
unsigned char* buf, int buflen);
```

在/third_party/pahomqtt/MQTTPacket/src目录MQTTConnectClient.c文件中，函数MQTTSerialize_disconnect()用于序列化MQTT的DISCONNECT包。

```
/**
 * 将断开连接数据包序列化到提供的缓冲区中,准备写入套接字
 * @param buf 数据包将被序列化到的缓冲区
 * @param buflen 提供的缓冲区的字节长度,以避免溢出
 * @return 序列化长度,如果为 0 则错误
 */
int MQTTSerialize_disconnect(unsigned char* buf, int buflen)
```

在/third_party/pahomqtt/MQTTPacket/src目录MQTTSubscibeClient.c文件中，函

数 MQTTSerialize_subscribe()用于序列化 MQTT 的 SUBSCRIBE 包。

```
/**
 * 将提供的订阅数据序列化到提供的缓冲区中,准备发送
 * @param buf 数据包将被序列化到的缓冲区
 * @param buflen 提供的缓冲区的字节长度
 * @param dup 标志
 * @param packetid 数据包标识符
 * @param count 主题过滤器和 reqQos 数组中的成员数
 * @param topicFilters 主题过滤器名称数组
 * @param requestedQoSs 请求的 QoS 数组
 * @return 序列化数据的长度。<= 0 表示错误
 */
int MQTTSerialize_subscribe(unsigned char * buf, int buflen, unsigned char dup, unsigned short
packetid, int count,
MQTTString topicFilters[], int requestedQoSs[])
```

MQTTString 在 MQTTPacket.h 中定义。

```
typedef struct
{
        char * cstring;
        MQTTLenString lenstring;
} MQTTString;

#define MQTTString_initializer {NULL, {0, NULL}}
```

SUBACK 包的反序列化函数,在 MQTTSubscibeClient.c 文件中实现。

```
/*
 * 将提供的(wire)缓冲区反序列化为 suback 数据
 * @param packetid 返回整数 - MQTT 数据包标识符
 * @param maxcount 数组中允许的最大成员数
 * @param count 返回整数 - grantedQoSs 数组中的成员数
 * @param grantedQoSs 返回整数数组 - 授予的服务质量
 * @param buf 原始缓冲区数据,其正确长度由剩余长度字段确定
 * @param buflen 提供的缓冲区中数据的字节长度
 * @return 错误代码。1 是成功,0 是失败
 */
int MQTTDeserialize_suback(unsigned short * packetid, int maxcount, int * count, int
grantedQoSs[], unsigned char * buf, int buflen)
```

在/third_party/pahomqtt/MQTTPacket/src 目录 MQTTSerializePublish.c 文件中,函数 MQTTSerialize_publish()用于序列化 MQTT 的 PUBLISH 包。

```
/*
 * 将提供的发布数据序列化到提供的缓冲区中,准备发送
 * @param buf 数据包将被序列化到的缓冲区
 * @param buflen 提供的缓冲区的字节长度
 * @param dup 标志
 * @param qos MQTT QoS 值
 * @param retained MQTT 保留标志
```

```
 * @param packetid MQTT 数据包标识符
 * @param topicName 发布中的 MQTT 主题
 * @param payload 字节缓冲区 - MQTT 发布有效负载
 * @param payloadlen MQTT 有效负载的长度
 * @return 序列化数据的长度。<= 0 表示错误
 */
int MQTTSerialize_publish(unsigned char * buf, int buflen, unsigned char dup, int qos,
unsigned char retained, unsigned short packetid,
MQTTString topicName, unsigned char * payload, int payloadlen);
```

在/third_party/pahomqtt/MQTTPacket/src 目录 MQTTDeserializePublish.c 文件中，函数 MQTTDeserialize_publish()反序列化 MQTT 的 PUBLISH 包。

```
/*
 * 将提供的(wire)缓冲区反序列化为发布数据
 * @param dup 返回整数 - MQTT dup 标志
 * @param qos 返回整数 - MQTT QoS 值
 * @param retained 返回整数 - MQTT 保留标志
 * @param packetid 返回整数 - MQTT 数据包标识符
 * @param topicName 返回 MQTTString - 发布中的 MQTT 主题
 * @param payload 返回字节缓冲区 - MQTT 发布有效负载
 * @param payloadlen 返回整数 - MQTT 有效负载的长度
 * @param buf 原始缓冲区数据,其正确长度由剩余长度字段确定
 * @param buflen 提供的缓冲区中数据的字节长度
 * @return 错误代码。1 是成功
 */
int MQTTDeserialize_publish(unsigned char * dup, int * qos, unsigned char * retained,
unsigned short * packetid, MQTTString * topicName,
unsigned char ** payload, int * payloadlen, unsigned char * buf, int buflen);
```

10.6.4 MQTT 客户端应用

在 OpenHarmony 中，MQTT 客户端的操作流程如下。

```
/* (1) TCP 连接建立 */
if(transport_open()< 0 )
return;

/* (2) 发送 CONNECT 包,连接 MQTT 服务器 */
MQTTSerialize_connect();
transport_sendPacketBuffer();

/* 等待服务器端响应 CONNACK 包 */
if (MQTTPacket_read() == CONNACK)
{
        if (MQTTDeserialize_connack() != 1)
        {
                transport_close();
        }
}
```

```
else
transport_close();

/* (3) 发送 SUBSCRIBE 包,订阅消息 */
MQTTSerialize_subscribe();
transport_sendPacketBuffer(mysock, buf, len);
/* 等待服务器端相应 SUBACK 包 */
if (MQTTPacket_read() == SUBACK)
{
        MQTTDeserialize_suback();
        if (granted_qos != 0)
        {
                transport_close();
        }
}
else
  transport_close();

/* (4) 获取订阅主题的消息 */
while (true)
{

        if (MQTTPacket_read() == PUBLISH)
        {
                MQTTDeserialize_publish();
                printf("message arrived");

        }

        /* (5) 通过 PUBLISH 包发送相关主题的消息 */
        MQTTSerialize_publish();
        transport_sendPacketBuffer();
}

/* (6) 断开与 MQTT 服务器的连接 */
MQTTSerialize_disconnect();
transport_sendPacketBuffer();

/* (7) 关闭 TCP 连接 */
transport_close();
```

10.7 集成第三方 SDK

在 OpenHarmony 中规划了一组目录,用于将不同产品的 SDK 集成到该系统中。这些产品的 SDK 的业务逻辑通过各自厂商的硬件模组工具链编译得到静态库 libs,每款模组都有对应的 libs。不同厂商产品 SDK 的 API 互不相同,和 OpenHarmony 的 API 存在差异,需要适配代码屏蔽这些差异。于是通过这些适配代码,不同模组共用一套适配器。

在 OpenHarmony 中,分别在不同的目录中存放 SDK 的静态库和适配代码。适配厂商产品的适配代码，放置到 domains/iot/link/目录下，与硬件解耦。厂商产品 SDK 的业务库 libs，放置到 device/hisilicon/hispark_pegasus/sdk_liteos/3rd_sdk/目录下，与硬件模组绑定。

假设 Hi3861 WiFi 开发板有一套 SDK，可以将该开发板的 SDK 集成到 OpenHarmony 中。在适配前，先依次完成以下步骤，下面以 demolink SDK 举例进行介绍。首先创建用于厂商隔离，该厂商目录假设为 demolink。在适配代码目录下，创建厂商目录，domains/iot/link/demolink/。在业务库目录下，创建厂商目录，device/hisilicon/hispark_pegasus/sdk_liteos/3rd_sdk/demolink/。然后在厂商适配代码目录下，创建 BUILD.gn 用于编译适配代码，即创建 domains/iot/link/demolink/BUILD.gn 构建适配代码。再创建 device/hisilicon/hispark_pegasus/sdk_liteos/3rd_sdk/demolink/libs/目录，用于存放业务库 libs。

10.7.1 编译业务库 libs

平台 SDK 业务一般以静态库的形式提供，平台厂商获取 OpenHarmony 代码后，需要根据对应的硬件模组开发商，开发业务源码，编译业务 libs，并将编译结果放置在 device/hisilicon/hispark_pegasus/sdk_liteos/3rd_sdk/demolink/libs/目录下，删除业务源码。业务 libs 的构建方法示例如下。

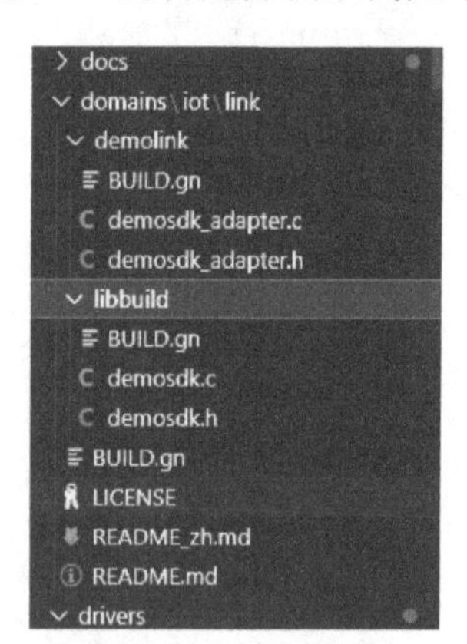

图 10.12 适配代码目录

OpenHarmony 规划的用于编译业务 libs 的目录在适配代码目录下，目录名字是 libbuild，即 domains/iot/link/libbuild/，如图 10.12 所示。

该目录中包含 domains/iot/link/libbuild/BUILD.gn 和 domains/iot/link/BUILD.gn 文件。在构建业务 libs 时，依照如下步骤进行。

(1) 在 domains/iot/link/libbuild/目录下编写业务源码文件，包括.c 和.h 文件。如 demosdk.c 和 demosdk.h 文件。

(2) 适配模块 gn 文件，domains/iot/link/libbuild/BUILD.gn，编译完成后还原该文件。

在 BUILD.gn 中，sources 为需要参与构建的源文件，include_dirs 为依赖的头文件路径，构建的目标结果是生成静态库 libdemosdk.a。

```
static_library("demosdk") { //静态库
        sources = [
        "demosdk.c"//和该 BUILD.gn 文件同一目录下的源文件
        ]
        include_dirs = [
        "//domains/iot/link/libbuild",
        "//domains/iot/link/demolink"
        ]
}
```

(3) 适配上级目录下的 BUILD.gn 文件，即 domains/iot/link/BUILD.gn，编译完成后还原该文件。

此 BUILD.gn 文件用于指定构建条目，需要在 features 项中填入所有需参与编译的静态库条目，使该目录下的/libbuild 中的 BUILD.gn 文件参与构建。

```
import("//build/lite/config/subsystem/lite_subsystem.gni")
import("//build/lite/config/component/lite_component.gni")

lite_subsystem("iot") {
        subsystem_components = [
        ":link"
        ]
}

lite_component("link") {
        features = [
          "libbuild:demosdk" #增加该内容,libbuild 为目录名称,demosdk 为该目录下的静态库
名.在编译完成后删除该行.
        ]
}
```

(4) 完成以上 3 步后，工程进行 build，检查 out/hispark_pegasus/wifiiot_hispark_pegasus/libs/目录下生成了目标库文件，如图 10.13 所示。

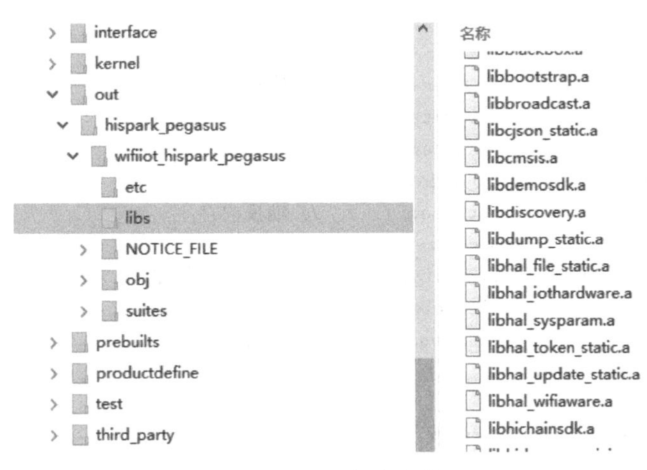

图 10.13 目标库文件

将库文件复制到 device/hisilicon/hispark_pegasus/sdk_ liteos/3rd_sdk/demolink/libs/ 目录下，这里的 demolink 是厂商目录。将 domains/iot/link/libbuild/目录中的源代码文件清除，还原 domains/iot/link/BUILD.gn 文件。这样，厂商产品 SDK 的业务库 libs 构建完成。

10.7.2 适配代码编写

平台厂商 SDK 使用的 API 通常与 OpenHarmony API 存在差异，无法直接使用，需要一层适配代码的适配器进行中间转换。适配的关键是完成平台厂商 SDK 的任务控制块或者线程控制块和 OpenHarmony 接口的 API 的线程控制块之间的转换。OpenHarmony 为

轻量级设备提供的接口符合 CMSIS-RTOS V2.0 标准，为小型系统提供的接口符合 POSIX 标准。

下面以 domains/iot/link/demolink/demosdk_adapter.c 中的任务创建接口 DemoSdkCreateTask 举例，演示如何在 OpenHarmony 上编写适配代码。

首先查看待适配接口 DemoSdkCreateTask 的描述及其参数和返回值，如下。

```
struct TaskPara {
        char * name;
        void * ( * func)(char * arg);
        void * arg;
        unsigned char prio;
        unsigned int size;
};

int DemoSdkCreateTask(unsigned int * handle, const struct TaskPara * para);
```

查看 OpenHarmony 的 CMSIS API，选取一个功能类似的接口，并比对参数及用法上的差异。例如，选取 OpenHarmony 中的 osThreadNew 适配，通过和 DemoSdkCreateTask 接口比对，可以发现两接口依赖的参数基本一致，只是参数所归属的结构体不同。OpenHarmony 的 osThreadNew 接口如下。

```
typedef struct {
        const char          * name;        // 线程名
        uint32_t          attr_bits;       // 属性位
        void                * cb_mem;      // 控制块内存
        uint32_t            cb_size;       // 控制块内存大小
        void             * stack_mem;      // 堆栈内存
        uint32_t         stack_size;       // 堆栈大小
        osPriority_t       priority;       // 初始线程优先级
        TZ_ModuleId_t     tz_module;       // 信任区模块标志
        uint32_t            reserved;      // 保留
} osThreadAttr_t;

// 创建一个线程并将其添加到活动线程中
// \param[in]   func        线程函数
// \param[in]   argument    作为开始参数传递给线程函数的指针
// \param[in]   attr        线程属性; NULL:默认值
// \return 线程 ID 以供其他函数引用,如果出错,则返回 NULL
osThreadId_t osThreadNew (osThreadFunc_t func, void * argument, const osThreadAttr_t * attr);
```

在 demosdk_adapter.c 中通过以下代码完成 API 差异转换。

```
#include "demosdk_adapter.h"
#include <stdio.h>

#include "cmsis_os2.h"

#define MS_CNT 1000

int DemoSdkCreateTask(unsigned int * handle, const struct TaskPara * para)
```

```
{
        osThreadAttr_t attr = {0};          //OpenHarmony API
        osThreadId_t threadId;
        if (handle == 0 || para == 0) {
                return DEMOSDK_ERR;
        }

        if (para->func == 0) {
                return DEMOSDK_ERR;
        }

        if (para->name == 0) {
                return DEMOSDK_ERR;
        }

        attr.name = para->name;             //名称
        attr.priority = para->prio;         //优先级
        attr.stack_size = para->size;       //堆栈大小
        threadId = osThreadNew((osThreadFunc_t)para->func, para->arg, &attr);
        if (threadId == 0) {
                printf("osThreadNew fail\n");
                return DEMOSDK_ERR;
        }

        *(unsigned int *)handle = (unsigned int)threadId;
        return DEMOSDK_OK;
}
```

完成代码适配后，还需要在adapter同级目录下新建BUILD.gn文件。该文件可在整包构建时，将适配代码编译成静态库，并连接到bin包中。在domains/iot/link/demolink/BUILD.gn中，sources中为需要参与构建的源文件，include_dirs中为依赖的头文件路径，构建目标结果是得到静态库libdemolinkadapter.a。

```
import("//build/lite/config/component/lite_component.gni")

static_library("demolinkadapter") {
        sources = [ "demosdk_adapter.c" ]
        include_dirs = [
        "//kernel/liteos_m/kal/cmsis",
        "//domains/iot/link/demolink",
        ]
}
```

修改domains/iot/link/BUILD.gn文件，使domain/iot/link/BUILD.gn参与构建系统。

```
import("//build/lite/config/subsystem/lite_subsystem.gni")
import("//build/lite/config/component/lite_component.gni")

lite_subsystem("iot") {
```

```
        subsystem_components = [
        ":link"
        ]
}

lite_component("link") {
        features = [
        #   "libbuild:demosdk"
        "demolink:demolinkadapter"
        ]
}
```

经过 build，在 out/hispark_pegasus/wifiiot_hispark_pegasus/libs/目录下生成了目标库文件 libdemolinkadapter.a。

10.7.3 编写应用代码

厂商 SDK 业务 libs 库和适配代码准备就绪后，还需要编写应用入口函数，调起厂商 SDK 的业务入口。仍旧以厂商 demolink 举例，演示如何在 applications/sample/wifi-iot/app/路径下编写代码，调起 demosdk 的入口函数。

在 applications/sample/wifi-iot/app/路径下新建一个目录 demolink，并在其中创建应用入口代码 helloworld.c 和编译构建文件 BUILD.gn。在 helloworld.c 文件中编写业务入口函数 DemoSdkMain，并调起 demolink 的业务 DemoSdkEntry，最后通过 SYS_RUN()调用入口函数完成业务启动。

```
#include "hos_init.h"
#include "demosdk.h"

void DemoSdkMain(void)
{
        DemoSdkEntry();                          //厂商 SDK 头文件 demosdk.h 中定义
}

SYS_RUN(DemoSdkMain);
```

新增 applications/sample/wifi-iot/app/demolink/BUILD.gn 文件，指定源码和头文件路径，编译输出静态库文件 libexample_demolink.a。

```
static_library("example_demolink") {
        sources = [
        "helloworld.c"
        ]
        include_dirs = [
        "//utils/native/lite/include",
        "//domains/iot/link/libbuild"
        ]
}
```

修改上级目录下的 BUILD.gn 文件，即 applications/sample/wifi-iot/app/BUILD.gn，使 demolink 参与编译。

```
import("//build/lite/config/component/lite_component.gni")

lite_component("app") {
        features = [
        #    "startup"
        #    "iothardware:ledexample"
        #    "testapp:myapp",
        #    "iotkey:iotkey"
        "demolink:example_demolink"
        ]
}
```

通过 build 编译，烧录进 Hi3861 核心板。启动运行，运行结果如下，与 demolink 功能相符。

```
ready to OS start
sdk ver:Hi3861V100R001C00SPC025 2020-09-03 18:10:00
FileSystem mount ok.
wifi init success!
hilog will init.
hievent will init.
hievent init success.it is demosdk entry.

hiview init success.it is demo biz: hello world.
No crash dump found!
it is demo biz: hello world.
it is demo biz: hello world.
it is demo biz: hello world.
```

第11章

HDF驱动框架

从天而颂之，孰与制天命而用之。

——荀子

11.1 系统调用

OpenHarmony 中定义的小型系统采用 LiteOS-A 内核。LiteOS-A 内核是基于 LiteOS 内核演进发展的内核，内核架构如图 11.1 所示。

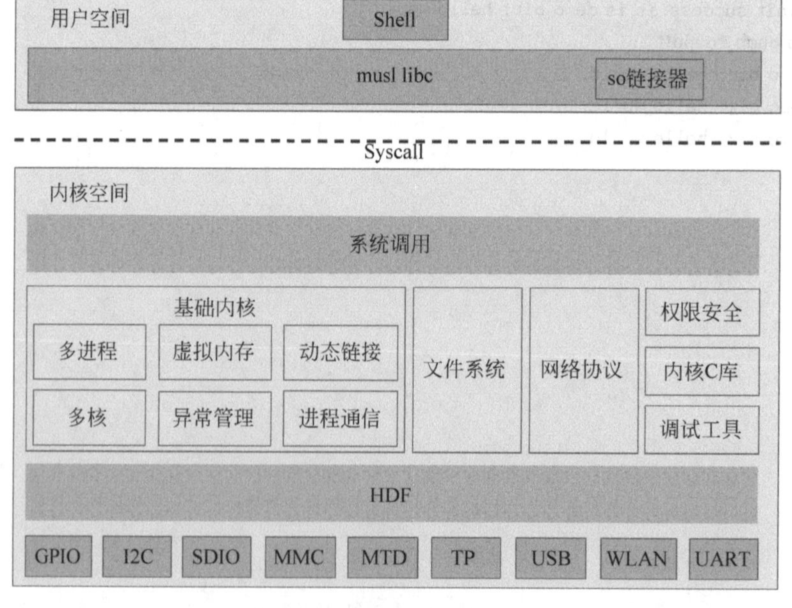

图 11.1 LiteOS-A 内核架构

LiteOS 是面向 IoT 领域构建的轻量级物联网操作系统，在 OpenHarmony 中称为 LiteOS-M。在 IoT 产业高速发展的潮流中，LiteOS-A 内核带来体积小、功耗低、性能高的体验以及统一开放的生态系统能力，新增了丰富的内核机制、更加全面的 POSIX 标准接口以及统一驱动框架 HDF 等，为设备厂商提供了更统一的接入方式，为 OpenHarmony 的应用开发者提供了更友好的开发体验。

LiteOS-A 中实现了用户态与内核态的隔离，用户态程序禁止直接访问内核资源。系统调用为用户态程序提供了一种访问内核资源、与内核进行交互的通道。

LiteOS-A 中系统调用如图 11.2 所示。

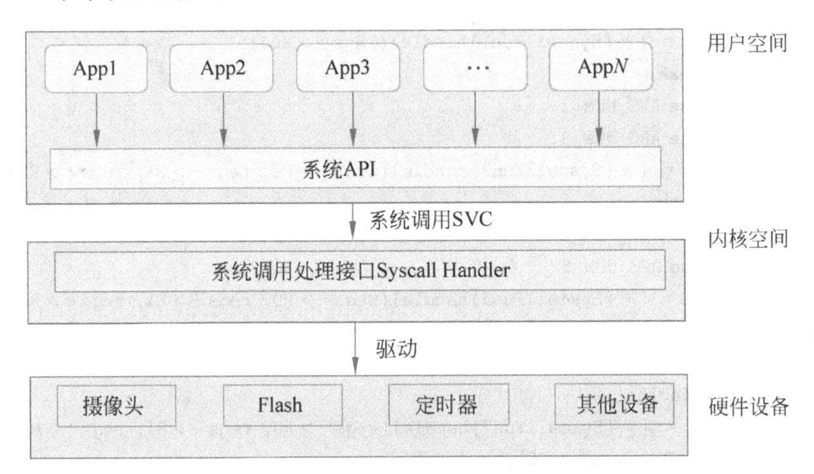

图 11.2 系统调用过程

用户程序通过调用 LiteOS-A 系统提供的 POSIX 接口进行内核资源访问与交互请求，POSIX 接口内触发 SVC/SWI 异常，完成从用户态到内核态的切换。然后对接到内核的系统调用处理接口 Syscall Handler 进行解析，最终分发至具体的内核处理函数。

Syscall Handler 在 kernel/liteos_a/syscall/los_syscall.c 中的 OsArmA32SyscallHandle()函数中具体实现，在进入系统软中断异常时会调用此函数。以下为 OsArmA32SyscallHandle()的实现过程。

```
/* SYSCALL ID 在入口的 RT 中,参数在 R0 - R6 中 */
VOID OsArmA32SyscallHandle(TaskContext *regs)
{
        UINT32 ret;
        UINT8 nArgs;
        UINTPTR handle;
        UINT32 cmd = regs->reserved2;

        if (cmd >= SYS_CALL_NUM) {
              PRINT_ERR("Syscall ID: error %d !!!\n", cmd);
              return;
        }

        handle = g_syscallHandle[cmd];
        nArgs = g_syscallNArgs[cmd / NARG_PER_BYTE]; /* 4bit per nargs */
        nArgs = (cmd & 1) ? (nArgs >> NARG_BITS) : (nArgs & NARG_MASK);
        if ((handle == 0) || (nArgs > ARG_NUM_7)) {
              PRINT_ERR("Unsupport syscall ID: %d nArgs: %d\n", cmd, nArgs);
              regs->R0 = -ENOSYS;
```

```
                return;
            }

            OsSigIntLock();
            switch (nArgs) {
                case ARG_NUM_0:
                case ARG_NUM_1:
                ret = (*(SyscallFun1)handle)(regs->R0);
                break;
                case ARG_NUM_2:
                case ARG_NUM_3:
                ret = (*(SyscallFun3)handle)(regs->R0, regs->R1, regs->R2);
                break;
                case ARG_NUM_4:
                case ARG_NUM_5:
                ret = (*(SyscallFun5)handle)(regs->R0, regs->R1, regs->R2, regs->R3,
    regs->R4);
                break;
                default:
                ret = (*(SyscallFun7)handle)(regs->R0, regs->R1, regs->R2, regs->R3,
    regs->R4, regs->R5, regs->R6);
            }

            regs->R0 = ret;
            OsSigIntUnlock();

            return;
    }
```

新增系统调用时，首先在 LibC 库中确定并添加新增的系统调用号，然后在 LibC 库中新增用户态的函数接口声明及实现，再后在内核系统调用头文件中确定并添加新增的系统调用号及对应内核处理函数的声明，最后在内核中新增该系统调用对应的内核处理函数。

虽然 LiteOS-A 中系统调用提供基础的用户态程序与内核的交互功能，不建议直接使用系统调用接口，建议使用 LiteOS-A 内核提供的 POSIX 接口。

11.2 HDF 驱动框架

终端设备的差异在技术、形态、尺寸以及性能等方面都有表现。由于终端设备对硬件的计算和存储能力的需求不同、设备厂商提供的设备软硬件操作接口不同、内核提供的操作接口不同等原因，在驱动框架的开发和部署过程中，需要大量的精力来适配和维护驱动代码。HDF 驱动框架为驱动开发提供驱动框架能力，包括驱动加载、驱动服务管理和驱动消息机制。旨在构建统一的驱动架构平台，为驱动开发提供更精准、更高效的开发环境，力求做到一次开发，多系统部署。

HDF 驱动加载包括按需加载和按序加载。按需加载指驱动在系统启动过程中默认加载，或者在系统启动之后动态加载。按序加载指驱动在系统启动的过程中按照驱动的优先级进行加载。HDF 框架可以集中管理驱动服务，开发者可直接通过 HDF 框架对外提供的能力接口获取驱动相关的服务。HDF 框架提供统一的驱动消息机制，支持用户态应用向内核态驱动发送消息，也支持内核态驱动向用户态应用发送消息。

OpenHarmony 的 HDF 驱动框架如图 11.3 所示。

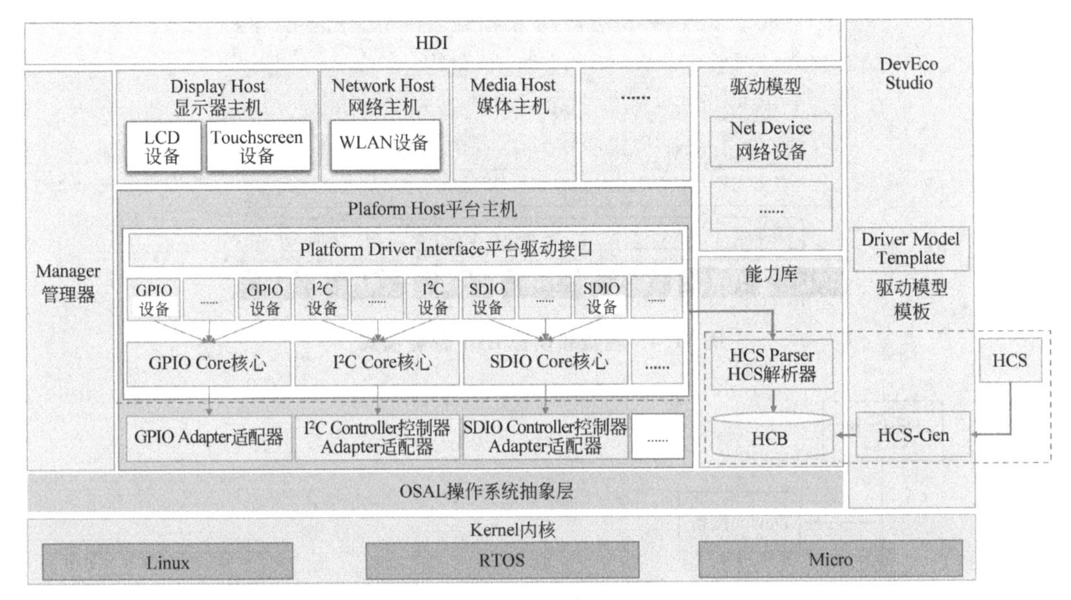

图 11.3　HDF 驱动框架

HDF 为了避免依赖具体内核，实现可迁移目标，开发时，系统相关接口必须使用 OSAL 抽象层接口，如 POSIX 等，不能使用内核接口。总线和硬件资源相关接口使用平台驱动提供的相关接口。

HDF 是跨芯片平台、跨内核的驱动框架，使得设备驱动软件可以在不同的设备上运行。HDF 框架的设计思路中，强调弹性化架构，包括框架动态伸缩和驱动动态伸缩。其组件化设备模型提供设备功能模型抽象，屏蔽设备驱动与系统交互的实现，统一的驱动开发接口，同时提供主流 IC 的公版驱动能力，支持配置化部署。提供规范化的内核、SoC 硬件 IO 适配接口，兼容不同内核、SoC 芯片，对外开发规范化的平台驱动接口。构建全新的配置语言，面向不同容量的设备，提供统一配置界面，支持硬件资源配置和设备信息配置。

HDF 驱动框架已经支持 LiteOS-M、LiteOS-A 和 Linux 等内核，以及在 OpenHarmony 轻量、标准系统上部署，并且在标准系统上同时支持内核态与用户态部署。面向 LiteOS 的轻量级设备，主要基于 HDF 构建主流 IC 驱动，形成公版驱动和通用设备功能模型，支撑不同硬件芯片、不同内核（LiteOS-M 或 LiteOS-A）部署，如图 11.4 所示。

面向标准设备，除了支持内核态驱动，还支持用户态驱动程序。用户态驱动程序的重点在于构建设备抽象模型，为系统提供统一的设备接口，兼容 Linux 原生驱动程序和 HDF 驱动程序。内核态则使用 Linux 驱动程序与 HDF 驱动程序并存的策略。

HDF 驱动模型如图 11.5 所示。

HDF 框架将一类设备驱动程序放在同一个主机里面，主机节点是用来存放某一类驱动程序的容器。也可以将驱动功能分层独立开发和部署，支持一个驱动多个节点。

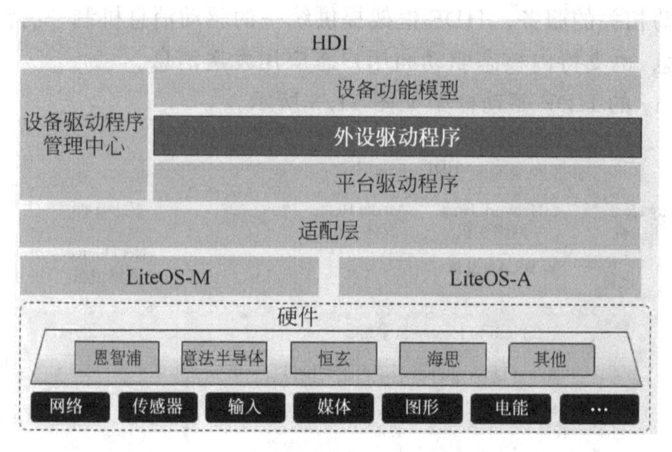

图 11.4 轻量级设备 HDF 部署模式

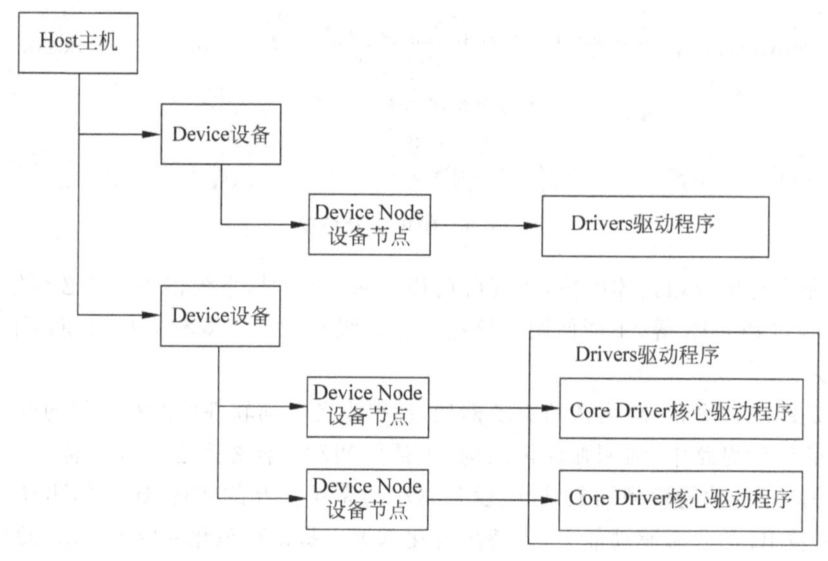

图 11.5 HDF 驱动模型

11.3 驱动开发

HDF 框架驱动开发主要分为驱动实现和驱动配置两部分。

11.3.1 驱动程序实现

HDF 驱动程序框架中，描述驱动程序实现的是驱动程序入口 HdfDriverEntry 结构。例如：

```
struct HdfDriverEntry {
        /* 驱动程序版本 */
        int32_t moduleVersion;
```

```
        /* 驱动程序模块名称,用于匹配配置文件中的驱动程序信息 */
        const char *moduleName;
        /*
        * @brief
        将驱动程序的外部服务接口绑定到 HDF。该函数由驱动程序开发者实现,由 HDF 调用
        *
        * @param deviceObject
        指示指向 HdfDeviceObject 类型变量的指针。该变量由 HDF 生成并传递给驱动程序。然后
将驱动程序的服务对象绑定到 deviceObject>的 service 参数
        * @return 如果操作成功返回 0; 否则返回非零值
        */
        int32_t (*Bind)(struct HdfDeviceObject *deviceObject);
        /*
        * @brief
        初始化驱动程序。该函数由驱动开发者实现,由 HDF 调用
        *
        * @param deviceObject 指明指向 HdfDeviceObject 类型变量的指针。与 Bind 的参数相同
        * @return 如果操作成功返回 0; 否则返回非零值
    */
    int32_t (*Init)(struct HdfDeviceObject *deviceObject);
        /*
        * @brief 释放驱动程序资源。该功能由驱动程序开发者实现,当驱动加载或卸载驱动发
生异常时,HDF 调用该函数释放驱动程序资源
        *
        * @param deviceObject
        指明指向 HdfDeviceObject 类型变量的指针。与 Bind 的参数相同
        */
        void (*Release)(struct HdfDeviceObject *deviceObject);
};
```

定义驱动程序入口的对象,必须为 HdfDriverEntry 类型的全局变量。该结构体在 /drivers/framework/include/core/hdf_device_desc.h 中定义,该头文件包含 HDF 框架对驱动程序开放相关能力接口。

通过调用 HDF_INIT 把驱动程序入口注册到 HDF 框架中,在加载驱动程序时 HDF 框架会先调用 Bind 函数,再调用 Init 函数加载该驱动,当 Init 调用异常时,HDF 框架会调用 Release 释放驱动程序资源并退出。下面的代码示例了一个驱动程序入口 g_sampleDriverEntry,通过点号来赋值,然后使用 HDF_INIT (g_sampleDriverEntry)注册驱动程序。

```
struct HdfDriverEntry g_sampleDriverEntry = {
        .moduleVersion = 1,
        .moduleName = "sample_driver",      //驱动程序名
        .Bind = HdfSampleDriverBind,        //驱动程序 Bind 函数名
        .Init = HdfSampleDriverInit,        //驱动程序初始化函数名
        .Release = HdfSampleDriverRelease, //驱动程序释放函数名
};
```

编写一个简单的驱动,首先需要实现该入口结构的 Bind 接口、Init 接口和 Release 接

口,代码如下。

```
#include "hdf_device_desc.h"
#include "hdf_log.h"                        // HDF 框架提供的日志接口头文件

#define HDF_LOG_TAG "sample_driver"   /* 打印日志所包含的标签,如果不定义,则用默认定义的
HDF_TAG 标签 */

//驱动程序对外提供的服务能力,将相关的服务接口绑定到 HDF 框架
int32_t HdfSampleDriverBind(struct HdfDeviceObject *deviceObject)
{
        HDF_LOGD("Sample driver bind success");
        return 0;
}

// 驱动程序自身业务初始的接口
int32_t HdfSampleDriverInit(struct HdfDeviceObject *deviceObject)
{
        HDF_LOGD("Sample driver Init success");
        return 0;
}

// 驱动程序资源释放的接口
void HdfSampleDriverRelease(struct HdfDeviceObject *deviceObject)
{
        HDF_LOGD("Sample driver release success");
        return;
}
```

Bind 接口实现驱动程序接口实例化绑定,如果需要发布驱动程序接口,会在驱动程序加载过程中被调用,实例化该接口的驱动程序服务并和 DeviceObject 绑定。当用户态发起调用时,Bind 中绑定的服务对象的 Dispatch()方法将被回调,在该方法中处理用户态调用的消息。Init 接口实现驱动程序或者硬件的初始化,返回错误将中止驱动程序加载流程。Release 接口实现驱动程序的卸载,在该接口中释放驱动程序实例的软硬件资源。

然后,将驱动程序入口注册到 HDF 框架,代码如下。

```
/* 定义驱动程序入口的对象,必须为 HdfDriverEntry(在 hdf_device_desc.h 中定义)类型的全局变
量 */
struct HdfDriverEntry g_sampleDriverEntry = {
        .moduleVersion = 1,
        .moduleName = "sample_driver",
        .Bind = HdfSampleDriverBind,
        .Init = HdfSampleDriverInit,
        .Release = HdfSampleDriverRelease,
};

/*调用 HDF_INIT 将驱动程序入口注册到 HDF 框架中,在加载驱动程序时 HDF 框架会先调用 Bind()
函数,再调用 Init()函数加载该驱动程序,当 Init 调用异常时,HDF 框架会调用 Release 释放驱动程
序资源并退出 */
HDF_INIT(g_sampleDriverEntry);
```

11.3.2 驱动程序编译

驱动程序代码的编译必须使用 HDF 框架提供的 Makefile 模板进行编译，代码如下。DevEco Device Tool 3.0 也提供了 HDF 页面工具自动生成配置文件。

```
include $(LITEOSTOPDIR)/../../drivers/adapter/khdf/liteOS/lite.mk /* 导入 hdf 预定义内容，
必需 */
MODULE_NAME :=                           //生成的结果文件
LOCAL_INCLUDE :=                         //本驱动程序的头文件目录
LOCAL_SRCS :=                            //本驱动程序的源代码文件
LOCAL_CFLAGS: =                          //自定义的编译选项
include $(HDF_DRIVER)                    //导入模板 makefile 完成编译
```

编译结果文件连接到内核镜像，添加到 drivers/adapter/khdf/liteos 目录下的 hdf_lite.mk 里面，代码如下。

```
LITEOS_BASELIB += -lxxx                  //连接生成的静态库
LIB_SUBDIRS   +=                         //驱动程序代码 Makefile 的目录
```

模块 BUILD.gn 文件内容如下。

```
import("//build/lite/config/component/lite_component.gni")
import("//drivers/adapter/khdf/liteos/hdf.gni")
module_switch = defined(LOSCFG_DRIVERS_HDF_xxx)
module_name = "xxx"
hdf_driver(module_name) {
        sources = [
        "xxx/xxx/xxx.c",                 //模块要编译的源码文件
        ]
        public_configs = [ ":public" ]   //使用依赖的头文件配置
}
config("public") {                       //定义依赖的头文件配置
        include_dirs = [
        "xxx/xxx/xxx",                   //依赖的头文件目录
        ]
}
```

把上述 BUILD.gn 所在的目录添加到/drivers/adapter/khdf/liteos/BUILD.gn 中。其中 deps 相对于/drivers/adapter/khdf/liteos。

```
group("liteos") {
        public_deps = [ ":$module_name" ]
        deps = [
        "xxx/xxx",                       //新增模块 BUILD.gn 所在的目录
        ]
}
```

11.4 驱动程序服务管理

驱动服务是 HDF 驱动程序设备对外提供能力的对象，由 HDF 框架统一管理。驱动程序服务管理主要包含驱动程序服务发布和驱动程序服务获取。

HDF 驱动程序服务发布定义了驱动对外发布服务的策略，这些策略包括驱动程序不提供服务、驱动程序对内核态发布服务、驱动程序对内核态和用户态都发布服务等策略。这些策略由配置文件，例如 device_info.hcs 中的 policy 字段来控制，policy 字段的取值范围在如下的枚举 ServicePolicy 中定义。

```
typedef enum {
        /* 驱动程序不提供服务 */
        SERVICE_POLICY_NONE = 0,
        /* 驱动程序对内核态发布服务 */
        SERVICE_POLICY_PUBLIC = 1,
        /* 驱动程序对内核态和用户态都发布服务 */
        SERVICE_POLICY_CAPACITY = 2,
        /* 驱动程序服务不对外发布服务,但可以被订阅 */
        SERVICE_POLICY_FRIENDLY = 3,
        /* 驱动程序私有服务不对外发布服务,也不能被订阅 */
        SERVICE_POLICY_PRIVATE = 4,
        /* 错误的服务策略 */
        SERVICE_POLICY_INVALID
} ServicePolicy;
```

和驱动程序服务管理功能相关的接口包括 bind()函数、获取驱动程序服务函数 DevSvcManagerClntGetService()和订阅驱动程序服务的函数 HdfDeviceSubscribeService()。这两个函数接口说明如下。

```
/**
 * @brief 根据驱动程序服务名称获取驱动服务对象
 *
 * @param svcName 指明发布的驱动程序服务名的指针
 *
 * @return 如果操作成功则返回驱动程序服务对象; 否则返回 NULL
 * @since 1.0
 */
const struct HdfObject *DevSvcManagerClntGetService(const char *svcName);
/**
 * @brief 订阅驱动程序服务
 *如果没有感知到驱动程序加载时间,可以使用该函数订阅驱动服务
 * 驱动程序服务和订阅者必须在同一主机上
 * 订阅的驱动程序服务被 HDF 加载后,框架主动向订阅者释放服务接口
 *
 * @param deviceObject 指明订阅者的驱动程序设备对象的指针
 * @param serviceName 指明驱动程序服务名称的指针
 * @param callback 指明订阅的驱动程序服务加载后 HDF 调用的回调
```

```
 *
 * @return 如果操作成功返回 0; 否则返回非零值
 * @since 1.0
 */
int32_t HdfDeviceSubscribeService(
struct HdfDeviceObject * deviceObject, const char * serviceName, struct SubscriberCallback
callback);
```

11.5 驱动程序消息机制

当用户态应用和内核态驱动需要交互时,可以使用 HDF 框架的消息机制来实现。其功能主要有两种:一种是用户态应用发送消息到内核态驱动程序;另一种是用户态应用接收内核态驱动程序主动上报事件。相关函数在/drivers/framework/include/core/hdf_io_service_if.h 中声明。

第一种功能中,用户态通过如下的 HdfIoServiceBind()获取驱动程序的服务,获取该服务之后通过服务中的 Dispatch 方法向驱动程序发送消息。通过如下的 HdfIoServiceRecycle()释放驱动程序服务。

```
/*
 * @brief 获取驱动程序服务对象
 * @param serviceName 指明要获取的服务名称的指针
 * @return 如果操作成功,则返回驱动程序服务对象的指针; 否则返回 NULL
 */
struct HdfIoService * HdfIoServiceBind(const char * serviceName);

/*
 * @brief 如果不再需要,则销毁指定的驱动程序服务对象以释放资源
 * @param service 指明要销毁的驱动程序服务对象的指针
 */
void HdfIoServiceRecycle(struct HdfIoService * service);
```

第二种功能,通过如下的 HdfDeviceRegisterEventListener()实现用户态程序注册接收驱动程序上报事件。

```
/*
 * @brief 注册一个自定义 HdfDevEventlistener 用于监听指定驱动程序服务对象报告的事件
 *
 * @param target 指明要监听的驱动服务对象的指针,通过 HdfIoServiceBind()函数获取
 * @param listener 指明要注册的监听器的指针
 * @return 如果操作成功返回 0; 否则返回负值
 */
int HdfDeviceRegisterEventListener(struct HdfIoService * target, struct HdfDevEventlistener
 * listener);
```

以及在/drivers/framework/include/core/hdf_device_desc.h 文件中的驱动程序主动上报事件 HdfDeviceSendEvent()。

```
/*
 * @brief 发送事件消息
 * 当驱动程序服务调用该函数发送消息时,所有通过 HdfDeviceRegisterEventListener 注册了监听
器的用户级应用都会收到该消息
 * @param deviceObject 指明驱动程序设备对象的指针
 * @param id 表示消息发送事件的 ID
 * @param data 指明驱动程序发送的消息内容的指针
 * @return 如果操作成功返回 0; 否则返回非零值
 */
int32_t HdfDeviceSendEvent(const struct HdfDeviceObject * deviceObject, uint32_t id, const
struct HdfSBuf * data);
```

11.6 驱动程序配置

HDF 驱动框架的配置通过 HCS(HDF Configuration Source)描述,以键值对为主要形式,实现了配置代码与驱动代码解耦。HCS 语法中保留了如下一些关键字。

(1) root：配置根节点。

(2) include：引用其他 HCS 配置文件。

(3) delete：删除节点或属性,只针对 include 导入的。

(4) template：定义模板节点。

(5) match_attr：匹配查找属性。

HCS 结构主要有属性(attribute)和节点(node),如下。

```
node_name {
        module = "sample";
        attribute_name = value;
        ...
}
```

属性是最小的配置单元,一个独立的配置项,形式为键值对"attribute_name = value"。value 可以是数字常量、字符串或节点引用。节点是一组属性的集合。节点名 node_name,根节点必须以 root 开始。root 节点中必须包含 module 属性,为字符串,用于表征该配置所属模块。若有 match_attr 属性,其值为一个全局唯一的字符串。在解析配置时可以调用查找接口以该属性的值查找到包含该属性的节点。

在属性中的值使用自动数据类型,不显式指定类型,支持的数据类型包括整型、字符串、数组和 bool 类型。数组元素支持整型、字符串,不支持混合类型。整型数组中若数据的长度不同时,向长度大的整数对齐。

HCS 语法中的 include 用于导入其他 HCS 文件,语法示例如下。

```
#include "foo.hcs"       //导入当前目录 foo.hcs 配置文件
#include "../bar.hcs"    //导入上一级目录的 bar.hcs 配置文件
```

多个 include 时,如果存在相同的节点,后者覆盖前者,其余的节点依次展开。

通过符号"&"引用修改可以实现修改另外任意一个节点的内容,语法为"node : &source_node"。

在节点定义时从另一个节点先复制内容，可以定义内容相似的节点，语法为"node：source_node"。

要对 include 导入的 base 配置树中不需要的节点或属性进行删除，可以使用 delete 关键字。

```
// sample2.hcs
root {
        attr_1 = 0x1;
        attr_2 = 0x2;
        foo_2{
              t = 0x1;
        }
}

// sample1.hcs
#include "sample2.hcs"
root {
        attr_2 = delete;
        foo_2: delete {
        }
}
```

sample1.hcs 通过 include 导入了 sample2.hcs 中的配置内容，并使用 delete 删除了 sample2.hcs 中的 attribute2 属性和 foo_2 节点。

使用 template 关键字定义模板 node，子 node 通过双冒号"::"声明继承关系。子节点可以改写但不能新增和删除 template 中的属性，子节点中没有定义的属性将使用 template 中的定义作为默认值。下述例子中，bar 和 bar_1 节点继承了 foo 节点，生成配置树节点结构与 foo 保持了完全一致，只是属性的值不同。

```
root {
        module = "sample";
        template foo{
              attr_1 = 0x1;
              attr_2 = 0x2;
        }

        bar:: foo {
        }

        bar_1:: foo {
              attr_1 = 0x2;
    }
}
```

HC-GEN(HDF Configuration Generator)是 HCS 配置转换工具，可以将 HDF 配置文件转换为软件可读取的文件格式。在弱性能环境中，转换为配置树源码，驱动程序可直接调用 C 代码获取配置。在高性能环境中，转换为 HCB(HDF Configuration Binary)文件，驱动程序可使用 HDF 框架提供的配置解析接口获取配置。

11.7 HDF 驱动程序示例

OpenHarmony 驱动程序为了避免与内核产生依赖，实现可迁移目标，开发时涉及的系统相关接口必须使用 HDF OSAL 接口，总线和硬件资源相关接口使用平台驱动提供的相关接口。

HDF 框架的驱动开发包含驱动代码、编译脚本、驱动程序配置文件添加、用户态程序和驱动程序交互代码。

11.7.1 驱动程序实现

下面的代码实现了基于 HDF 框架编写的驱动程序示例。

```
#include <fcntl.h>
        #include <sys/stat.h>
        #include <sys/ioctl.h>
        #include "hdf_base.h"
        #include "hdf_device_desc.h"
        #include "hdf_log.h"
        #define HDF_LOG_TAG "sample_driver"
        #define SAMPLE_WRITE_READ 123
        static int EchoString(struct HdfDeviceObject * deviceObject, struct HdfSBuf * data,
struct HdfSBuf * reply)
        {
              const char * readData = HdfSbufReadString(data);
              if (readData == NULL) {
                     HDF_LOGE("%s: failed to read data", __func__);
                     return HDF_ERR_INVALID_PARAM;
              }
              if (!HdfSbufWriteInt32(reply, INT32_MAX)) {
                     HDF_LOGE("%s: failed to reply int32", __func__);
                     return HDF_FAILURE;
              }
              return HdfDeviceSendEvent(deviceObject, id, data); // 发送事件到用户态
        }
         int32_t HdfSampleDriverDispatch(struct HdfDeviceObject * deviceObject, int id,
struct HdfSBuf * data, struct HdfSBuf * reply)
        {
              const char * readData = NULL;
              int ret = HDF_SUCCESS;
              switch (id) {
                     switch SAMPLE_WRITE_READ:
                     ret = EchoString(deviceObject, data, reply);
                     break;
                     default:
                     HDF_LOGE("%s: unsupported command");
                     ret = HDF_ERR_INVALID_PARAM;
```

```
        }
        return ret;
}
void HdfSampleDriverRelease(struct HdfDeviceObject * deviceObject)
{
        //在这里释放驱动程序申请的软硬件资源
        return;
}
int HdfSampleDriverBind(struct HdfDeviceObject * deviceObject)
{
        if (deviceObject == NULL) {
                return HDF_FAILURE
        }
        static struct IDeviceIoService testService = {
                .Dispatch = HdfSampleDriverDispatch,
        };
        deviceObject->service = &testService;
        return HDF_SUCCESS;
}
int HdfSampleDriverInit(struct HdfDeviceObject * deviceObject)
{
        if (deviceObject == NULL) {
                HDF_LOGE("%s::ptr is null!", __func__);
                return HDF_FAILURE;
        }
        HDF_LOGE("Sample driver Init success");
        return HDF_SUCCESS;
}
struct HdfDriverEntry g_sampleDriverEntry = {
        .moduleVersion = 1,
        .moduleName = "sample_driver",
        .Bind = HdfSampleDriverBind,
        .Init = HdfSampleDriverInit,
        .Release = HdfSampleDriverRelease,
};
HDF_INIT(g_sampleDriverEntry);
```

其功能是驱动程序收到用户态发送的消息后将相同内容的消息再发送给用户态。代码最后的 g_sampleDriverEntry 描述一个驱动实现，HDF_INIT(g_sampleDriverEntry)注册驱动程序。g_sampleDriverEntry 中的成员 moduleName 指定了驱动程序的名字"sample_driver"，用于在驱动程序配置中和驱动程序服务对应。

11.7.2 驱动程序配置

驱动程序配置包含两部分：HDF 框架定义的驱动程序设备描述和驱动程序私有配置信息。HDF 框架定义的驱动程序设备描述用于 HDF 框架加载驱动，因此必须要在 HDF 框架定义的 device_info.hcs 配置文件中添加对应的设备描述。

在下面的配置文件中，preload 字段配成 0(DEVICE_PRELOAD_ENABLE)，则系统启

动过程中默认加载；配成 1(DEVICE_PRELOAD_ENABLE_STEP2)，当系统支持快启的时候，则在系统完成之后再加载这一类驱动程序，否则和 DEVICE_PRELOAD_ENABLE 含义相同；配成 2(DEVICE_PRELOAD_DISABLE)，则系统启动过程中默认不加载，支持后续动态加载，当用户态获取驱动程序服务时，如果驱动程序服务不存在，HDF 框架会尝试动态加载该驱动程序。如果驱动程序为默认加载，配置文件中的 priority 是用来表示主机和驱动程序的优先级，不同的主机内的驱动程序，主机的 priority 值越小，驱动加载优先级越高；同一个主机内驱动的 priority 值越小，加载优先级越高。

配置文件中的 moduleName 为驱动程序名称，该字段的值必须和驱动程序入口结构 g_sampleDriverEntry 的 moduleName 值一致。配置文件中 serviceName 为驱动程序服务名，称为驱动程序对外发布服务的名称，必须唯一，此处是 sample_service。

在配置中定义的 device 将在加载过程中产生一个设备实例，配置中通过 moduleName 字段指定设备对应的驱动程序名称，从而将设备与驱动程序关联起来。其中，设备与驱动程序可以是一对多的关系，即可以实现一个驱动支持多个同类型设备。

```
root {
        device_info{
                match_attr = "hdf_manager";
                //主机模板
                template host{
                        hostName = "";
                        priority = 100;
                        template device{
                                template deviceNode{
                                        policy = 0;
                                        priority = 100;
                                        preload = 0;
                                        permission = 0664;
                                        moduleName = "";
                                        serviceName = "";
                                        deviceMatchAttr = "";
                                }
                        }
                }
                //如果使用模板中的默认值,继承主机模板的节点字段可以省略
                sample_host:: host{
                        hostName = "host0";  // 主机名称
                        priority = 100;       // 主机启动优先级(0～200)
                        device_sample:: device {         // sample 设备节点
                                device0:: deviceNode { // sample 驱动程序的 DeviceNode 节点
                                        policy = 1;       // 驱动程序服务发布策略
                                        priority = 100;  // 驱动程序启动优先级(0～200)
                                        preload = 0;      // 驱动程序按需加载字段
                                        permission = 0664; // 驱动程序创建设备节点权限
                                        moduleName = "sample_driver"; /* 驱动程序名称,该字
段的值必须和驱动程序入口结构的 moduleName 值一致 */
                                        serviceName = "sample_service"; /* 驱动程序对外发布
服务的名称,必须唯一 */
```

```
                    deviceMatchAttr = "sample_config"; /* 驱动程序私有
数据匹配的关键字,必须和驱动程序私有数据配置表中的 match_attr 值相等 */
                }
            }
        }
    }
}
```

如果驱动程序有私有配置,则可以添加一个驱动的配置文件,用来填写一些驱动程序的默认配置信息,HDF 框架在加载驱动程序时,会将对应的配置信息获取并保存在 HdfDeviceObject 中的 property 里面,通过 Bind 和 Init 传递给驱动程序。如下为驱动程序的私人配置信息示例。

```
root {
    SampleDriverConfig{
        sample_version = 1;
        sample_bus = "I2C_0";
        match_attr = "sample_config";  /* 该字段的值必须和 device_info.hcs 中的
deviceMatchAttr 值一致 */
    }
}
```

配置信息定义之后,需要通过 include 将该配置文件添加到板级配置入口文件。

```
#include "device_info/device_info.hcs"
#include "sample/sample_config.hcs"
```

11.7.3 驱动程序消息

用户态程序和驱动程序交互基于 HDF IoService 模型实现,屏蔽了具体内核的差异,将驱动程序接口抽象为 IoService 对象,调用者基于名称获取该对象,并可以使用 IoService 系列接口进行接口调用和事件监听。

驱动程序消息机制的功能主要有用户态应用发送消息到驱动程序和用户态应用接收驱动程序主动上报事件。用户态获取驱动程序的服务,获取该服务之后通过服务中的 Dispatch 方法向驱动程序发送消息时,使用 struct HdfIoService * HdfIoServiceBind(const char * serviceName)。释放驱动程序服务,使用 void HdfIoServiceRecycle(struct HdfIoService * service)。用户态程序注册接收驱动程序上报事件的操作方法,使用 int HdfDeviceRegisterEventListener(struct HdfIoService * target, struct HdfDevEventlistener * listener)。驱动程序主动上报事件接口,使用 int HdfDeviceSendEvent(struct HdfDeviceObject * deviceObject, uint32_t id, struct HdfSBuf * data)。

11.7.4 用户态程序

用户态程序代码如下,其中,通过 main()函数的 HdfIoServiceBind(SAMPLE_SERVICE_NAME)绑定服务。

```
#include <fcntl.h>
#include <sys/stat.h>
#include <sys/ioctl.h>
#include <unistd.h>
#include "hdf_log.h"
#include "hdf_sbuf.h"
#include "hdf_io_service_if.h"

#define HDF_LOG_TAG "sample_test"
#define SAMPLE_SERVICE_NAME "sample_service"

#define SAMPLE_WRITE_READ 123

int g_replyFlag = 0;

static int OnDevEventReceived(void *priv, uint32_t id, struct HdfSBuf *data)
{
        const char *string = HdfSbufReadString(data);
        if (string == NULL) {
              HDF_LOGE("fail to read string in event data");
              g_replyFlag = 1;
              return HDF_FAILURE;
        }
        HDF_LOGE("%s: dev event received: %u %s", (char *)priv, id, string);
        g_replyFlag = 1;
        return HDF_SUCCESS;
}

static int SendEvent(struct HdfIoService *serv, char *eventData)
{
        int ret = 0;
        struct HdfSBuf *data = HdfSBufObtainDefaultSize();
        if (data == NULL) {
              HDF_LOGE("fail to obtain sbuf data");
              return 1;
        }

        struct HdfSBuf *reply = HdfSBufObtainDefaultSize();
        if (reply == NULL) {
              HDF_LOGE("fail to obtain sbuf reply");
              ret = HDF_DEV_ERR_NO_MEMORY;
              goto out;
        }

        if (!HdfSbufWriteString(data, eventData)) {
              HDF_LOGE("fail to write sbuf");
              ret = HDF_FAILURE;
              goto out;
```

```
    }

    ret = serv->dispatcher->Dispatch(&serv->object, SAMPLE_WRITE_READ, data, reply);
    if (ret != HDF_SUCCESS) {
        HDF_LOGE("fail to send service call");
        goto out;
    }

    int replyData = 0;
    if (!HdfSbufReadInt32(reply, &replyData)) {
        HDF_LOGE("fail to get service call reply");
        ret = HDF_ERR_INVALID_OBJECT;
        goto out;
    }
    HDF_LOGE("Get reply is: %d", replyData);
    out:
    HdfSBufRecycle(data);
    HdfSBufRecycle(reply);
    return ret;
}

int main()
{
    char *sendData = "default event info";
    /* 通过 SAMPLE_SERVICE_NAME 获取 IoService 对象 serv,与驱动程序配置中的名称一致 */
    struct HdfIoService *serv = HdfIoServiceBind(SAMPLE_SERVICE_NAME);
    if (serv == NULL) {
        HDF_LOGE("fail to get service %s", SAMPLE_SERVICE_NAME);
        return HDF_FAILURE;
    }
    /* 构造驱动事件监听器对象 listener */
    static struct HdfDevEventlistener listener = {
        .callBack = OnDevEventReceived,//事件发生时的回调函数,如上
        .priv = "Service0"
    };

    /* 注册驱动程序服务和驱动事件监听器对象 */
    if (HdfDeviceRegisterEventListener(serv, &listener) != HDF_SUCCESS) {
        HDF_LOGE("fail to register event listener");
        return HDF_FAILURE;
    }

    /* 调用驱动程序接口,驱动程序收到事件 */
    if (SendEvent(serv, sendData)) {
        HDF_LOGE("fail to send event");
        return HDF_FAILURE;
    }
```

```
        while (g_replyFlag == 0) {                  //等待事件
            sleep(1);
        }
        /*卸载事件监听器*/
        if (HdfDeviceUnregisterEventListener(serv, &listener)) {
            HDF_LOGE("fail to unregister listener");
            return HDF_FAILURE;
        }
        /* 回收*/
        HdfIoServiceRecycle(serv);
        return HDF_SUCCESS;
}
```

第 4 篇　应用UI开发

第12章

应用UI开发基础

古之立大事者，不惟有超世之才，亦必有坚忍不拔之志。

——苏轼

在 HarmonyOS 上运行的应用程序，可以是需要安装的应用程序，也可以是免安装的应用，即原子化服务。应用程序围绕 Ability 组件展开，HAP(HarmonyOS Ability Package)是 Ability 的部署包。应用程序包由一个或多个 HAP 以及描述每个 HAP 属性的 pack.info 组成，以 App Pack(application package)形式发布。

一个 HAP 是由代码、资源、第三方库及应用配置文件组成的模块包，可分为 entry 和 feature 两种模块类型，其中，entry 是应用的主模块。一个 App 中，对于同一设备类型，可以有一个或多个 entry 类型的 HAP，来支持该设备类型中不同规格(如 API 版本、屏幕规格等)的具体设备。如果同一设备类型存在多个 entry 模块，则必须配置 distroFilter 分发规则，使得应用市场在做应用的云端分发时，对该设备类型下不同规格的设备进行精确分发。应用的动态特性模块为 feature。一个 App 可以包含一个或多个 feature 类型的 HAP，也可以不含。只有包含 Ability 的 HAP 才能够独立运行。

Ability 是应用所具备的能力的抽象，一个应用可以包含一个或多个 Ability。Ability 分为两种类型：FA(Feature Ability)和 PA(Particle Ability)。FA/PA 是应用的基本组成单元，能够实现特定的业务功能。FA 有 UI 界面，而 PA 无 UI 界面。

库文件是应用依赖的第三方代码(例如 so、jar、bin、har 等二进制文件)，存放在 libs 目录。

应用的资源文件(字符串、图片、音频等)存放于 resources 目录下，便于开发者使用和维护。

配置文件(config.json)是应用的 Ability 信息，用于声明应用的 Ability，以及应用所需权限等信息。

描述应用软件包中每个 HAP 的属性，由 IDE 编译生成，应用市场根据该文件进行拆包和 HAP 的分类存储。HAP 的具体属性包括 delivery-with-install、name、module-type 和 device-type 等。delivery-with-install 表示该 HAP 是否支持随应用安装，“true”表示支持随应用安装，“false”表示不支持随应用安装。name 为 HAP 文件名。module-type 为模块类型，可以为 entry 或 feature。device-type 表示支持该 HAP 运行的设备类型。

HAR(HarmonyOS Ability Resources)可以提供构建应用所需的所有内容，包括源代码、资源文件和 config. json 文件。HAR 不同于 HAP，HAR 不能独立安装运行在设备上，只能作为应用模块的依赖项被引用。

12.1 应用的配置

应用程序 HAP 的根目录的 config. json 配置文件包含应用程序的全局配置信息，包含应用程序包名、生产厂商、版本号等基本信息。应用程序在具体设备上的配置信息，包含应用程序的备份恢复和网络安全等能力。HAP 包的配置信息，包含每个 Ability 必须定义的基本属性(如包名、类名、类型以及 Ability 提供的能力)，以及应用访问系统或其他应用受保护部分所需的权限等。配置文件采用 JSON 文件标准，JSON 标准参考 13.5 节。JSON 文件中的名称，即配置项的属性名，最多只允许出现一次。

配置文件 config. json 在/entry/src/main 文件夹下，由 app、deviceConfig 和 module 三个对象组成，缺一不可。app 对象表示全局配置信息，同一个应用程序的不同 HAP 包的 app 配置必须保持一致。deviceConfig 对象表示在具体设备上的配置信息。module 对象表示 HAP 包的配置信息，该标签下的配置只对当前 HAP 包生效。

app 对象包含应用的全局配置信息，内部结构如下。

(1) bundleName 表示包名，用于标识应用程序的唯一性，由 7～128 个字符组成。包名通常采用反域名形式表示，原子化服务的包名必须以“. hmservice”结尾。

(2) vendor 对应用开发厂商的描述。

(3) version 版本信息。

- name 表示版本号，用于向应用的终端用户呈现。使用三段式或四段式数字版本号，包含主版本号(major)、次版本号(minor)、特性版本号(feature)和修订版本号(patch)。
- code 表示应用的版本号，仅用于 HarmonyOS 管理该应用，不对终端用户呈现。
- minCompatibleVersionCode 表示应用可兼容的最低版本号，用于在跨设备场景下，判断其他设备上该应用的版本是否兼容。格式与 version. code 字段的格式要求相同。

(4) smartWindowSize 悬浮窗场景下表示应用的模拟窗口的尺寸。配置格式为“正整数×正整数”，单位为 vp。

(5) smartWindowDeviceType 表示应用可以在哪些设备上使用模拟窗口打开。取值为 phone、tablet 和 tv。

(6) argetBundleList 表示允许以免安装方式拉起的最多 10 个其他 HarmonyOS 应用。

app 对象包含应用的全局配置信息的一个示例如下。

```
"app": {
        "bundleName": "com.example.myapplication",
        "vendor": "example",
        "version": {
```

```
                "code": 1000000,
                "name": "1.0.0"
            }
    }
```

deviceConfig 对象包含在具体设备上的应用配置信息，可以包含 default、phone、tablet、tv、car、wearable、liteWearable 和 smartVision 等属性。default 标签内的配置是适用于所有设备通用，其他设备类型如果有特殊的需求，则需要在该设备类型的标签下进行配置。deviceConfig 对象的内部结构如下。

(1) process 表示应用或者 Ability 的进程名。如果在 deviceConfig 标签下配置了 process 标签，则该应用的所有 Ability 都运行在这个进程中。如果在 abilities 标签下也为某个 Ability 配置了 process 标签，则该 Ability 就运行在这个进程中。该标签默认为应用的软件包名，仅适用于手机、平板电脑、智慧屏、车机、智能穿戴设备。

(2) supportBackup 表示应用是否支持备份和恢复。如果配置为“false”，则不支持为该应用执行备份或恢复操作。该标签仅适用于手机、平板电脑、智慧屏、车机、智能穿戴设备。

(3) compressNativeLibs 表示 libs 库是否以压缩存储的方式打包到 HAP 包。

(4) network 表示网络安全性配置。该标签允许应用通过配置文件的安全声明来自定义其网络安全，无须修改应用代码。

① cleartextTraffic 表示是否允许应用使用明文网络流量(例如，明文 HTTP)。默认为“false”，拒绝应用使用明文流量的请求。

② securityConfig 表示应用的网络安全配置信息。

- 缺省表示自定义的网域范围的安全配置，支持多层嵌套，即一个 domainSettings 对象中允许嵌套更小网域范围的 domainSettings 对象。
- cleartextPermitted 表示自定义的网域范围内是否允许明文流量传输。当 cleartextTraffic 和 securityConfig 同时存在时，自定义网域是否允许明文流量传输以 cleartextPermitted 的取值为准。
- domains 表示域名配置信息，包含两个参数：subdomains 和 name。subdomains(布尔类型)表示是否包含子域名。如果为“true”，此网域规则将与相应网域及所有子网域(包括子网域的子网域)匹配。否则，该规则仅适用于精确匹配项。name(字符串)表示域名名称。

一个 deviceConfig 对象示例如下。

```
"deviceConfig": {
        "default": {
            "process": "com.huawei.myapplication.example",
            "supportBackup": false,
            "network": {
                "cleartextTraffic": true,
                "securityConfig": {
                    "domainSettings": {
                        "cleartextPermitted": true,
                        "domains": [
                        {
```

```
                        "subdomains": true,
                        "name": "example.ohos.com"
                    }
                    ]
                }
            }
        }
    }
}
```

module 对象包含 HAP 包的配置信息，主要内部结构说明如下，不同 module 配置适用于不同的配置。

(1) mainAbility 表示 HAP 包的入口 ability 名称。该标签的值应配置为 module→abilities 中存在的 Page 类型 ability 的名称。

(2) package 表示 HAP 的包结构名称，在应用内应保证唯一性。采用反向域名格式。

(3) name 表示 HAP 的类名。采用反向域名方式表示，前缀需要与同级的 package 标签指定的包名一致，也可采用“.”开头的命名方式。

(4) supportedModes 表示应用支持的运行模式，当前只定义了驾驶模式(drive)。

(5) deviceType 表示允许 Ability 运行的设备类型。

(6) distro 表示 HAP 发布的具体描述。

① deliveryWithInstall 表示当前 HAP 是否支持随应用安装。

② moduleName 表示当前 HAP 的名称。

③ moduleType 表示当前 HAP 的类型，包括 entry 和 feature 两种类型。

④ installationFree 表示当前 HAP 是否支持免安装特性。

(7) metaData 表示 HAP 的元信息。

(8) abilities 表示当前模块内的所有 Ability。采用对象数组格式，其中每个元素表示一个 Ability 对象。

① name 表示 Ability 名称。取值可采用反向域名方式表示，由包名和类名组成，如“com.example.myapplication.MainAbility”；也可采用“.”开头的类名方式表示，如“.MainAbility”。Ability 的名称，须在一个应用的范围内保证唯一。

② icon 表示 Ability 图标资源文件的索引。

③ uri 表示 Ability 的统一资源标识符。格式为[scheme:][//authority][path][?query][#fragment]。

④ launchType 表示 Ability 的启动模式，支持“standard”“singleMission”“singleton”三种模式。standard 模式表示该 Ability 可以有多实例，适用于大多数应用场景。singleMission 模式表示此 Ability 在每个任务栈中只能有一个实例。singleton 模式表示该 Ability 在所有任务栈中仅可以有一个实例。例如，具有全局唯一性的呼叫来电界面即采用 singleton 模式。

⑤ visible 表示 Ability 是否可以被其他应用调用。

⑥ permissions 表示其他应用的 Ability 调用此 Ability 时需要申请的权限。

⑦ skills 表示 Ability 能够接收的 Intent 的特征。

⑧ deviceCapability 表示 Ability 运行时要求设备具有的能力，采用字符串数组的格式表示。

⑨ metaData 表示 Ability 的元信息。调用 Ability 时调用参数的元信息，例如，参数个数和类型。Ability 执行完毕返回值的元信息，例如，返回值个数和类型。

⑩ type 表示 Ability 的类型。page 表示基于 Page 模板开发的 FA，用于提供与用户交互的能力。service 表示基于 Service 模板开发的 PA，用于提供后台运行任务的能力。data 表示基于 Data 模板开发的 PA，用于对外部提供统一的数据访问抽象。CA 表示支持其他应用以窗口方式调起该 Ability。

⑪ orientation 表示该 Ability 的显示模式，仅适用于 page 类型的 Ability。取值范围为 unspecified、landscape、portrait、followRecent。

⑫ backgroundModes 表示后台服务的类型，可以为一个服务配置多个后台服务类型。仅适用于 service Ability。取值范围为 dataTransfer、audioPlayback、audioRecording、pictureInPicture、voip、location、bluetoothInteractio、wifiInteraction、screenFetch、multiDeviceConnection。

⑬ readPermission/writePermission 表示读取或写入 Ability 数据所需的权限。

⑭ configChanges 表示 Ability 关注的系统配置集合。当已关注的配置发生变更后，Ability 会收到 onConfigurationUpdated 回调。

⑮ mission 表示 Ability 指定的任务栈。

⑯ targetAbility 表示当前 Ability 重用的目标 Ability。

⑰ multiUserShared 表示 Ability 是否支持多用户状态进行共享，仅适用于 data 类型的 Ability。

⑱ upportPipMode 表示 page 类型 Ability 是否支持用户进入 PIP 模式。

⑲ formsEnabled 表示 page 类型 Ability 是否支持卡片(forms)功能。

⑳ forms 表示服务卡片的属性。

- name 表示卡片的类名，字符串最大长度为 127B。
- description 表示卡片的描述。
- isDefault 表示该卡片是否为默认卡片，每个 Ability 有且只有一个默认卡片。
- type 表示卡片的类型。Java 指 Java 卡片，JavaScript 指 JavaScript 卡片。
- colorMode 表示卡片的主题样式：auto，dark 或 light。
- supportDimensions 表示卡片支持的外观规格，1×2 表示 1 行 2 列的二宫格，2×2 表示 2 行 2 列的四宫格，2×4 表示 2 行 4 列的八宫格，4×4 表示 4 行 4 列的十六宫格。
- defaultDimension 表示卡片的默认外观规格。
- landscapeLayouts 表示卡片外观规格对应的横向布局文件。
- portraitLayouts 表示卡片外观规格对应的竖向布局文件。
- updateEnabled 表示卡片是否支持周期性刷新。
- scheduledUpdateTime 表示卡片定点刷新的时刻，采用 24 小时制，精确到分钟。
- updateDuration 表示卡片定时刷新的更新周期，单位为 30min，取值为自然数。
- formConfigAbility 表示卡片的配置跳转链接，采用 URI 格式。

- jsComponentName 表示 JS 卡片的 Component 名称。
- metaData 表示卡片的自定义信息,包含 customizeData 数组标签。
- customizeData 表示自定义的卡片信息。

㉑ resizeable 表示 Ability 是否支持多窗口特性。

(9) js 表示基于 ArkUI 框架开发的 JavaScript 模块集合,其中的每个元素代表一个 JavaScript 模块的信息。

① name 表示 JS Component 的名字。默认值为 default。

② pages 表示 JS Component 的页面用于列举 JS Component 中每个页面的路由信息(页面路径+页面名称)。该标签不可省略,取值为数组,数组第一个元素代表首页。

③ window 用于定义与显示窗口相关的配置。

④ mode 配置 JS Component 运行类型与语法风格。

⑤ syntax 配置 JS Component 的语法风格,HML 是以 HTML/CCS/JS 风格进行编写,ets 是以声明式语法风格进行编写。

⑥ type 表示 JavaScript 应用的类型,normal 标识该 JS Component 为应用实例,form 标识该 JS Component 为卡片实例。

(10) shortcuts 表示应用的快捷方式信息。采用对象数组格式,其中的每个元素表示一个快捷方式对象。

(11) defPermissions 表示应用定义的权限。应用调用者必须申请这些权限,才能正常调用该应用。

(12) reqPermissions 表示应用运行时向系统申请的权限。

(13) colorMode 表示应用自身的颜色模式。

(14) resizeable 表示应用是否支持多窗口特性。

(15) distroFilter 表示应用的分发规则。定义 HAP 包对应地细分设备规格的分发策略,以便在应用市场进行云端分发应用包时做精准匹配。

一个 module 对象的例子如下。

```
"module": {
            "mainAbility": "MainAbility",
            "package": "com.example.myapplication.entry",
            "name": ".MyOHOSAbilityPackage",
            "description": "$string:description_application",
            "supportedModes": [
            "drive"
            ],
            "deviceType": [
            "car"
            ],
            "distro": {
                  "deliveryWithInstall": true,
                  "moduleName": "ohos_entry",
                  "moduleType": "entry"
            },
            "abilities": [
```

```
        ...
        ],
        "shortcuts": [
        ...
        ],
        "js": [
        ...
        ],
        "reqPermissions": [
        ...
        ],
        "defPermissions": [
        ...
        ],
        "colorMode": "light"
    }
```

如下是 config.json 的一个示例，声明三个 Ability。

```
{
    "app": {
        "bundleName": "com.huawei.hiworld.himusic",
        "vendor": "huawei",
        "version": {
            "code": 2,
            "name": "2.0"
        },
        "apiVersion": {
            "compatible": 3,
            "target": 3,
            "releaseType": "Beta1"
        }
    },
    "deviceConfig": {
        "default": {
        }
    },
    "module": {
        "mainAbility": "MainAbility",
        "package": "com.huawei.hiworld.himusic.entry",
        "name": ".MainApplication",
        "supportedModes": [
        "drive"
        ],
        "distro": {
            "moduleType": "entry",
            "deliveryWithInstall": true,
            "moduleName": "hap-car"
        },
        "deviceType": [
        "car"
```

```
],
"abilities": [
{
    "name": ".MainAbility",
    "description": "himusic main ability",
    "icon": "$media:ic_launcher",
    "label": "$string:HiMusic",
    "launchType": "standard",
    "orientation": "unspecified",
    "visible": true,
    "skills": [
    {
        "actions": [
        "action.system.home"
        ],
        "entities": [
        "entity.system.home"
        ]
    }
    ],
    "type": "page",
    "formsEnabled": false
},
{
    "name": ".PlayService",
    "description": "himusic play ability",
    "icon": "$media:ic_launcher",
    "label": "$string:HiMusic",
    "launchType": "standard",
    "orientation": "unspecified",
    "visible": false,
    "skills": [
    {
        "actions": [
        "action.play.music",
        "action.stop.music"
        ],
        "entities": [
        "entity.audio"
        ]
    }
    ],
    "type": "service",
    "backgroundModes": [
    "audioPlayback"
    ]
},
{
    "name": ".UserADataAbility",
    "type": "data",
    "uri": "dataability://com.huawei.hiworld.himusic.UserADataAbility",
```

```
                "visible": true
            }
            ],
            "reqPermissions": [
            {
                "name": "ohos.permission.DISTRIBUTED_DATASYNC",
                "reason": "",
                "usedScene": {
                        "ability": [
                        "com.huawei.hiworld.himusic.entry.MainAbility",
                        "com.huawei.hiworld.himusic.entry.PlayService"
                        ],
                        "when": "inuse"
                }
            }
            ]
        }
    }
```

12.2 应用的资源

应用的资源文件(字符串、图片和音频等)统一存放于 resources 目录下,包括 base 目录与限定词目录,以及 rawfile 目录。资源组目录包括 element、media、animation、layout、graphic 和 profile,用于存放特定类型的资源文件。

element 表示元素资源,每一类数据都采用相应的 JSON 文件来表征。这些 JSON 文件包括 boolean.json、color.json、float.json、intarray.json、integer.json、pattern.json、plural.json、strarray.json 和 string.json,所包含数据的数据类型分别为布尔型、颜色、浮点型、整型数组、整型、样式、复数形式、字符串数组和字符串。media 表示媒体资源,包括图片、音频、视频等非文本格式的文件。animation 表示动画资源,采用 XML 文件格式。layout 表示布局资源,graphic 表示可绘制资源,profile 表示其他类型文件,以原始文件形式保存。

12.3 方舟开发框架

进行应用 UI 开发时,可以使用方舟开发框架(ArkUI),如图 12.1 所示。

有两种开发范式,分别是基于 JavaScript 扩展的类 Web 开发范式(简称"类 Web 开发范式")和基于 TS 扩展的声明式开发范式(简称"声明式开发范式")。类 Web 开发范式与声明式开发范式的 UI 后端引擎和语言运行时是共用的。其中,类 Web 开发范式,采用经典的 HML、CSS 和 JavaScript 三段式开发方式。使用 HML 标签文件进行布局搭建,使用 CSS 文件进行样式描述,使用 JavaScript 文件进行逻辑处理。UI 组件与数据之间通过单向数据绑定的方式建立关联,当数据发生变化时,UI 界面自动触发更新。此种开发方式,更接近 Web 前端开发者的使用习惯,快速将已有的 Web 应用改造成方舟开发框架应用。主要适用于界面较为简单的中小型应用开发。

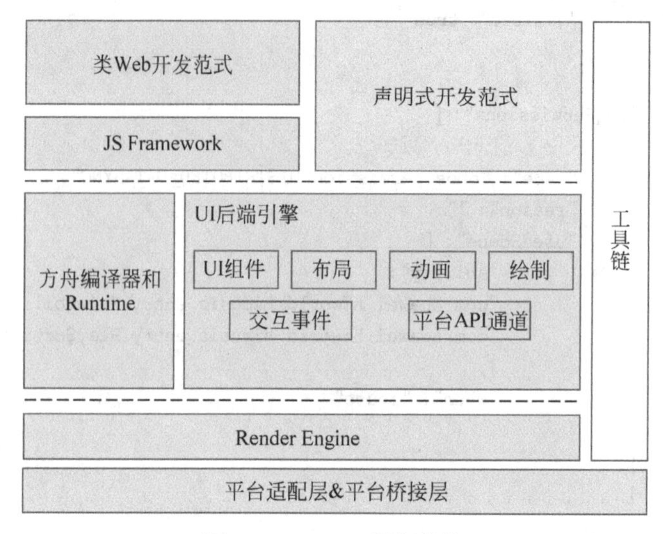

图 12.1 ArkUI 框架结构

声明式开发范式，采用 TS 语言并进行声明式 UI 语法扩展，从组件、动效和状态管理三个维度提供了 UI 绘制能力。UI 开发更接近自然语义的编程方式，让开发者直观地描述 UI，不必关心框架如何实现 UI 绘制和渲染，实现极简高效开发。同时，选用有类型标注的 TS 语言，引入编译期的类型校验，更适用大型的应用开发。

方舟开发框架的基本概念包括组件和页面。组件是界面搭建与显示的最小单位。通过多种组件的组合，构建满足自身应用诉求的完整界面。page 页面是方舟开发框架最小的调度分割单位。可以将应用设计为多个功能页面，每个页面进行单独的文件管理，并通过路由 API 实现页面的调度管理，以实现应用内功能的解耦。

方舟开发框架不仅提供了多种基础组件，如文本显示、图片显示和按键交互等，也提供了支持视频播放能力的媒体组件。并且针对不同类型设备进行了组件设计，提供了组件在不同平台上的样式适配能力，此种组件称为"多态组件"。

方舟开发框架提供了多种布局方式，不仅保留了经典的弹性布局能力，也提供了列表、宫格、栅格布局和适应多分辨率场景开发的原子布局能力。

方舟开发框架对于 UI 的美化，除了组件内置动画效果外，也提供了属性动画、转场动画和自定义动画能力。

方舟开发框架提供了多种交互能力，满足应用在不同平台通过不同输入设备均可正常进行 UI 交互响应，默认适配了触摸手势、遥控器和鼠标等输入操作，同时也提供事件通知能力。

方舟开发框架提供了多种绘制能力，以满足开发者绘制自定义形状的需求，支持图形绘制、颜色填充、文本绘制和图片绘制等。

方舟开发框架提供了 API 扩展机制，平台能力通过此种机制进行封装，提供风格统一的 JavaScript 接口。

第13章

语言基础

君子不自大其事，不自尚其功。

——《礼记》

13.1 HTML 和 HML

HML(HarmonyOS Markup Language)是类 HTML 的标记语言，通过组件和事件构建页面的内容。页面具备数据绑定、事件绑定、列表渲染、条件渲染和逻辑控制等高级能力。

HTML 是一种标记语言，由一套标记标签组成，使用标记标签来描述网页。一个 HTML 文档包含 HTML 标签及文本内容。如下所示为一个 HTML 文档，保存为 test.html 后，可以用浏览器打开。

```
<!DOCTYPE html>
        <html>
        <head>
        <meta charset = "utf - 8">
        <title>我的网页</title>
        </head>
        <body>

        <h1>我的第一个标题</h1>

        <p>我的第一个段落。</p>

        </body>
        </html>
```

其中包含< html >标签，为 HTML 页面的根标签。< head >标签包含文档的元数据，如< meta charset＝"utf-8">定义网页编码格式为 utf-8。< title >标签描述了文档的标题，< body >标签包含可见的页面内容，< h1 >标签定义一级标题，< p >标签定义一个段落。

标题(heading)通过< h1 >～< h6 >标签定义，段落通过标签< p >定义，链接通过标签< a >定义的，图像是通过标签< img >定义。

HTML 元素包含开始标签与结束标签，和标签有同样的含义。HTML 文档由 HTML 元素定义。大多数 HTML 元素可拥有属性。大多数 HTML 元素可以嵌套。前述示例中，有< html >元素，并在其中嵌套了< body >元素。HTML5 添加了很多新元素及功能，如图形的绘制、多媒体内容、更好的页面结构、更好的形式处理和几个 API 拖放元素等。

HTML 元素可以设置属性，用于添加附加信息。属性一般描述于开始标签，总是以名称/值对的形式出现，如 name="value"。链接元素由< a >标签定义，链接的地址在 href 属性中指定，如下。

```
<a href = "https://developer.harmonyos.com/">华为</a>
```

HTML5 元素的属性列表如下。

(1) accesskey 设置访问元素的键盘快捷键。

(2) class 规定元素的类名(classname)。

(3) contenteditable 规定是否可编辑元素的内容。

(4) contextmenu 指定一个元素的上下文菜单。当用户右击该元素，出现上下文菜单。

(5) data-* 用于存储页面的自定义数据。

(6) dir 设置元素中内容的文本方向。

(7) draggable 指定某个元素是否可以拖动。

(8) dropzone 指定是否将数据复制、移动、连接或删除。

(9) hidden 对元素进行隐藏。

(10) id 元素的唯一 id。

(11) lang 设置元素中内容的语言代码。

(12) spellcheck 检测元素是否拼写错误。

(13) style 元素的行内样式(inline style)

(14) tabindex 设置元素的 Tab 键控制次序。

(15) title 规定元素的额外信息(可在工具提示中显示)。

(16) translate 指定一个元素的值在页面载入时是否需要翻译。

常用的 HTML 元素包括 text、input、form 和 list 等。

< button >标签定义一个按钮，示例代码如下。

```
<button type = "button">点我!</button>
```

与使用< input >元素创建的按钮不同，在< button >元素内部，可以放置文本或图像内容。

< input >标签规定了用户可以在其中输入数据的输入字段，在< form >元素中使用，用来声明允许用户输入数据的 input 控件。输入字段可通过多种方式改变，取决于 type 属性。下例演示了一个简单的 HTML 表单，包含两个文本输入框和一个提交按钮。

```
<form action = "demo_form.php">
        First name:<input type = "text" name = "fname"><br>
        Last name:<input type = "text" name = "lname"><br>
        <input type = "submit" value = "提交">
        </form>
```

<form>标签用于创建供用户输入的HTML表，可包含一个或多个表单元素，如<input>、<textarea>、<button>、<select>、<option>、<optgroup>、<fieldset>和<label>等。

<dialog>标签定义一个对话框、确认框或窗口，示例如下。

```
<table border = "1">
        <tr>
        <th> January <dialog open> This is an open dialog window </dialog></th>
        <th> February </th>
        <th> March </th>
        </tr>
        <tr>
        <td> 31 </td>
        <td> 28 </td>
        <td> 31 </td>
        </tr>
        </table>
```

<img>标签定义HTML页面中的图像，有两个必需的属性src和alt，示例如下。

```
<img loading = "lazy" src = "smiley - 2.gif" alt = "Smiley face" width = "42" height = "42">
```

HTML的<script>标签用于定义客户端脚本，如JavaScript。<script>元素既可包含脚本语句，也可通过src属性指向外部脚本文件。下面的脚本会向浏览器输出"Hello World!"。

```
<script>
        document.write("Hello World!");
        </script>
```

HTML事件可以触发浏览器中的行为，如当单击某个HTML元素时启动JavaScript代码。这些事件包括窗口事件(window event)、表单事件(form events)、键盘事件(keyboard events)、鼠标事件(mouse events)和多媒体事件(media events)等。如鼠标事件包括以下事件。

(1) onclick 当单击鼠标时运行脚本。

(2) ondblclick 当双击鼠标时运行脚本。

(3) ondragNew 当拖动元素时运行脚本。

(4) ondragendNew 当拖动操作结束时运行脚本。

(5) ondragenterNew 当元素被拖动至有效的拖放目标时运行脚本。

(6) ondragleaveNew 当元素离开有效拖放目标时运行脚本。

(7) ondragoverNew 当元素被拖动至有效拖放目标上方时运行脚本。

(8) ondragstartNew 当拖动操作开始时运行脚本。

(9) ondropNew 当被拖动元素正在被拖放时运行脚本。

(10) onmousedown 当按下鼠标按钮时运行脚本。

(11) onmousemove 当鼠标指针移动时运行脚本。

(12) onmouseout 当鼠标指针移出元素时运行脚本。

(13) onmouseover 当鼠标指针移至元素之上时运行脚本。

（14）onmouseup 当松开鼠标按钮时运行脚本。

（15）onmousewheelNew 当转动鼠标滚轮时运行脚本。

（16）onscrollNew 当滚动元素的滚动条时运行脚本。

触摸屏操作时，HML 事件和以上不相同，大部分 HML 元素的事件包括 touchstart、touchmove、touchcancel、touchend、click、doubleclick7＋、longpress、focus、blur、key、swipe5＋、ttached6＋、detached6＋、pinchstart7＋、pinchupdate7＋、pinchend7＋、pinchcancel7＋、dragstart7＋、drag7＋、dragend7＋、dragenter7＋、dragover7＋、dragleave7＋、drop7＋。其中的数字表示支持的 API 版本。

HML 事件过'on'或者'@'绑定在组件上，当组件触发事件时会执行 JS 文件中对应的事件处理函数，可以带参数，如下。

```
<!-- xxx.hml -->
        <div class = "container">
        <text class = "title">{{count}}</text>
        <div class = "box">
        <input type = "button" class = "btn" value = "increase" onclick = "increase" />
        <input type = "button" class = "btn" value = "decrease" @click = "decrease" />
        <!-- 传递额外参数 -->
        <input type = "button" class = "btn" value = "double" @click = "multiply(2)" />
        <input type = "button" class = "btn" value = "decuple" @click = "multiply(10)" />
        <input type = "button" class = "btn" value = "square" @click = "multiply(count)" />
        </div>
        </div>

        // xxx.js
        export default {
                data: {
                        count: 0
                },
                increase() {
                        this.count++;
                },
                decrease() {
                        this.count--;
                },
                multiply(multiplier) {
                        this.count = multiplier * this.count;
                }
        };

        /* xxx.css */
        .container {
                display: flex;
                flex-direction: column;
                justify-content: center;
                align-items: center;
                left: 0px;
                top: 0px;
```

```
        width: 454px;
        height: 454px;
    }
    .title {
        font - size: 30px;
        text - align: center;
        width: 200px;
        height: 100px;
    }
    .box {
        width: 454px;
        height: 200px;
        justify - content: center;
        align - items: center;
        flex - wrap: wrap;
    }
    .btn {
        width: 200px;
        border - radius: 0;
        margin - top: 10px;
        margin - left: 10px;
    }
```

HarmonyOS API 5 以上版本,绑定冒泡事件使用 on:{event}.bubble。on:{event}等价于 on:{event}.bubble。绑定并阻止冒泡事件向上冒泡:grab:{event}.bubble。grab:{event}等价于 grab:{event}.bubble。示例如下。

```
<!-- xxx.hml -->
    <div>
    <!-- 使用事件冒泡模式绑定事件回调函数。5+ -->
    <div on:touchstart.bubble = "touchstartfunc"></div>
    <div on:touchstart = "touchstartfunc"></div>
    <!-- 绑定事件回调函数,但阻止事件向上传递。5+ -->
    <div grab:touchstart.bubble = "touchstartfunc"></div>
    <div grab:touchstart = "touchstartfunc"></div>
    <!-- 使用事件冒泡模式绑定事件回调函数。6+ -->
    <div on:click.bubble = "clickfunc"></div>
    <div on:click = "clickfunc"></div>
    <!-- 绑定事件回调函数,但阻止事件向上传递。6+ -->
    <div grab:click.bubble = "clickfunc"></div>
    <div grab:click = "clickfunc"></div>
    </div>

    // xxx.js
    export default {
        clickfunc: function(e) {
            console.log(e);
        },
        touchstartfuc: function(e) {
            console.log(e);
        },
    }
```

Touch 触摸类事件支持捕获，捕获阶段位于冒泡阶段之前，捕获事件先到达父组件然后达到子组件。API 5 以上版本，捕获事件绑定包括绑定捕获事件 on：{event}. capture 和绑定并阻止事件向下传递 grab：{event}. capture。示例如下。

```
<!-- xxx.hml -->
        <div>
        <!-- 使用事件捕获模式绑定事件回调函数。5+ -->
        <div on:touchstart.capture = "touchstartfunc"></div>
        <!-- 绑定事件回调函数,但阻止事件向下传递。5+ -->
        <div grab:touchstart.capture = "touchstartfunc"></div>
        </div>

        // xxx.js
        export default {
              touchstartfuc: function(e) {
                      console.log(e);
              },
        }
```

HTML 布局使用< div >元素，用于分组 HTML 元素的块级元素。下列代码示例了< div >元素的使用。

```
<!DOCTYPE html>
        <html>
        <head>
        <meta charset = "utf - 8">
        <title>布局示例</title>
        </head>
        <body>

        <div id = "container" style = "width:500px">

        <div id = "header" style = "background - color: # FFA500;">
        <h1 style = "margin - bottom:0;">学习 web 编程</h1></div>

        <div id = "menu" style = "background - color: # FFD700; height: 200px; width: 100px;
float:left;">
        <b>菜单</b><br>
        HTML<br>
        CSS<br>
        JavaScript</div>

        <div id = "content" style = "background - color: # EEEEEE; height: 200px; width: 400px;
float:left;">
        具体内容</div>

        <div id = "footer" style = "background - color: # FFA500; clear: both; text - align:
center;">
        信息办</div>

        </div>
```

该示例可以在浏览器中查看效果，如图 13.1 所示。

图 13.1 <div>元素的使用示例

HML 的页面结构和 HTML 类似，如下为一个示例。

```
<!-- xxx.hml -->
        <div class = "item - container">
        <text class = "item - title"> Image Show </text>
        <div class = "item - content">
        <image src = "/common/xxx.png" class = "image"></image>
        </div>
        </div>
```

HML 中的数据绑定代码如下，text 标签的值由 JS 脚本中的变量 content 确定。

```
<!-- xxx.hml -->
        <div onclick = "changeText">
        <text> {{content[1]}} </text>
        </div>
        // xxx.js
        export default {
                data: {
                        content: ['Hello World!', 'Welcome to my world!']
                },
                changeText: function() {
                        this.content.splice(1, 1, this.content[0]);
                }
        }
```

HTML 支持有序列表、无序列表和自定义列表。无序列表是一个项目的列表，此列项目使用粗体圆点（典型的小黑圆圈）进行标记，使用<ul>标签和列表项<li>标签。有序列表也是一列项目，列表项目使用数字进行标记。有序列表使用<ol>标签和列表项<li>标签。自定义列表以<dl>标签开始，每个自定义列表项以<dt>开始，每个自定义列表项的定义以<dd>开始，如下。

```
<dl>
        <dt> Coffee </dt>
        <dd> - black hot drink </dd>
        <dt> Milk </dt>
        <dd> - white cold drink </dd>
```

```
</dl>
```

该示例在浏览器中显示效果如下。

```
Coffee
 - black hot drink
Milk
 - white cold drink
```

HML 中的列表组件< list >用法如下。

```
<!-- index.hml -->
        <div class = "container">
        <list>
        <list-item class = "listItem"></list-item>
        <list-item class = "listItem"></list-item>
        <list-item class = "listItem"></list-item>
        <list-item class = "listItem"></list-item>
        </list>
        </div>


        /* xxx.css */
        .container {
                flex-direction: column;
                align-items: center;
                background-color: #F1F3F5;
        }
        .listItem{
                height: 20%;
                background-color:#d2e0e0;
                margin-top: 20px;
        }
```

< list-item >是< list >的子组件,展示列表的具体项。< list-item-group >是< list >的子组件,实现列表分组功能,不能再嵌套< list >,可以嵌套< list-item >。

HML 中使用 for 指令简化标签元素的循环操作,减少了界面开发的工作量。

HML 可以通过 element 引用模板文件,如下。

```
<!-- template.hml -->
        <div class = "item">
        <text> Name: {{name}}</text>
        <text> Age: {{age}}</text>
        </div>

        <!-- index.hml -->
        <element name = 'comp' src = '../../common/template.hml'></element>
        <div>
        <comp name = "Tony" age = "18"></comp>
        </div>
```

13.2 CSS

CSS 指层叠样式表(Cascading Style Sheets),定义如何显示 HTML 元素。样式通常存储在样式表中,使得内容与表现分离。外部样式表通常存储在 CSS 文件中,多个样式定义可层叠为一个。通过外部样式表可以极大地提高工作效率。

CSS 规则由选择器以及一条或多条声明组成,选择器通常需要改变样式的 HTML 元素。每条声明由一个属性和一个值组成。属性(property)是可以设置的样式属性,每个属性有一个值,属性和值被冒号分开。CSS 声明以分号结束,声明以大括号括起来,如下的 CSS 规则改变段落元素的颜色属性和对齐属性。

```
p{color:red;   text - align:center;}
```

浏览器根据样式表格式化 HTML 文档。通过内部样式表(internal style sheet)、外部样式表(external style sheet)和内联样式(inline style)三种方法插入样式表。

当一个文档需要特殊的样式时,可以使用内部样式表,方法是使用< style >标签在 HTML 文档头部< head >定义内部样式表,如下代码设置段落元素的颜色属性和对齐属性,以及 body 的背景图片。

```
<head>
        <style>
        p {margin - left:20px;  color:red;    text - align:center;}
        body {background - image:url("images/bg.gif");}
        </style>
        </head>
```

内联样式指在相关的标签内使用样式属性。style 属性可以包含任何 CSS 属性。

```
<p style = "margin - left:20px; color:red;text - align:center;">段落。</p>
```

当很多页面需要应用同种样式时,可以用外部样式表。外部样式表是一个文件,以.css 为扩展名,可以通过改变这个文件来改变整个 HTML 外观。每个 HTML 页面在头部使用< link >标签链接到样式表,如下。浏览器会从文件 mainstyle.css 中读样式声明,并根据它来格式化文档。

```
<head>
        <link rel = "stylesheet" type = "text/css" href = "mainstyle.css">
        </head>

        /* 外部样式表 mainstyle.css 的内容 */
        p {margin - left:20px; color:red; text - align:center;}
        body {background - image:url("images/bg.gif");}
```

如果某些属性在不同的样式表中被同样的选择器定义,那么属性值将从更具体的样式表中被继承过来。优先级顺序为 inline style > internal style sheet > external style sheet > 浏览器默认样式。

在 HTML 元素中设置 CSS 样式时,需要在元素中设置 id 和 class 选择器。id 选择器可以为标有特定 id 的 HTML 元素指定特定的样式。HTML 元素以 id 属性来设置 id 选择器，CSS 中 id 选择器以"#"来定义，如下。

```
<html>
    <head>
    <meta charset = "utf - 8">
    <title>CSS 的 id 选择器</title>
    <style>
    #specpara
    {
        text - align:center;
        color:red;
    }
    </style>
    </head>

    <body>
    <p id = "specpara">Hello World!</p>
    <p>这个段落未设置 id,不受样式的影响。</p>
    </body>
    </html>
```

class 选择器用于描述多个元素的样式，在 HTML 中以 class 属性表示，在 CSS 中，class 选择器以一个点"."号显示。

```
<!DOCTYPE html>
    <html>
    <head>
    <meta charset = "utf - 8">
    <title>CSS 的 class 选择器</title>
    <style>
    .center
    {
        text - align:center;
    }
    </style>
    </head>

    <body>
    <h1 class = "center">标题居中</h1>
    <p class = "center">段落居中。</p>
    </body>
    </html>
```

CSS 盒子模型本质上是一个盒子，封装周围的 HTML 元素，包括边距、边框、填充和实际内容。总元素的宽度＝width＋左 padding＋右 padding＋左 border＋右 border＋左 margin＋右 margin，总元素的高度＝高度＋顶部 padding＋底部 padding＋上 border＋下 border＋上 margin＋下 margin。下例示意了一个盒子。

```
<!DOCTYPE html>
<html>
<head>
<meta charset="utf-8">
<title>CSS 盒子</title>
<style>
div {
        background-color: lightgrey;
        width: 300px;
        border: 25px solid green;
        padding: 25px;
        margin: 25px;
}
</style>
</head>
<body>
<p>CSS 盒模型本质上是一个盒子,封装周围的 HTML 元素,包括边距、边框、填充和实际内容。</p>
<div>盒子内的实际内容。有 25px 内间距,25px 外间距、25px 绿色边框。</div>
</body>
</html>
```

CSS3 中定义了弹性盒子(flexible box 或 flexbox),是一种当页面需要适应不同的屏幕大小以及设备类型时确保元素拥有恰当的行为的布局方式。flexbox 由弹性容器(flex container)和弹性子元素(flex item)组成。弹性容器通过设置 display 属性的值为 flex 或 inline-flex 将其定义为弹性容器。弹性容器内包含一个或多个弹性子元素。下列代码展示了弹性子元素在一行内从左到右显示。

```
<!DOCTYPE html>
<html>
<head>
<meta charset="utf-8">
<title>弹性盒子</title>
<style>
.flex-container {
        display: -webkit-flex;
        display: flex;
        width: 500px;
        height: 250px;
        background-color: red;
}

.flex-item {
        background-color: blue;
        width: 150px;
        height: 100px;
        margin: 10px;
}
</style>
</head>
```

```
<body>

<div class = "flex - container">
<div class = "flex - item"> flex item 1 </div>
<div class = "flex - item"> flex item 2 </div>
<div class = "flex - item"> flex item 3 </div>
</div>

</body>
</html>
```

弹性容器的 flex-direction 属性指定了弹性元素在父容器中的位置，row 表示横向从左到右排列(左对齐)，为默认的排列方式。row-reverse 表示反转横向排列(右对齐，从后往前排，最后一项排在最前面。column 表示纵向排列。column-reverse 表示反转纵向排列，从后往前排，最后一项排在最上面。

内容对齐(justify-content)属性应用在弹性容器上，把 flex item 沿着弹性容器的主轴线(main axis)对齐，有 5 个可选项：

```
justify - content: flex - start | flex - end | center | space - between | space - around
```

元素对齐 align-items 属性设置或检索 Flex item 在侧轴(纵轴)方向上的对齐方式：

```
align - items: flex - start | flex - end | center | baseline | stretch
```

flex-wrap 属性用于指定弹性子元素换行方式：

```
flex - wrap: nowrap|wrap|wrap - reverse|initial|inherit
```

内容对齐 align-content 属性用于修改 flex-wrap 属性的行为，类似于 align-items，但不设置弹性子元素的对齐，设置各个行的对齐：

```
align - content: flex - start | flex - end | center | space - between | space - around | stretch
```

弹性容器的弹性子元素属性有 order 属性，用整数值来定义排列顺序，数值小的排在前面，可以为负值。弹性容器的弹性子元素 margin 值设置为 auto，自动获取弹性容器中剩余的空间。如下例所示，设置 margin：auto；可以使弹性子元素在两轴方向上完全居中。

```
.flex - item {
        background - color: cornflowerblue;
        width: 75px;
        height: 75px;
        margin: auto;
    }
```

弹性容器的弹性子元 align-self 属性用于设置弹性元素自身在侧轴(纵轴)方向上的对齐方式如下。

```
align - self: auto | flex - start | flex - end | center | baseline | stretch
```

flex 属性用于指定弹性子元素如何分配空间：

```
flex: auto | initial | none | inherit | [ flex - grow ] || [ flex - shrink ] || [ flex - basis ]
```

CSS 伪类是选择器中用于指定要选择元素的特殊状态。例如，:disabled 状态可以用来设置元素的 disabled 属性变为 true 时的样式。所有 CSS 伪类如表 13.1 所示。

表 13.1　CSS 伪类

选择器	示例	示例说明
:checked	input:checked	选择所有选中的表单元素
:disabled	input:disabled	选择所有禁用的表单元素
:empty	p:empty	选择所有没有子元素的 p 元素
:enabled	input:enabled	选择所有启用的表单元素
:first-of-type	p:first-of-type	选择的每个 p 元素是其父元素的第一个 p 元素
:in-range	input:in-range	选择元素指定范围内的值
:invalid	input:invalid	选择所有无效的元素
:last-child	p:last-child	选择所有 p 元素的最后一个子元素
:last-of-type	p:last-of-type	选择每个 p 元素是其母元素的最后一个 p 元素
:not(selector)	:not(p)	选择所有 p 元素以外的元素
:nth-child(n)	p:nth-child(2)	选择所有 p 元素的父元素的第二个子元素
:nth-last-child(n)	p:nth-last-child(2)	选择所有 p 元素的倒数第二个子元素
:nth-last-of-type(n)	p:nth-last-of-type(2)	选择所有 p 元素的倒数第二个为 p 的子元素
:nth-of-type(n)	p:nth-of-type(2)	选择所有 p 元素第二个为 p 的子元素
:only-of-type	p:only-of-type	选择所有仅有一个子元素为 p 的元素
:only-child	p:only-child	选择所有仅有一个子元素的 p 元素
:optional	input:optional	选择没有"required"的元素属性
:out-of-range	input:out-of-range	选择指定范围以外的值的元素属性
:read-only	input:read-only	选择只读属性的元素属性
:read-write	input:read-write	选择没有只读属性的元素属性
:required	input:required	选择有"required"属性指定的元素属性
:root	root	选择文档的根元素
:target	#news:target	选择当前活动 #news 元素(单击 URL 包含锚的名字)
:valid	input:valid	选择所有有效值的属性
:link	a:link	选择所有未访问链接
:visited	a:visited	选择所有访问过的链接
:active	a:active	选择正在活动的链接
:hover	a:hover	把鼠标放在链接上的状态
:focus	input:focus	选择元素输入后具有焦点
:first-letter	p:first-letter	选择每个<p>元素的第一个字母
:first-line	p:first-line	选择每个<p>元素的第一行
:first-child	p:first-child	匹配属于任意元素的第一个子元素的<p>元素
:before	p:before	在每个<p>元素之前插入内容
:after	p:after	在每个<p>元素之后插入内容
:lang(language)	p:lang(it)	为<p>元素的 lang 属性选择一个开始值

CSS 无法实现复用，代码不便维护。CSS 预处理器增加了规则、变量、混入、选择器、继承和内置函数等特性。Sass(syntactically swesome stylesheets)是一种 CSS 预处理器，

Sass文件扩展名为.scss。下例Sass文件中，定义三个颜色变量，通过修改变量修改元素的背景。浏览器不能解析Sass文件，需要使用Sass预处理器将Sass代码转换为CSS代码。

```
$bgclr_1: #888888;
$bgclr_2: #444444;
$bgclr_3: #674324;

.main-header {
        background-color: $bgclr_1;
}

.menu-left {
        background-color: $bgclr_2;
}

.menu-right {
        background-color: $bgclr_3;
}
```

Sass变量使用$符号，可以存储字符串、数字、颜色值、布尔值、列表和null值。Sass变量的作用域只在当前的层级上有效果，可以使用!global关键词来设置变量是全局的。Sass支持@import指令导入其他文件等内容。Sass使用@mixin指令定义可以在整个样式表中重复使用的样式，使用@include指令将混入(mixin)引入到文档中。@extend指令告诉Sass一个选择器的样式从另一选择器继承。

HarmonyOS类Web开发中，CSS描述HML页面结构。所有组件均存在系统默认样式，也可在CSS样式文件中对组件、页面自定义不同的样式。用@import语句导入CSS文件。例如，下列代码示例了在common目录中定义样式文件style.css，并在index.css文件首行中进行导入。

```
/* style.css */
        .title {
                color: red;
        }

        /* index.css */
        @import '../../common/style.css';
        .container {
                justify-content: center;
        }
```

HarmonyOS类Web开发框架中，CSS支持的选择器除了class和id外，还有如表13.2所示CSS选择器。#id.class tag选择器选择具有id="containerId"作为祖先元素、class="content"作为次级祖先元素的所有text组件。如需使用严格的父子关系，可以使用“>”代替空格，即#containerId >.content。选择器的优先级计算规则与W3C规则保持一致，由高到低顺序为：内联样式 > id > class > tag。

表 13.2 CSS 选择器

选 择 器	示 例	描 述
tag	text	用于选择 text 组件
,	.title, .content	用于选择 class="title"和 class="content"的组件
#id .class tag	#containerId .content text	非严格父子关系的后代选择器

选择器示例代码如下。

```
<!-- 页面布局 xxx.hml -->
        <div id = "containerId" class = "container">
        <text id = "titleId" class = "title">标题</text>
        <div class = "content">
        <text id = "contentId">内容</text>
        </div>
        </div>
        /* 页面样式 xxx.css */
        /* 对所有 div 组件设置样式 */
        div {
                flex-direction: column;
        }
        /* 对 class = "title"的组件设置样式 */
        .title {
                font-size: 30px;
        }
        /* 对 id = "contentId"的组件设置样式 */
        #contentId {
                font-size: 20px;
        }
        /* 对所有 class = "title"以及 class = "content"的组件都设置 padding 为 5px */
        .title, .content {
                padding: 5px;
        }
        /* 对 class = "container"的组件下的所有 text 设置样式 */
        .container text {
                color: #007dff;
        }
        /* 对 class = "container"的组件下的直接后代 text 设置样式 */
        .container > text {
                color: #fa2a2d;
        }
```

HarmonyOS 类 Web 开发框架中的 CSS 伪类包括 disabled、:focus、:active、:waiting、:checked、:hover。如下为示例,按钮被激活时,背景颜色变为#888888。

```
<!-- index.hml -->
        <div class = "container">
        <input type = "button" class = "button" value = "Button"></input>
        </div>
```

```
/* index.css */
.button:active {
        background-color: #888888;  /*  */
}
```

13.3 DOM

文档对象模型(Document Object Model,DOM)是 HTML 和 XML 文档的编程接口。XML DOM 用于 XML 文档的标准模型,对 XML 元素进行操作。HTML DOM 用于 HTML 文档的标准模型,对 HTML 元素进行操作。

DOM 功能包括查询某个元素,查询某个元素的祖先、兄弟以及后代元素,获取、修改元素的属性和内容的内容,创建、插入和删除元素。

HTML 文档中的所有内容都可表示为一个节点(node),有文档节点(document)、元素节点(element)、属性节点(attr)、文本节点(text)、注释节点(comment)。节点彼此有等级关系,如父节点、兄弟节点和子节点等。这样,DOM 以树结构表达 HTML 文档。下列代码是一个简单的 HTML 文档。

```
<html>
        <head>
        <meta charset="utf-8">
        <title>DOM 基础</title>
        </head>
        <body>
        <h1>DOM 节点</h1>
        <p>Hello world!</p>
        </body>
        </html>
```

此 HTML 中,<html>节点没有父节点,是根节点。<head>和<body>的父节点是<html>节点,文本节点 "Hello world!" 的父节点是<p>节点。<html>节点拥有<head>和<body>两个子节点,<head>节点拥有<meta>与<title>两个子节点,<title>节点拥有一个子节点文本节点"DOM 基础",<h1>和<p>节点是兄弟节点,也是<body>的子节点。<head>元素是<html>元素的首个子节点,<body>元素是<html>元素的最后一个子节点,<h1>元素是<body>元素的首个子节点,<p>元素是<body>元素的最后一个子节点。

元素节点通过 getElementById、getElementsByName、getElementsByClassName 方法访问。getElementById()方法返回带有指定 ID 的元素引用,getElementsByTagName()返回带有指定标签名的所有元素,getElementsByClassName()得到带有相同类名的所有 HTML 元素。

```
//获取 id="intro" 的元素
        document.getElementById("me");
        //返回包含文档中所有 <p> 元素的列表
        document.getElementsByTagName("p");
        //返回包含 class="intro" 的所有元素的一个列表
        document.getElementsByClassName("intro");
```

getElementsByTagName()方法返回节点列表。使用三个节点属性 parentNode、firstChild 以及 lastChild，在文档结构中进行导航。有两个特殊的属性，可以访问全部文档。一个是全部文档 document.documentElement，一个是文档的主体 document.body，示例代码如下。

```
<p>Hello World!</p>
        <div>
        <p>DOM 是非常有用的!</p>
        <p>这个实例演示了 <b>document.body</b> 属性。</p>
        </div>

        <script>
        //得到 body 元素的内容
        alert(document.body.innerHTML);
        </script>
```

除了 innerHTML 属性，也可用 childNodes 和 nodeValue 属性获取元素的内容，代码如下。

```
<p id="intro">Hello World!</p>

        <script>
        txt=document.getElementById("intro").childNodes[0].nodeValue;
        document.write(txt);
        </script>
```

通过修改 HTML DOM 可以改变 HTML 内容、改变 CSS 样式、改变 HTML 属性、创建新的 HTML 元素、删除已有的 HTML 元素和改变事件(处理程序)。下面的代码示例了这些应用。

```
<div id="d1">
        <p id="p1">Hello World!</p>
        <p id="p2">Hello World!</p>
        <p id="p3">Hello World!</p>
        </div>

        <script>
        //改变 HTML 元素 p1 的内容
        document.getElementById("p1").innerHTML="你好!";
        //改变 p2 的样式
        document.getElementById("p2").style.color="blue";
        document.getElementById("p2").style.fontFamily="Arial";
        document.getElementById("p2").style.fontSize="larger";
        //添加新元素
        var para=document.createElement("p");
        var node=document.createTextNode("这是一个新段落。");
        para.appendChild(node);
        var element=document.getElementById("d1");
        element.appendChild(para);              //追加元素
        //删除元素
```

```
        var parent = document.getElementById("d1");
        var child = document.getElementById("p3");
        parent.removeChild(child);
        </script>
```

当一个 HTML 元素有事件发生时,可以执行 JS。这些事件包括单击鼠标时、网页已加载时、图片已加载时、当鼠标移动到元素上时、当输入字段被改变时、当 HTML 表单被提交时和当用户触发按键时等事件。

```
<script>
        function changetext(id){
                id.innerHTML = "Ooops!";
        }
        </script>
        </head>
        <body>

        <h1 onclick = "changetext(this)">单击文本!</h1>
```

除了 onclick 事件,当用户进入或离开页面时,会触发 onload 和 onunload 事件。onload 事件可用于检查访客的浏览器类型和版本,以便基于这些信息加载不同版本的网页。onload 和 onunload 事件可用于处理 cookies。onchange 事件常用于输入字段的验证。onmouseover 和 onmouseout 事件可用于在鼠标指针移动到或离开元素时触发函数。onmousedown、onmouseup 以及 onclick 事件包括鼠标单击的全部过程。首先当某个鼠标按键被单击时,触发 onmousedown 事件,然后当鼠标按键被松开时,会触发 onmouseup 事件,最后当鼠标单击完成时,触发 onclick 事件。

HarmonyOS 开发框架中,可以通过 $refs 或 $element 获取 DOM 元素,代码如下。

```
<!-- index.hml -->
        <div class = "container">
        <image - animator class = "image - player" ref = "animator" images = "{{images}}"
duration = "1s" onclick = "handleClick"></image - animator>
        </div>

        // index.js
        export default {
                data: {
                        images: [
                        { src: '/common/frame1.png' },
                        { src: '/common/frame2.png' },
                        { src: '/common/frame3.png' },
                        ],
                },
                handleClick() {
                        const animator = this.$refs.animator; //获取 ref 属性为 animator
                                                              //的 DOM 元素
                        const state = animator.getState();
                        if (state === 'paused') {
```

```
                    animator.resume();
                } else if (state === 'stopped') {
                    animator.start();
                } else {
                    animator.pause();
                }
            },
        };
<!-- index.hml -->
        <div class="container">
         <image-animator class="image-player" id="animator" images="{{images}}"
duration="1s" onclick="handleClick"></image-animator>
        </div>
        // index.js
        export default {
            data: {
                images: [
                { src: '/common/frame1.png' },
                { src: '/common/frame2.png' },
                { src: '/common/frame3.png' },
                ],
            },
            handleClick() {
                 const animator = this.$element('animator'); /* 获取 id 属性为
animator 的 DOM 元素 */
                const state = animator.getState();
                if (state === 'paused') {
                    animator.resume();
                } else if (state === 'stopped') {
                    animator.start();
                } else {
                    animator.pause();
                }
            },
        };
```

HarmonyOS 开发框架中，获取 ViewModel 代码如下。也可自定义 parent 组件获取 child 组件。

```
<!-- root.hml -->
        <element name='parentComp' src='../../common/component/parent/parent.hml'></element>
        <div class="container">
        <div class="container">
        <text>{{text}}</text>
        <parentComp></parentComp>
        </div>
        </div>

        // root.js
```

```
export default {
        data: {
                text: 'I am root!',
        },
}
```

13.4 JavaScript

13.4.1 JavaScript 基础

JavaScript 是 Web 编程的脚本语言，通常缩写为 JS，用于控制页面行为。

JavaScript 插入 HTML 页面后，可由浏览器执行。JavaScript 已经由 ECMA(欧洲计算机制造商协会)通过 ECMAScript 实现语言的标准化。目前最新的版本是 2016 年的 ECMAScript 7。

HTML 中的 JavaScript 脚本必须位于标签< script >与</script >之间，放置在 HTML 页面的< body >和< head >部分中。通常把 JavaScript 函数放入< head >部分，或者放在页面底部，不干扰页面的内容。如下示例函数 ExmFunc()，会在单击按钮时被调用。

```
<!DOCTYPE html>
        <html>
        <head>
        <script>
        function ExmFunc()
        {
              document.getElementById("demo").innerHTML = "JavaScript 示例函数";
        }
        </script>
        </head>
        <body>
        <h1>标题</h1>
        <p id = "demo">段落</p>
        <button type = "button" onclick = "ExmFunc()">单击</button>
        </body>
        </html>
```

JavaScript 框架提供针对常见 JavaScript 任务的函数，包括动画、DOM 操作以及 AJAX 处理，使得 JavaScript 编程更容易。JavaScript 框架有 jQuery、Prototype 和 MooTools 等。

JavaScript 使用 window.alert()弹出警告框，使用 document.write()方法将内容写到 HTML 文档中，使用 innerHTML 写入到 HTML 元素，使用 console.log()写入到浏览器的控制台。如访问某个 HTML 元素，使用 document.getElementById(id)方法，innerHTML 来获取或插入元素内容。下列代码示例了这一用法。

```
<!DOCTYPE html>
        <html>
        <body>
```

```
<h1>标题 1 </h1>

<p id="p1">第一个段落</p>

<script>
document.getElementById("p1").innerHTML = "修改了段落.";
</script>

</body>
</html>
```

JavaScript 中创建变量称为“声明”变量，使用 var 关键词来声明变量。ES6 允许使用 const 关键字定义一个常量，使用 let 关键字定义限定范围内作用域的变量。JavaScript 数据类型包括值类型和引用数据类型。值类型包括字符串(String)、数字(Number)、布尔(Boolean)、空(Null)、未定义(Undefined)和 Symbol，引用数据类型包括对象(Object)、数组(Array)和函数(Function)。

JavaScript 对象是拥有属性和方法的数据，是属性和方法的容器。对象的属性之间要用逗号隔开，对象的方法定义了一个函数，并作为对象的属性存储。对象方法通过添加()调用，示例代码如下。

```
<!DOCTYPE html>
<html>
<head>
<meta charset="utf-8">
<title>JS 对象</title>
</head>
<body>

<p>创建和使用对象方法。</p>
<p>对象方法作为一个函数定义存储在对象属性中.</p>
<p id="demo"></p>
<script>
var address = {
    province: "广东省",
    city: "深圳市",
    code : 0752,
    fullAdd : function()
    {
        return this.province + " " + this.city;
    }
};
document.getElementById("demo").innerHTML = address.fullAdd();
</script>

</body>
</html>
```

面向对象语言中 this 表示当前对象的一个引用，在 JavaScript 中 this 不是固定不变的。

在方法中,this 表示该方法所属的对象。如果单独使用,this 表示全局对象。在函数中,this 表示全局对象。在函数中,在严格模式下,this 是未定义的(undefined)。在事件中,this 表示接收事件的元素。类似 call()和 apply()方法可以将 this 引用到任何对象。

在对象方法中,this 指向调用方法所在的对象。在上面的实例中,this 表示 address 对象。fullAdd 方法所属的对象就是 address。

单独使用 this,则它指向全局(global)对象。在函数中,函数的所属者默认绑定到 this 上。在浏览器中,Window 就是该全局对象,为[object Window]。

在 HTML 事件句柄中,this 指向了接收事件的 HTML 元素,如下列代码。

```
<!DOCTYPE html>
        <html>
        <head>
        <meta charset = "utf - 8">
        <title> this 示例</title>
        </head>
        <body>
        <h2> JavaScript <b> this </b> 关键字</h2>
        <button onclick = "this.style.display = 'none'">点我后我就消失了</button>
        </body>
        </html>
```

JavaScript 函数就是包裹在花括号中的代码块,前面使用了关键字 function。当调用该函数时,会执行函数内的代码。

```
function x()
{
        // 执行代码
}
```

JavaScript 函数可以通过一个表达式定义,并可以存储在变量中。在函数表达式存储在变量后,变量也可作为一个函数使用。

```
var x = function (a, b) {return a * b};
var z = x(4, 3);
```

JavaScript 使用 import 将模块中的函数或对象、初始值导入到另一个模块中。

```
import {模块名称} from "需要导入模块的路径名"
```

模块有 default 模块和 named 模块,如下。第一行中,从 modules 文件导入名为 Module A 和 Module B 的这两个 named 模块。第二行中,从 modules2 文件中导入 default 模块。

```
import {ModuleA, ModuleB} from "modules";
import Default from 'modules2';
```

要将函数、对象和原始值导出为模块,需要使用 export。如下所示为导出默认模块的例子。

```
export default function () {
        alert("default module called!");
    };
```

如下所示为导出命名模块的例子。

```
export function sum(x, y, z) {
        return x + y + z;
    }

    export function multiply(x, y) {
        return x * y;
    }
```

ES6 中引入了 JavaScript 类。JavaScript 类用关键字 class 声明，并在 constructor()方法中分配属性。下例创建一个 Car 类。

```
//创建一个 Car 类,然后基于这个 Car 类创建名为 "mycar" 的对象

    class Car {                              // 创建类
        constructor(brand) {                 // 类构造方法,始终需要
            this.carname = brand;            // 类主体/属性
            this.caryear = year;
        }
    }
    mycar = new Car("Ford", 2021);           // 创建 Car 类的对象
```

对象属性，除 value 外，还有三个特殊的特性(attributes)，就是“标志”。属性 writable，如果为 true，则值可以被修改，否则它是只可读的。属性 enumerable，如果为 true，则会被在循环中列出，否则不会被列出。属性 configurable，如果为 true，则此特性可以被删除，这些属性也可以被修改，否则不可以。

可以使用 Object. getOwnPropertyDescriptor 方法查询有关属性的完整信息，如下。

```
let descriptor = Object.getOwnPropertyDescriptor(obj, propertyName);
    //obj: 需要从中获取信息的对象
    //propertyName: 属性的名称
    //返回值是一个属性描述符对象: 它包含值和所有的标志
class Animal {
        public name;
        public constructor(name) {
            this.name = name;
        }
    }

    let acat = new Animal('cat');
    let descriptor = Object.getOwnPropertyDescriptor(acat, 'name');

    console.log(descriptor);
    //输出属性描述符
    { value: 'cat', writable: true, enumerable: true, configurable: true }
```

JS 访问器(Getter 和 Setter)在 ES5 中引入,允许定义对象访问器。下列两段代码示意了访问器的应用。

```
// 使用 lang 属性获取 language 属性的值
        // 创建对象
        var person = {
                firstName: "Bill",
                lastName : "Gates",
                language : "en",
                get lang() {
                        return this.language;
                }
        };

        // 使用 getter 显示来自对象的数据
        //document.getElementById("demo").innerHTML = person.lang;
        console.log(person.lang);
var person = {
                firstName: "Bill",
                lastName : "Gates",
                language : "",
                set lang(lang) {
                        this.language = lang;
                }
        };

        // 使用 setter 设置对象属性
        person.lang = "en";
        console.log(person.language);
```

13.4.2 HarmonyOS JS 语法

HarmonyOS 的类 Web 开发支持 ES6 语法中的模块引用和代码引用,如下。

```
//使用 import 方法引入功能模块
      import router from '@system.router';

      //使用 import 方法导入 JS 代码
      import utils from '../../common/utils.js';
```

使用 this. $app. $def 获取在 app. js 中暴露的应用对象。其中,app 是指 app. js 文件。

```
// app.js
        exportdefault {
                onCreate() {
                        console.info('AceApplication onCreate');
                },
                onDestroy() {
                        console.info('AceApplication onDestroy');
                },
```

```
        globalData: {
            appData: 'appData',
            appVersion: '3.0',
        },
        globalMethod() {
            console.info('This is a global method!');
            this.globalData.appVersion = '3.0';
        }
    };

    // index.js 页面逻辑代码
    exportdefault {
        data: {
            appData: 'localData',
            appVersion:'1.0',
        },
        onInit() {
            this.appData = this.$app.$def.globalData.appData;
            this.appVersion = this.$app.$def.globalData.appVersion;
        },
        invokeGlobalMethod() {
            this.$app.$def.globalMethod();
        },
        getAppVersion() {
            this.appVersion = this.$app.$def.globalData.appVersion;
        }
    }
```

页面对象包括页面的数据模型等。

(1) data 页面的数据模型,类型是对象或者函数,如果类型是函数,返回值必须是对象。属性名不能以 $或_开头,不要使用保留字 for、if、show 和 tid。data 与 private 和 public 不能重合使用。

(2) $refs 持有注册过 ref 属性的 DOM 元素或子组件实例的对象。

(3) private 页面的数据模型,private 下的数据属性只能由当前页面修改。

(4) public 页面的数据模型,public 下的数据属性的行为与 data 保持一致。

(5) props props 用于组件之间的通信,可以通过<tag xxxx='value'>方式传递给组件;props 名称必须用小写,不能以 $或_开头,不要使用保留字 for、if、show 和 tid。目前 props 的数据类型不支持 Function。

(6) computed 用于在读取或设置时进行预先处理,计算属性的结果会被缓存。计算属性名不能以 $或_开头,不要使用保留字。

HarmonyOS 开发框架中的数据方法有 $set 和 $delete。

- $set 参数 key: string, value: any,添加新的数据属性或者修改已有数据属性,用 this.$set('key',value)添加数据属性。
- $delete 参数 key:string,删除数据属性,this.$delete('key'):删除数据属性。

下例示意了这些方法的使用。

```
// index.js
        exportdefault {
                data: {
                        keyMap: {
                            OS: 'HarmonyOS',
                            Version: '2.0',
                        },
                },
                getAppVersion() {
                        this.$set('keyMap.Version', '3.0');
                        console.info("keyMap.Version = " + this.keyMap.Version); // keyMap.
Version = 3.0

                        this.$delete('keyMap');
                        console.info("keyMap.Version = " + this.keyMap); // log print: keyMap.
Version = undefined
                }
        }
```

HarmonyOS 开发框架中,公共方法有以下 5 个。

(1) $element 参数 id: string,获得指定 id 的组件对象,如果无指定 id,则返回根组件对象。如<div id='xxx'></div>,则 this.$element('xxx')获得 id 为 xxx 的组件对象,this.$element()获得根组件对象。

(2) $rootElement 获取根组件对象。如 this.$rootElement().scrollTo(duration: 500, position: 300),页面在 500ms 内滚动 300px。

(3) $root 获得顶级 ViewModel 实例。

(4) $parent 获得父级 ViewModel 实例。

(5) $child 参数 id: string,获得指定 id 的子级自定义组件的 ViewModel 实例。如 this.$child('xxx') 获取 id 为 xxx 的子级自定义组件的 ViewModel 实例。

除了公共方法,HarmonyOS 开发框架中还有事件方法 $watch。

- $watch 参数 data: string,callback: string | Function,观察 data 中的属性变化,如果属性值改变,触发绑定的事件。示例如 this.$watch('key',callback)。

HarmonyOS 开发框架中的页面方法为 $scrollTo,其参数如下。

(1) $scrollTo 参数 scrollPageParam: ScrollPageParam,将页面滚动到目标位置,可以通过 ID 选择器指定或者滚动距离指定。ScrollPageParam 如下。

(2) position number 类型,指定滚动位置。

(3) id string 类型,指定需要滚动到的元素 id。

(4) duration number 类型,指定滚动时长,单位为 ms,默认为 300。

(5) timingFunction string 类型,滚动动画曲线。

(6) complete 指定滚动完成后需要执行的类型,回调函数。

下面的代码示意了页面方法的使用。

```
this.$rootElement.scrollTo({position: 0})
     this.$rootElement.scrollTo({id: 'id', duration: 200, timingFunction: 'ease - in',
complete: () => void})
```

13.5 JSON

JSON(JavaScript Object Notation)是一种轻量级的数据交换格式，容易进行阅读和编写，也方便计算机进行解析和生成。JSON 采用完全独立于程序语言的文本格式，也使用了类 C 语言的习惯。JSON 规范文件为 RFC4627，即“The application/json Media Type for JavaScript Object Notation (JSON)”。

JSON 的两种结构中，一种结构是“名称/值”对的集合。不同的编程语言中，它被理解为对象、记录、结构、字典、哈希表、有键列表或者关联数组。

另一种 JSON 结构是值的有序列表。在大部分语言中，它被实现为数组、矢量、列表和序列。

JSON 具有对象(object)、数组(array)、值(value)、字符串(string)和数值(number)等形式。

JSON 对象是一个无序的“‘名称/值’对”集合。一个对象以“{”开始，“}”结束。每个“名称”后跟一个“:”(冒号)，可以包含多个名称/值对，“‘名称/值’对”之间使用“,”(逗号)分隔。key 必须是字符串，value 可以是合法的 JSON 数据类型。如下为 JSON 示例。

```
{key1 : value1, key2 : value2, ... keyN : valueN }
        {"bundleName": "com.example.myapplication",
              "vendor": "example"}
```

JSON 对象中可以包含另外一个 JSON 对象，如下。

```
sta = {
        "app": {
                "bundleName": "com.example.myapplication",
                "vendor": "example",
                "version": {
                        "code": 1000000,
                        "name": "1.0.0"
                }
        },
        "deviceConfig": {},
}
```

JavaScript 中，可以使用点号(.)来访问对象的值，也可以使用中括号([])来访问对象的值，以及嵌套的 JSON 对象。可以使用点号(.)和中括号([])来修改 JSON 对象的值，如下。

```
var Mea, temx, temy;
      mea = {"bundleName": "com.example.myapplication", "vendor": "example"};
      temx = mea.vendor;
      temy = mea["vendor"];
```

JSON 数组是值(value)的有序集合。一个数组以“[”(左中括号)开始，“]”(右中括号)结束。值之间使用“,”(逗号)分隔，代码如下。JSON 对象中数组可以包含另外一个数组，或者另外一个 JSON 对象。

```
{"deviceType": [
        "phone",
        "tablet",
        "car"
        ]}
```

JSON 值可以是双引号括起来的字符串、数值、true、false、null、对象或者数组。这些结构可以嵌套。

JSON 字符串是由双引号包围的任意数量 Unicode 字符的集合,使用反斜线转义。一个字符(character)即一个单独的字符串(character string)。

JSON 数值与 C 或者 Java 的数值非常相似,但没有使用八进制与十六进制格式。

JSON 文本格式在语法上与创建 JavaScript 对象的代码相同。由于这种相似性,无需解析器,JavaScript 程序能够使用内建的 eval()函数,用 JSON 数据生成原生的 JavaScript 对象。

13.6 TypeScript

TypeScript(TS)是 JavaScript 的超集,"类型"是其最核心的特性。TS 是静态类型,在编译阶段就能确定每个变量的类型,错误代码在编译阶段报错。JavaScript 是动态类型,没有编译阶段,所以错误代码在运行时才会报错。

TS 不会修改 JS 运行时的特性,允许隐式类型转换,弱类型系统如(1 + '1')是允许的。作为对比,计算机语言 C、Java 和 Python 是强类型系统,(1 + '1')是错误的,必须进行强制类型转换,如(str(1) + '1')。TS 类型系统可以为大型项目带来更高的可维护性和更少的 Bug。

TS 的命令行工具安装方法通过 npm 进行,如下。

```
npm install -g typescript
```

安装完成之后,可以在任何地方执行 tsc 命令。编译一个 TS 文件通过 tsc xxx.ts 完成,编译之后可得到同名的 xxx.js 文件。也可以通过在线网站 https://www.typescriptlang.org/play 或者 https://www.tslang.cn/play/index.html 等在线网站学习 TS。以下实例使用 TS 来输出 Hello World! 字样。如下代码为 TS 的一个例子,定义了静态字符串变量 hello。

```
const hello : string = "Hello World!";
console.log(hello);
```

13.6.1 数据类型

TS 基础数据类型简介与示例如下。

(1) boolean 类型。

```
let isDone: boolean = false;
```

(2) number类型。

```
let count: number = 10;
```

(3) string类型。

```
let myName: string = '张三';
        let myAge: number = 21;
        // ` 用来定义 ES6 中的模板字符串, ${expr} 用来在模板字符串中嵌入表达式.
        let sentence: string = `Hello, my name is ${myName}.
        I'll be ${myAge + 1} years old next month.`;
```

(4) array类型。

```
let list: number[] = [1, 2, 3];
```

(5) enum类型。

```
//数字枚举
        enum Direction { NORTH, SOUTH, EAST, WEST, };
        let dir: Direction = Direction.NORTH;
        //字符串枚举
        enum Direction { NORTH = "NORTH", SOUTH = "SOUTH", EAST = "EAST", WEST = "WEST", }
        //异构枚举
        enum mix { NORTH = "NORTH", SOUTH, EAST, WEST, }
```

(6) undefined类型和null类型。

```
let u: undefined = undefined;
let n: null = null;
```

null和undefined类型,是所有类型的子类型。如果指定了-strictNullChecks标记,null和undefined只能赋值给void和它们各自的类型。

(7) void类型。

JavaScript没有空值void,在TS中,用void表示没有任何返回值的函数。声明一个void类型的变量没有什么用。

```
function alertName(): void {
                alert('My name is 张三');
        }
```

(8) any类型。

在TS中,任何类型都可以被归为any类型。这让any类型成为类型系统的顶级类型,也被称作全局超级类型。一个普通类型,在赋值过程中改变类型是不被允许的。如果是any类型,则允许被赋值为任意类型。在任意值上访问任何属性都是允许的,也允许调用任何方法,对它的任何操作,返回的内容的类型都是任意值。使用any类型,可以很容易地编写类型正确但在运行时有问题的代码。

```
let notSure: any = 11;
        notSure = "Semlinker";
        notSure = false;
```

(9) unknown 类型。

所有类型都可以赋值给 unknown,是 TS 类型系统的另一种顶级类型。

(10) tuple 类型。

元组合并了不同类型的对象。如下定义一对值分别为 string 和 number 的元组。

```
let tom: [string, number] = ['Tom', 18];
```

(11) never 类型。

表示永不存在的值的类型,如总是会抛出异常或根本就不会有返回值的函数表达式或箭头函数表达式的返回值类型。

```
// 返回 never 的函数必须存在无法达到的终点
      function error(message: string): never {
              throw new Error(message);
      }

      function infiniteLoop(): never {
              while (true) {}
      }
```

(12) 联合类型。

使用"|"分隔每个类型取值,可以为多种类型中的一种。联合类型的变量在被赋值的时候,会根据类型推论的规则推断出一个类型。

```
let myFavoriteNumber: string | number;
        myFavoriteNumber = 'seven';
        myFavoriteNumber = 7;
```

13.6.2 函数

TS 有两种常见的定义函数的方式,分别是函数声明(function declaration)和函数表达式(function expression)方式,如下。

```
//函数声明
        function sum(x: number = 60, y?: number): number {
              return x + y;
        }
        /* 函数表达式, => 用来表示函数的定义,左边是输入类型,需要用括号括起来,右边是输
出类型 */
        let mySum: (x: number = 60, y?: number) => number = function (x: number = 60, y?:
number): number {
              return x + y;
        };
```

用?表示可选的参数,允许给函数的参数添加默认值(如变量 x 的默认值是 60),TS 会将添加了默认值的参数识别为可选参数。

13.6.3 接口

TS 接口(interfaces)是对行为的抽象,具体如何行动需要由类(classes)去实现

(implement)。接口除了可用于对类的一部分行为进行抽象以外，也常用于对对象的形状(shape)进行描述。接口不能转换为 JavaScript。如下代码定义了一个接口 IPerson，接着定义了两个类型是 IPerson 的变量 customer 和 employee，实现了接口 IPerson 的属性和方法。

```
interface IPerson {
            firstName:string,
            lastName:string,
            sayHi: () => string
        }

        let customer:IPerson = {
            firstName:"Li",
            lastName:"Jet",
            sayHi: ():string =>{return "Hi there"}
        }

        let employee:IPerson = {
            firstName:"Jim",
            lastName:"Blakes",
            sayHi: ():string =>{return "Hello!!!"}
        }

        console.log(customer.sayHi())
        console.log(employee.sayHi())
```

定义的变量比接口少一些或多一些属性是不允许的，变量的形状必须和接口的形状保持一致。如不需要完全匹配一个形状，接口可以用可选属性，如下，age 为可选属性。

```
interface IPerson {
            name: string;
            age?: number;
        }
        let customer: IPerson = {
            name: 'Tom'
        };
        let customer: IPerson = {
            name: 'Tom',
            age: 25
        };
```

一个接口允许有一个任意的属性，确定属性和可选属性的类型都必须是任意属性的类型的子集。如果接口中有多个类型的属性，则可以在任意属性中使用联合类型。可以用 readonly 定义只读属性。

```
interface IPerson {
            readonly id: number;
            name: string;
            age?: number;
            [propName: string]: string | number;
```

```
}

let customer: IPerson = {
        id: 20213453,
        name: 'Tom',
        age: 18,
        gender: 'male'
}
```

13.6.4 类和对象

定义类的关键字为 class,后面紧跟类名,类可以包含属性、构造函数和方法。TS 使用三种访问修饰符(access modifiers),分别是 public、private 和 protected。public 修饰的属性或方法是公有的,可以在任何地方被访问到,默认所有的属性和方法都是 public。private 修饰的属性或方法是私有的,不能在声明它的类的外部访问。protected 修饰的属性或方法是受保护的,类似 private,但在子类中也是允许被访问的。

使用 new 关键字来实例化类的对象,语法格式如下。

```
class Animal {
        public name;
        public constructor(name) {
                this.name = name;
        }
}

let acat = new Animal('cat');
```

只读属性关键字 readonly 只允许出现在属性声明、索引签名或构造函数中。

abstract 用于定义抽象类和其中的抽象方法。抽象类不允许被实例化,抽象类中的抽象方法必须被子类实现。

```
abstract class Animal {
        public name;
        public constructor(name) {
                this.name = name;
        }
        public abstract sayHi();
}

class Cat extends Animal {
        public sayHi() {
                console.log(`Meow, My name is ${this.name}`);
        }
}

let cat = new Cat('Tom');
```

类可以加上 TS 的类型。

```
class Animal {
        name: string;
        constructor(name: string) {
                this.name = name;
        }
        sayHi(): string {
                return `My name is ${this.name}`;
        }
}

let a: Animal = new Animal('Jack');
console.log(a.sayHi()); // My name is Jack
```

13.6.5　装饰器

在一些场景下需要额外的特性来支持标注或修改类及其成员。装饰器(decorators)为在类的声明及成员上通过元编程语法添加标注提供了一种方式。TS 装饰器是一个表达式,该表达式被执行后,返回一个函数。函数的入参分别为 target、name 和 descriptor,执行该函数后,可能返回 descriptor 对象,用于配置 target 对象。

装饰器是一种特殊类型的声明,TS 装饰器包括类装饰器(Class decorators)、属性装饰器(Property decorators)、方法装饰器(Method decorators)、参数装饰器(Parameter decorators)。装饰器使用@expression 这种形式,expression 求值后必须为一个函数,它会在运行时被调用,被装饰的声明信息作为参数传入。下面是使用类装饰器(@sealed)的例子,应用在 Greeter 类,当@sealed 被执行时,它将密封此类的构造函数和原型。

```
@sealed
        class Greeter {
                greeting: string;
                constructor(message: string) {
                        this.greeting = message;
                }
                greet() {
                        return "Hello, " + this.greeting;
                }
        }

        //定义@sealed 装饰器:

        function sealed(constructor: Function) {
                /* Object.seal()方法封闭一个对象,阻止添加新属性并将所有现有属性标记为不
可配置。当前属性的值只要原来是可写的就可以改变 */
                Object.seal(constructor);
                Object.seal(constructor.prototype);
        }

        let aa = new Greeter("Tom");
        console.log(aa.greet());
```

如果要定制一个修饰器应用到一个声明上，需要写一个装饰器工厂函数。装饰器工厂就是一个简单的函数，它返回一个表达式，以供装饰器在运行时调用。通过下面的方式来写一个装饰器工厂函数。

```
function color(value: string) {              //这是一个装饰器工厂
        return function (target) {   //这是装饰器
                // do something with "target" and "value"...
        }
}
```

多个装饰器可以同时应用到一个声明上，可以书写在同一行上，也可以书写在多行上。当多个装饰器应用于一个声明上，它们的求值方式与复合函数相似。在这个模型下，当复合 f 和 g 时，复合的结果(f ∘ g)(x)等同于 f(g(x))。

```
@f @g x
        //或者
        @f
        @g
        x
        function f() {
                console.log("f(): evaluated");
                return function (target, propertyKey: string, descriptor: PropertyDescriptor)
{
                        console.log("f(): called");
                }
        }

        function g() {
                console.log("g(): evaluated");
                return function (target, propertyKey: string, descriptor: PropertyDescriptor)
{
                        console.log("g(): called");
                }
        }

        class C {
                @f()
                @g()
                method() {}
        }
        //在控制台里会打印出如下结果
        f(): evaluated
        g(): evaluated
        g(): called
        f(): called
```

1. 类装饰器

类装饰器在类声明之前被声明(紧靠类声明)。类装饰器应用于类构造函数，可以用来监视、修改或替换类定义。类装饰器表达式会在运行时当作函数被调用，类的构造函数作为其唯一的参数。如果类装饰器返回一个值,它会使用提供的构造函数来替换类的声明。下面是一个重载构造函数的例子。

```
function classDecorator<T extends {new(...args:any[]):{}}>(constructor:T) {
        return class extends constructor {
                newProperty = "new property";
                hello = "override";
        }
}

@classDecorator
class Greeter {
        property = "property";
        hello: string;
        constructor(m: string) {
                this.hello = m;
        }
}

console.log(new Greeter("world"));

//在控制台里会打印出如下结果
{
        "property": "property",
        "hello": "override",
        "newProperty": "new property"
}
```

2. 方法装饰器

方法装饰器声明在一个方法的声明之前(紧靠着方法声明)。它会被应用到方法的属性描述符上,可以用来监视、修改或者替换方法定义。方法装饰器表达式会在运行时当作函数被调用,传入3个参数:①对于静态成员来说是类的构造函数,对于实例成员是类的原型对象;②成员的名字;③成员的属性描述符。如果方法装饰器返回一个值,它会被用作方法的属性描述符。示例代码如下。

```
//方法装饰器(@enumerable)例子,应用于 Greeter 类的 greet()方法上
        class Greeter {
                greeting: string;
                constructor(message: string) {
                        this.greeting = message;
                }

                @enumerable(false)
                greet() {
                        return "Hello, " + this.greeting;
                }
        }
        //用下面的函数声明来定义@enumerable 装饰器
        //
```

```
        function enumerable(value: boolean) {
                return function (target: any, propertyKey: string, descriptor: PropertyDescriptor) {
                        descriptor.enumerable = value;
                };
        }
        /* @enumerable(false)是一个装饰器工厂。当装饰器@enumerable(false)被调用时,它会修改属性描述符的 enumerable 属性 */
```

3. 访问器装饰器

访问器装饰器声明在一个访问器的声明之前(紧靠着访问器声明)。访问器装饰器应用于访问器的属性描述符并且可以用来监视,修改或替换一个访问器的定义。示例如下。

```
//使用访问器装饰器(@configurable),应用于 Point 类的成员上
        class Point {
                private _x: number;
                private _y: number;
                constructor(x: number, y: number) {
                        this._x = x;
                        this._y = y;
                }

                @configurable(false)
                get x() { return this._x; }

                @configurable(false)
                get y() { return this._y; }
        }
        //通过如下函数声明来定义@configurable 装饰器
        function configurable(value: boolean) {
                return function (target: any, propertyKey: string, descriptor: PropertyDescriptor) {
                        descriptor.configurable = value;
                };
        }
```

4. 属性装饰器

属性装饰器声明在一个属性声明之前(紧靠着属性声明)。属性装饰器表达式会在运行时当作函数被调用,传入两个参数:①对于静态成员来说是类的构造函数,对于实例成员是类的原型对象;②成员的名字。

```
//用属性装饰器来记录这个属性的元数据,如下
        class Greeter {
                @format("Hello, %s")
                greeting: string;

                constructor(message: string) {
                        this.greeting = message;
                }
```

```
        greet() {
                let formatString = getFormat(this, "greeting");
                return formatString.replace(" % s", this.greeting);
        }
}
//然后定义@format 装饰器和 getFormat 函数

import "reflect - metadata";          //需要使用 reflect - metadata 库

const formatMetadataKey = Symbol("format");

function format(formatString: string) {
        return Reflect.metadata(formatMetadataKey, formatString);
}

function getFormat(target: any, propertyKey: string) {
        return Reflect.getMetadata(formatMetadataKey, target, propertyKey);
}
```

这个@format("Hello,%s")装饰器是个装饰器工厂。当 @format("Hello,%s")被调用时,通过 reflect-metadata 库里的 Reflect. metadata 函数,添加一条这个属性的元数据。当 getFormat 被调用时,它读取格式的元数据。

5. 参数装饰器

参数装饰器声明在一个参数声明之前(紧靠着参数声明)。参数装饰器应用于类构造函数或方法声明。参数装饰器只能用来监视一个方法的参数是否被传入。参数装饰器的返回值会被忽略。

参数装饰器表达式会在运行时当作函数被调用,传入下列 3 个参数:①对于静态成员来说是类的构造函数,对于实例成员是类的原型对象;②成员的名字;③参数在函数参数列表中的索引。

13.6.6　ArkTS 语法糖

ArkTS 支持的装饰器有@Component、@Entry、@State、@Prop 和@Link 等。多个装饰器实现可以叠加到目标元素,书写在同一行上或者在多行上,推荐书写在多行上。

(1) @Component 装饰 struct,在装饰后 struct 具有基于组件的能力。组件不能有继承关系,比 class 更加快速地创建和销毁。

(2) @Entry 装饰 struct,被装饰后作为页面的入口,页面加载时将被渲染显示。

(3) @State 装饰基本数据类型、类、数组,装饰的数据被修改时会触发组件的 build 方法进行 UI 界面更新。

(4) @Prop 装饰基本数据类型,装饰后的状态数据用于在父组件和子组件之间建立单向数据依赖关系。修改父组件关联数据时,更新当前组件的 UI。

(5) @Link 装饰基本数据类型、类、数组,父子组件之间的双向数据绑定。父组件的内部状态数据作为数据源。任何一方所做的修改都会反映给另一方。

ArkTS 允许以“.”链式调用的方式配置 UI 结构及其属性、事件等。

```
Column() {
      Text('祖冲之')
      .fontSize(17.4)
      .fontWeight(FontWeight.Bold)
      .layoutWeight(1)
}.padding(10)
```

除了组件可以基于 struct 实现，struct 的实例化可以省略 new。每行代码末尾可以省略分号";"。

```
// 定义
@Component
struct MyComponent {
        build() {
        }
}

//使用
Column() {
        MyComponent()
}

//可以省略 new
new Column() {
        new MyComponent()
}
```

TS 语言的使用在生成器函数 Builder()中存在一定的限制，如下。

(1) 表达式仅允许在字符串($expression)、if 条件、ForEach 的参数和组件的参数中使用。

(2) 这些表达式中的任何一个都不能导致任何应用程序状态变量(@State、@Link、@Prop)的改变，否则会导致未定义和潜在不稳定的框架行为。

(3) 允许在生成器函数体的第一行使用 console.log，以便开发人员更容易跟踪组件重新渲染。对日志字符串文字中表达式仍遵循上述限制。

(4) 生成器函数内部不能有局部变量。

如下为使用生成器函数时错误用法的示例。

```
build() {
        let a: number = 1                    // 无效：变量声明是不允许的
        console.log(`a: ${a}`)               // 无效：console.log 只能在 build 的第一行
        Column() {
              Text('Hello ${this.myName.toUpperCase()}') // 正确
              ForEach(this.arr.reverse(), ..., ...) // 无效：在适当位置,Array.reverse 修改
                                                    // @State 数组变量
        }
        buildSpecial()                       // 无效：没有函数调用
        Text(this.calcTextValue())           // 函数调用有效
}
```

第14章

JS类Web开发

兴天下之利，除天下之害。

——墨子

JS FA 应用的 JavaScript 模块(entry/src/main)的初始开发目录结构如图 14.1 所示。

HML 模板文件.hml 描述当前页面的布局，CSS 样式文件.css 描述页面样式，JavaScript 文件.js 用于处理页面和用户的交互。app.js 文件用于全局 JavaScript 逻辑和应用程序生命周期管理。pages 目录用于存放所有组件页面。common 目录用于存放公共资源文件，如媒体资源、自定义组件和 JavaScript 文件。resources 目录用于存放资源配置文件，如多分辨率加载等配置文件。i18n 目录用于配置不同语言场景资源内容，如应用文本词条、图片路径等资源。多实例开发中还有 share 目录，用于配置多个实例共享的资源内容，如 share 中的图片和 JSON 文件可被多个 default 实例共享。如果 share 目录中的资源和实例(default)中的资源文件同名且目录一致时，实例中资源的优先级高于 share 中资源的优先级。

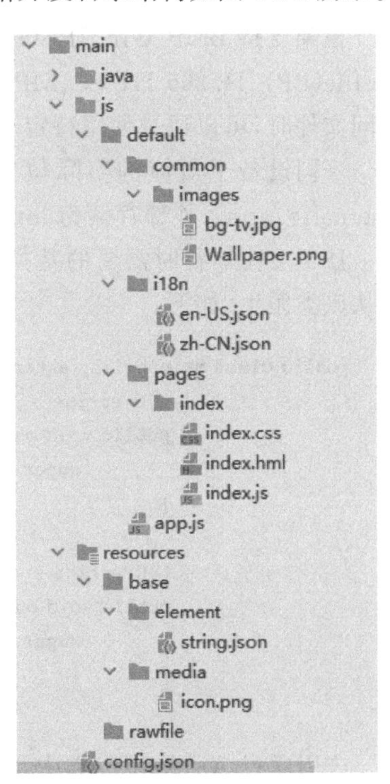

图 14.1　初始开发目录结构

在 app.js 中的应用程序生命周期函数有当应用创建时调用的 onCreate，当应用处于前台时触发的 onShow，应用处于后台时触发的 onHide，当应用退出时触发 onDestroy。每个应用可以在 app.js 自定义应用级生命周期的实现逻辑，以下示例仅在生命周期函数中打印对应日志。

```
export default {
        data: {
                test: "by getAPP"
        },
```

```
        onCreate() {
                console.info('AceApplication onCreate');
        },
        onDestroy() {
                console.info('AceApplication onDestroy');
        }
};
```

开发框架提供了 getApp()全局方法，可以在自定义 JS 文件中获取 app.js 中暴露的对象。

```
// user.js 获取 app.js 中的 data
        exportvar appData = getApp().data;
```

资源可通过绝对路径或相对路径的方式进行访问，绝对路径以“/”开头，由根目录“/”写起。相对路径以“./”或“../”开头，./ 指的是当前目录，../ 指的是当前目录的上一级目录。引用代码文件，推荐使用相对路径，如../common/utils.js。引用资源文件，推荐使用绝对路径，如/common/xxx.png。公共代码文件和资源文件推荐放在 common 下，通过以上两条规则进行访问。CSS 样式文件中通过 url()函数创建< url >数据类型，如 url(/common/xxx.png)。

框架支持 BMP、GIF、JPEG、PNG 和 WebP 图片格式，H.263、H.264 AVC、Baseline、Profile(BP)、H.265 HEVC、MPEG-4 SP、VP8 和 VP9 视频格式。应用使用文件存储接口访问文件时，可以通过使用特定 scheme(只支持 internal)来访问预定义的一些文件存取目录。不同设备上对应的实际位置不同。临时目录为 internal://cache/，应用私有目录为 internal://app/，外部存储为 internal://share/。

JS FA 在运行时需要的基类 MainAbility 继承自 Ability 的 AceAbility，应用运行入口类从该类派生，如下。

```
public class MainAbility extends AceAbility {
        @Override
        public void onStart(Intent intent) {
                super.onStart(intent);
        }

        @Override
        public void onStop() {
                super.onStop();
        }
}
```

应用通过 AceAbility 类中 setInstanceName()接口设置该 Ability 的实例资源，如下。

```
public class MainAbility extends AceAbility {
        @Override
        public void onStart(Intent intent) {
                setInstanceName("JSSelfName");
                //在 config.json 配置文件中,module.js.name 的标签值为"JSSelfName"。
                super.onStart(intent);
```

```
        }
    }
```

setInstanceName(String name)的参数 name 指实例名称,实例名称与 config.json 文件中 module.js.name 的值对应。若实例名使用默认值 default,无须调用此接口,否则需要在应用 Ability 实例的 onStart()中调用此接口,并将参数 name 设置为修改后的实例名称。

页面的生命周期如图 14.2 所示。

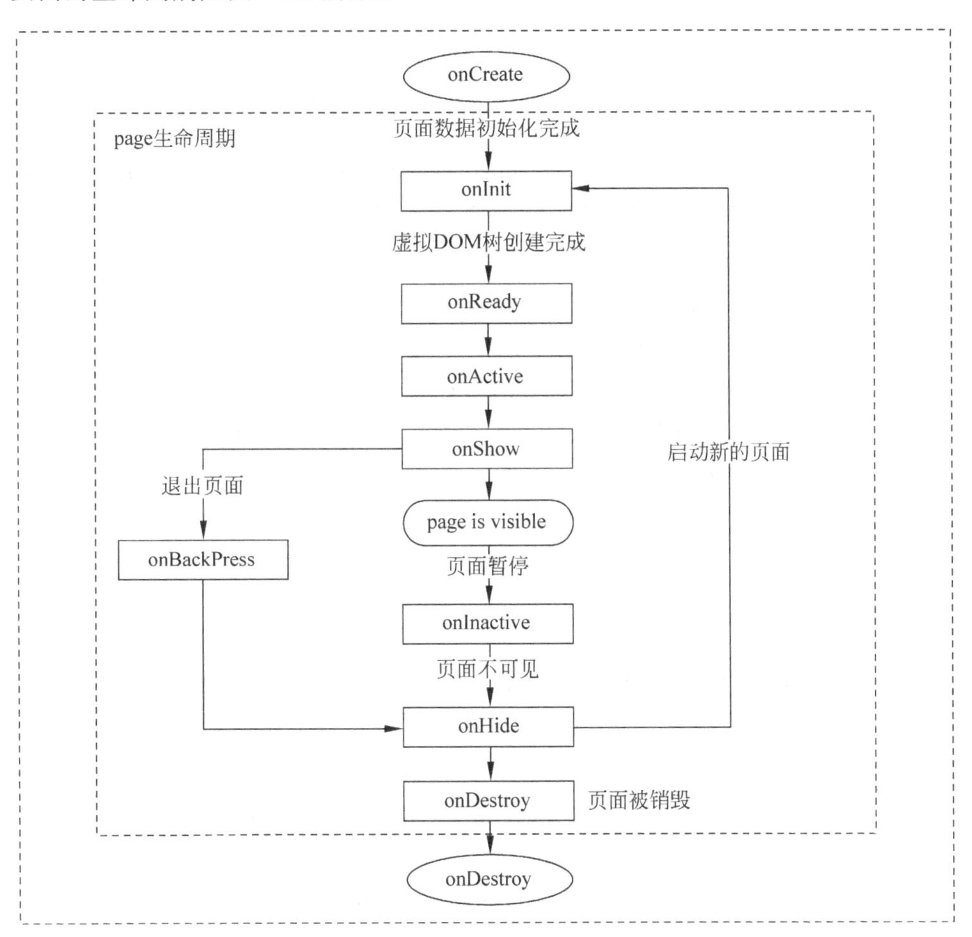

图 14.2 应用和页面的生命周期

图 14.2 中,页面的生命周期是应用的生命周期的一部分。页面生命周期各个阶段由一系列函数组成。表 14.1 列出了页面生命周期函数。

表 14.1 页面生命周期函数

函数名称	类型	描述
onInit()	() => void	页面初始化
onReady()	() => void	页面创建完成
onShow()	() => void	页面显示
onHide()	() => void	页面不可见
onDestroy()	() => void	页面销毁

续表

函 数 名 称	类　　型	描　　述
onBackPress()	() => boolean	返回按钮动作
onActive()5+	() => void	页面激活
onInactive()5+	() => void	页面暂停
onNewRequest()5+	() => void	FA 重新请求
onStartContinuation()5+	() => boolean	分布式能力接口
onSaveData(OBJECT)5+	(value: Object) => void	
onRestoreData(OBJECT)5+	(value: Object) => void	
onCompleteContinuation(code)5+	(code: number) => void	
onCondigurationUpdated(configuration) 6+	(configuration: Configuration)=> void	配置变更回调

如有一页面 pageA，调用 pageB，在使用时，生命周期接口的顺序如下。

(1) 打开页面 pageA：onInit() → onReady() → onShow()。

(2) 在页面 pageA 打开页面 pageB：onHide()。

(3) 从页面 pageB 返回页面 pageA：onShow()。

(4) 退出页面 pageA：onBackPress() → onHide() → onDestroy()。

(5) 页面隐藏到后台运行：onInactive() → onHide()。

(6) 页面从后台运行恢复到前台：onShow() → onActive()。

14.1 组件

这里的组件对应于 HTML 中的 html 元素定义的控件。根据组件的功能，分为以下六大类。

(1) 容器组件：badge、dialog、div、form、list、list-item、list-item-group、panel、popup、refresh、stack、stepper、stepper-item、swiper、tabs、tab-bar、tab-content。

(2) 基础组件：button、chart、divider、image、image-animator、input、label、marquee、menu、option、picker、picker-view、piece、progress、qrcode、rating、richtext、search、select、slider、span、switch、text、textarea、toolbar、toolbar-item、toggle、web。

(3) 媒体组件：camera、video。

(4) 画布组件：canvas。

(5) 栅格组件：grid-container、grid-row、grid-col。

(6) svg 组件：svg、rect、circle、ellipse、path、line、polyline、polygon、text、tspan、textPath、animate、animateMotion、animateTransform。

常用的组件有 Text、Input、Button 等。

Text 是文本组件，用于呈现一段文本信息。

Input 是交互式组件，用于接收用户数据。其类型可设置为日期、多选框和按钮等。通过设置 type 属性来定义 Input 类型，如将 Input 设置为 button、date 等。可以向 Input 组件添加 search 和 translate 事件。

```
<!-- xxx.hml -->
        <div class = "content">
        <text style = "margin - left: - 7px;">
        <span> Enter text and then touch and hold what you've entered </span>
        </text>
        <input class = "input" type = "text" onsearch = "search" placeholder = "search"> </input>
        <input class = "input" type = "text" ontranslate = "translate" placeholder = "translate">
</input>
        </div>
        /* xxx.css */
        .content {
                width: 100%;
                flex - direction: column;
                align - items: center;
                justify - content: center;
                background - color: #F1F3F5;
        }
        .input {
                margin - top: 50px;
                width: 60%;
                placeholder - color: gray;
        }
        text{
                width:100%;
                font - size:25px;
                text - align:center;
        }
        // xxx.js
        import prompt from '@system.prompt'
        export default {
                search(e){
                        prompt.showToast({
                            message: e.value,
                            duration: 3000,
                        });
                },
                translate(e){
                        prompt.showToast({
                            message: e.value,
                            duration: 3000,
                        });
                }
        }
```

以及通过对 Input 组件添加 showError()方法提示输入的错误原因。

```
<!-- xxx.hml -->
        <div class = "content">
        <input id = "input" class = "input" type = "text" maxlength = "20" placeholder = "Please
input text" onchange = "change">
        </input>
```

```
<input class = "button" type = "button" value = "Submit" onclick = "buttonClick"></input>
</div>
/* xxx.css */
.content {
        width: 100%;
        flex-direction: column;
        align-items: center;
        justify-content: center;
        background-color: #F1F3F5;
}
.input {
        width: 80%;
        placeholder-color: gray;
}
.button {
        width: 30%;
        margin-top: 50px;
}
// xxx.js
import prompt from '@system.prompt'
export default {
        data:{
                value:'',
        },
        change(e){
                this.value = e.value;
                prompt.showToast({
                        message: "value: " + this.value,
                        duration: 3000,
                });
        },
        buttonClick(e){
                if(this.value.length > 6){
                        this.$element("input").showError({
                                error: 'Up to 6 characters are allowed.'
                        });
                }else if(this.value.length == 0){
                        this.$element("input").showError({
                                error:this.value + 'This field cannot be left empty.'
                        });
                }else{
                        prompt.showToast({
                                message: "success "
                        });
                }
        },
}
```

按钮组件 Button 的类型通过 type 属性设置，可以是胶囊按钮、圆形按钮、文本按钮、弧形按钮、下载按钮。

- capsule：胶囊形按钮，带圆角按钮，有背景色和文本。
- circle：圆形按钮，支持放置图标。
- text：文本按钮，仅包含文本显示。
- arc：弧形按钮，仅支持智能穿戴设备。
- download：下载按钮，额外增加下载进度条功能，仅支持手机和智慧屏。

Button 组件使用的 icon 图标如果来自云端路径，需要网络访问权限 ohos.permission.INTERNET。

```
<!-- config.json -->
    "module": {
        "reqPermissions": [{
            "name": "ohos.permission.INTERNET"
        }],
    }
```

Form 是一个表单容器，支持容器内 Input 组件内容的提交和重置。通过为 Form 添加 background-color 和 border 属性，来设置表单的背景颜色和边框。为 Form 组件添加 click-effect 属性，实现单击表单后的缩放效果，支持 spring-small、spring-medium 和 spring-large。为 Form 组件添加 submit 和 reset 事件，来提交表单内容或重置表单选项。

```
<!-- xxx.hml -->
    <div class = "container" style = "background - color: #F1F3F5;">
    <form onsubmit = 'onSubmit' onreset = 'onReset' style = "justify - content: center;
align - items: center;text - align: center;">
    <div style = "flex - direction: column;justify - content: center;align - self: center;">
    <div style = "justify - content: center; align - items: center;">
    <label > Option 1 </label >
    <input type = 'radio' name = 'radioGroup' value = 'radio1'></input >
    <label > Option 2 </label >
    <input type = 'radio' name = 'radioGroup' value = 'radio2'></input >
    </div >
    <div style = "margin - top: 30px;justify - content: center; align - items: center;">
    <input type = "submit" value = "Submit" style = "width:100px; margin - right:20px;" >
</input >
    <input type = "reset" value = "Reset" style = "width:100px;"></input >
    </div >
    </div >
    </form >
    </div >
    /* xxx.js */
    import prompt from '@system.prompt';
    export default{
        onSubmit(result) {
            prompt.showToast({
                message: result.value.radioGroup
            })
        },
        onReset() {
            prompt.showToast({
```

```
                    message: 'Reset All'
                })
            }
        }
```

Image 是图片组件，用来渲染展示图片。通过设置 width、height 和 object-fit 属性定义图片的宽、高和缩放样式。图片成功加载时触发 complete 事件，返回加载的图源尺寸。加载失败则触发 error 事件，打印图片加载失败。

```
<!-- index.hml -->
        <div class = "container" >
        <div>
        < image src = "common/images/bg - tv.jpg" oncomplete = "imageComplete(1)" onerror =
"imageError(1)"> </image>
        </div>
        <div>
        < image src = "common/images/bg - tv1.jpg" oncomplete = "imageComplete(2)" onerror =
"imageError(2)"> </image>
        </div>
        </div>
        /* xxx.css */
        .container{
            flex - direction: column;
            justify - content: center;
            align - self: center;
            background - color: #F1F3F5;
        }
        .container div{
            margin - left: 10%;
            width: 80%;
            height: 300px;
            margin - bottom: 40px;
        }
        /* index.js */
        import prompt from '@system.prompt';
        export default {
            imageComplete(i,e){
                prompt.showToast({
                    message: "Image " + i + "'s width" +  e.width + " ---- Image " +
i + "'s height" + e.height,
                    duration: 3000,
                })
            },
            imageError(i,e){
                setTimeout(() =>{
                    prompt.showToast({
                        message: "Failed to load image " + i + ".",
                        duration: 3000,
                    })
                },3000)
            }
        }
```

Picker是滑动选择器组件，类型支持普通选择器、日期选择器、时间选择器、时间日期选择器和多列文本选择器，通过设置Picker的type属性为text、date、time、datetime、multi-text实现。

Picker作为普通选择器时，type=text，还有设置普通选择器的取值范围的range属性，设置普通选择器弹窗的默认取值select属性，设置普通选择器值的value属性，以及是否振动的vibrate属性。作为日期选择器时，有start、end、selected、value、lunar、lunarswitch和vibrate7属性。作为时间选择器时，有containsecond、selected、value、hours、vibrate属性。作为日期时间选择器时，有selected、value、hours、lunar、lunarswitch、vibrate属性。作为多列文本选择器时，有columns、range、selected、value、vibrate属性。

对Picker添加change和cancel事件，来对选择的内容进行确定和取消。

```
<!-- index.hml -->
        <div class = "container">
        <picker id = "picker_multi" type = "multi - text" value = "{{multitextvalue}}" columns =
"3" range = "{{multitext}}" selected = "
         {{multitextselect}}" onchange = "multitextonchange" oncancel = "multitextoncancel"
class = "pickermuitl"></picker>
        </div>
        /* index.css */
        .container {
              flex - direction: column;
              justify - content: center;
              align - items: center;
              background - color: #F1F3F5;
        }
        .pickermuitl {
              margin - bottom:20px;
              width: 600px;
              height: 50px;
              font - size: 25px;
              letter - spacing:15px;
        }
        // xxx.js
        import prompt from '@system.prompt';
        export default {
              data: {
                     multitext:[["a", "b", "c"], ["e", "f", "g"], ["h", "i"]],
                     multitextvalue:'Select multi - line text',
                     multitextselect:[0,0,0],
              },
              multitextonchange(e) {
                     this.multitextvalue = e.newValue;
                     prompt.showToast({ message:"Multi - column text changed to:" + e.newValue })
              },
              multitextoncancel() {
                     prompt.showToast({ message:"multitextoncancel" })
              },
        }
```

HML 中容器除了 div，常用的还有 list 和 tabs。list 组件参见 13.1 节，tabs 引入了界面导航结构。

tabs 默认展示索引为 index 的标签及内容。通过设置 vertical 属性使组件纵向展示。

```
<!-- index.hml -->
    <div class = "container" style = "background-color: #F1F3F5;">
    <tabs index = "1" vertical = "true">
    <tab-bar>
    <text> item1 </text>
    <text style = "margin-top: 50px;"> item2 </text>
    </tab-bar>
    <tab-content>
    <div>
    <image src = "common/images/bg-tv.jpg" style = "object-fit: contain;"> </image>
    </div>
    <div>
    <image src = "common/images/img1.jpg" style = "object-fit: contain;"> </image>
    </div>
    </tab-content>
    </tabs>
    </div>
```

设置 mode 属性使 tab-bar 的子组件均分，设置 scrollable 属性使 tab-content 不可进行左右滑动切换内容。可以通过属性设置 tabs 背景色及边框和 tab-content 布局。可以为 tabs 添加 change 事件，实现页签切换后显示当前页签索引的功能。

```
<!-- index.hml -->
    <div class = "container" style = "background-color: #F1F3F5;">
    <tabs class = "tabs" onchange = "tabChange">
    <tab-bar class = "tabBar">
    <text class = "tabBarItem"> item1 </text>
    <text class = "tabBarItem"> item2 </text>
    </tab-bar>
    <tab-content class = "tabContent">
    <div>
    <image src = "common/images/bg-tv.jpg" style = "object-fit: contain;"> </image>
    </div>
    <div>
    <image src = "common/images/img1.jpg" style = "object-fit: contain;"> </image>
    </div>
    </tab-content>
    </tabs>
    </div>
    /* index.js */
    import prompt from '@system.prompt';
    export default {
        tabChange(e){
            prompt.showToast({
                message: "Tab index: " + e.index
            })
        }
    }
```

14.1.1 界面布局

手机和智慧屏的基准宽度为720px，智能穿戴设备的基准宽度为454px，实际显示效果会根据实际屏幕宽度进行缩放。组件的width设为100px时，在宽度为1440物理像素的屏幕上，实际显示为200物理像素。在宽度为454物理像素的屏幕上，实际显示为100物理像素。

一个页面的基本元素包含标题区域、文本区域和图片区域等，每个基本元素内还可以包含多个子元素，根据需求添加按钮、开关和进度条等组件。将页面中的元素分解之后再对每个基本元素按顺序实现，可以减少多层嵌套造成的视觉混乱和逻辑混乱，提高代码的可读性，方便对页面做后续的调整。如图14.3所示为页面布局的典型分解，图14.4为某一区域的进一步分解。

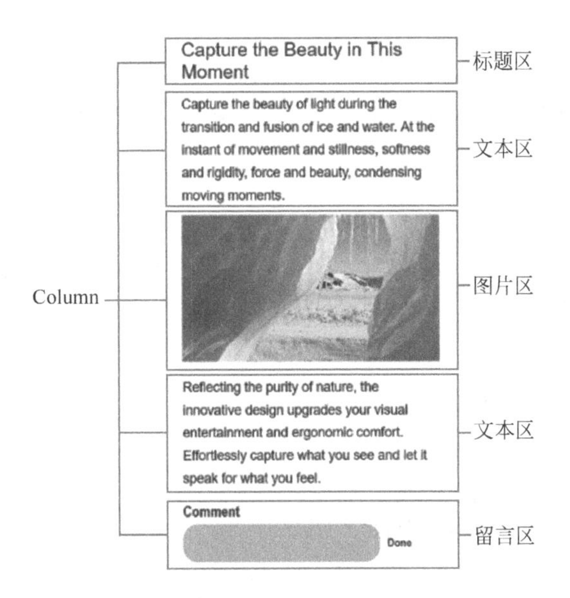

图 14.3 页面布局的典型分解

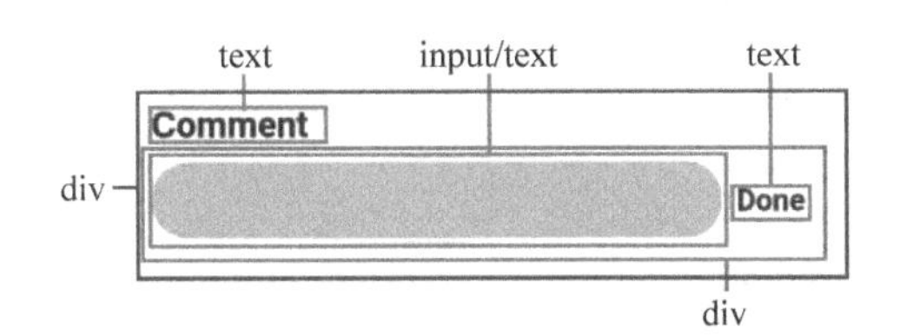

图 14.4 留言区域布局分解

实现标题和文本区域最常用的是基础组件text，添加图片区域通常用image组件来实现。留言区域由div、text、input关联click事件实现。要将页面的基本元素组装在一起，需要使用容器组件。在页面布局中常用到三种容器组件，分别是div、list和tabs。在页面结构相对简单时，可以直接用div作为容器，因为div作为单纯的布局容器，可以支持多种子组件，使用起来更为方便。

当页面结构较为复杂时，如果使用 div 循环渲染，容易出现卡顿，因此推荐使用 list 组件代替 div 组件实现长列表布局，从而实现更加流畅的列表滚动体验。当页面经常需要动态加载时，推荐使用 tabs 组件。tabs 组件支持 change 事件，在页签切换后触发。tabs 组件仅支持一个 tab-bar 和一个 tab-content。

可以使用 input 组件实现输入留言的部分，使用 text 组件实现留言完成部分，使用 commentText 的状态标记此时显示的组件(通过 if 属性控制)。在包含文本“完成”和“删除”的 text 组件中关联 click 事件，更新 commentText 状态和 inputValue 的内容。

```
<!-- xxx.hml -->
        <div class = "container">
        <text class = "comment - title"> Comment </text>
        <div if = "{{!commentText}}">
        <input class = "comment" value = "{{inputValue}}" onchange = "updateValue()"></input>
        <text class = "comment - key" onclick = "update" focusable = "true"> Done </text>
        </div>
        <div if = "{{commentText}}">
        <text class = "comment - text" focusable = "true">{{inputValue}}</text>
        <text class = "comment - key" onclick = "update" focusable = "true"> Delete </text>
        </div>
        </div>
        /* xxx.css */
        .container {
            margin - top: 24px;
            background - color: #ffffff;
        }
        .comment - title {
            font - size: 40px;
            color: #1a1a1a;
            font - weight: bold;
            margin - top: 40px;
            margin - bottom: 10px;
        }
        .comment {
            width: 550px;
            height: 100px;
            background - color: lightgrey;
        }
        .comment - key {
            width: 150px;
            height: 100px;
            margin - left: 20px;
            font - size: 32px;
            color: #1a1a1a;
            font - weight: bold;
        }
        .comment - key:focus {
            color: #007dff;
        }
        .comment - text {
```

```
            width: 550px;
            height: 100px;
            text-align: left;
            line-height: 35px;
            font-size: 30px;
            color: #000000;
            border-bottom-color: #bcbcbc;
            border-bottom-width: 0.5px;
        }
// xxx.js
        exportdefault {
            data: {
                inputValue: '',
                commentText: false,
            },
            update() {
                this.commentText = !this.commentText;
            },
            updateValue(e) {
                this.inputValue = e.text;
            },
        }
```

14.1.2 交互

交互可以通过在组件上关联事件实现。事件主要为手势事件和按键事件。手势事件主要用于智能穿戴等具有触摸屏的设备，按键事件主要用于智慧屏设备。

手势表示由单个或多个事件识别的语义动作。触摸手势包括手指触摸动作开始事件touchstart，手指触摸后移动事件touchmove，手指触摸动作被打断touchcancel，手指触摸动作结束touchend。点击手势为用户快速轻敲屏幕click。长按手势指用户在相同位置长时间保持与屏幕接触longpress。

```
<!-- xxx.hml -->
        <div class="container">
        <div class="text-container" onclick="click">
        <text class="text-style">{{onClick}}</text>
        </div>
        <div class="text-container" ontouchstart="touchStart">
        <text class="text-style">{{touchstart}}</text>
        </div>
        <div class="text-container" ontouchmove="touchMove">
        <text class="text-style">{{touchmove}}</text>
        </div>
        <div class="text-container" ontouchend="touchEnd">
        <text class="text-style">{{touchend}}</text>
        </div>
        <div class="text-container" ontouchcancel="touchCancel">
        <text class="text-style">{{touchcancel}}</text>
```

```
</div>
<div class = "text - container" onlongpress = "longPress">
<text class = "text - style">{{onLongPress}}</text>
</div>
</div>
/* xxx.css */
.container {
    flex - direction: column;
    justify - content: center;
    align - items: center;
}
.text - container {
    margin - top: 10px;
    flex - direction: column;
    width: 750px;
    height: 50px;
    background - color: #09ba07;
}
.text - style {
    width: 100%;
    line - height: 50px;
    text - align: center;
    font - size: 24px;
    color: #ffffff;
}
// xxx.js
export default {
    data: {
        touchstart: 'touchstart',
        touchmove: 'touchmove',
        touchend: 'touchend',
        touchcancel: 'touchcancel',
        onClick: 'onclick',
        onLongPress: 'onlongpress',
    },
    touchCancel: function (event) {
        this.touchcancel = 'canceled';
    },
    touchEnd: function(event) {
        this.touchend = 'ended';
    },
    touchMove: function(event) {
        this.touchmove = 'moved';
    },
    touchStart: function(event) {
        this.touchstart = 'touched';
    },
    longPress: function() {
        this.onLongPress = 'longpressed';
    },
    click: function() {
```

```
                this.onClick = 'clicked';
            },
        }
```

按键事件是智慧屏上的手势事件，当操作遥控器按键时触发。点击遥控器按键时，key事件的 action 指按键事件的按键类型，0 表示 down，1 表示 up，2 表示 multiple，按键不松开。同时 repeatCount 属性返回按键重复次数。每个按键对应各自的按键值在 code 属性中指出，向上方向键 19，向下方向键 20，向左方向键 21，向右方向键 22，智慧屏遥控器的确认键 23，键盘的回车键 66，键盘的小键盘回车键 166。

```
<!-- xxx.hml -->
        <div class = "card - box">
        <div class = "content - box">
        <text class = "content - text" onkey = "keyUp" onfocus = "focusUp" onblur = "blurUp">
{{up}}</text>
        </div>
        <div class = "content - box">
         <text class = "content - text" onkey = "keyDown" onfocus = "focusDown" onblur =
"blurDown">{{down}}</text>
        </div>
        </div>
        /* xxx.css */
        .card - box {
            flex - direction: column;
            justify - content: center;
        }
        .content - box {
            align - items: center;
            height: 200px;
            flex - direction: column;
            margin - left: 200px;
            margin - right: 200px;
        }
        .content - text {
            font - size: 40px;
            text - align: center;
        }
// xxx.js
        exportdefault {
            data: {
                up: 'up',
                down: 'down',
            },
            focusUp: function() {
                this.up = 'up focused';
            },
            blurUp: function() {
                this.up = 'up';
            },
            keyUp: function() {
```

```
                this.up = 'up keyed';
        },
        focusDown: function() {
                this.down = 'down focused';
        },
        blurDown: function() {
                this.down = 'down';
        },
        keyDown: function() {
                this.down = 'down keyed';
        },
}
```

14.1.3 路由和调用

由多个页面组成的应用，需要通过页面路由将这些页面串联起来，按需实现跳转。页面路由 router 根据页面的 uri 找到目标页面，从而实现跳转。以包含首页和详情页两个页面之间的跳转为例，在首页将 uri 指定的详情页面添加到路由栈中，即跳转到 uri 指定的页面。在详情页调用 router.back()回到首页。在调用 router()方法之前，需要导入 router 模块。

方舟开发框架提供了 JS FA 调用 Java PA 的机制，提供 Ability 和 Internal Ability 两种调用方式。Ability 方式下，PA 拥有独立的 Ability 生命周期，FA 使用远端进程通信拉起并请求 PA 服务，适用于基本服务供多 FA 调用或者服务在后台独立运行的场景。Internal Ability 方式下，PA 与 FA 共进程，采用内部函数调用的方式和 FA 进行通信，适用于对服务响应时延要求较高的场景。该方式下 PA 不支持其他 FA 访问调用。

JavaScript 端与 Java 端通过 bundleName 和 abilityName 来进行关联。在系统收到 JavaScript 调用请求后，根据在 JavaScript 接口中设置的参数来选择对应的处理方式。在 onRemoteRequest()中实现 PA 提供的业务逻辑。

方舟开发框架提供的接口如下。

(1) FA 端提供如下 JavaScript 接口。

- FeatureAbility.callAbility(OBJECT) 调用 PA。
- FeatureAbility.subscribeAbilityEvent(OBJECT,Function) 订阅 PA。
- FeatureAbility.unsubscribeAbilityEvent(OBJECT) 取消订阅 PA。

(2) PA 端提供 Ability 调用方式接口。

- IRemoteObject.onRemoteRequest(int, MessageParcel, MessageParcel, MessageOption) FA 使用远端进程通信拉起并请求 PA 服务。

(3) PA 端提供 Internal Ability 调用方式接口。

- AceInternalAbility.AceInternalAbilityHandler.onRemoteRequest(int, MessageParcel, MessageParcel, MessageOption) 采用内部函数调用的方式和 FA 进行通信。

以下示例中，JavaScript 端调用 FeatureAbility 接口，传入两个 Number 参数，Java 端接收后返回两个数的和。

FA JS 端使用 Internal Ability 方式时，需要将对应的 action.abilityType 值改为 ABILITY_TYPE_INTERNAL。代码如下。

```
// abilityType: 0 - Ability; 1 - Internal Ability
        const ABILITY_TYPE_EXTERNAL = 0;
        const ABILITY_TYPE_INTERNAL = 1;
        // syncOption(Optional, default sync): 0 - Sync; 1 - Async
        const ACTION_SYNC = 0;
        const ACTION_ASYNC = 1;
        const ACTION_MESSAGE_CODE_PLUS = 1001;
        exportdefault {
                plus: async function() {
                        var actionData = {};
                        actionData.firstNum = 1024;
                        actionData.secondNum = 2048;

                        var action = {};
                        action.bundleName = 'com.example.hiaceservice';
                        action.abilityName = 'com.example.hiaceservice.ComputeServiceAbility';
                        action.messageCode = ACTION_MESSAGE_CODE_PLUS;
                        action.data = actionData;
                        action.abilityType = ABILITY_TYPE_EXTERNAL;
                        action.syncOption = ACTION_SYNC;

                        var result = await FeatureAbility.callAbility(action);
                        var ret = JSON.parse(result);
                        if (ret.code == 0) {
                                console.info('plus result is:' + JSON.stringify(ret.abilityResult));
                        } else {
                                console.error('plus error code:' + JSON.stringify(ret.code));
                        }
                }
        }
```

在 java 目录下新建一个 Service Ability，文件命名为 ComputeServiceAbility.java，以 Ability 方式调用。

```
package com.example.hiaceservice;

        // ohos 相关接口包
        import ohos.aafwk.ability.Ability;
        import ohos.aafwk.content.Intent;
        import ohos.hiviewdfx.HiLog;
        import ohos.hiviewdfx.HiLogLabel;
        import ohos.rpc.IRemoteBroker;
        import ohos.rpc.IRemoteObject;
        import ohos.rpc.RemoteObject;
        import ohos.rpc.MessageParcel;
        import ohos.rpc.MessageOption;
        import ohos.utils.zson.ZSONObject;

        import java.util.HashMap;
        import java.util.Map;
```

```
public class ComputeServiceAbility extends Ability {
    // 定义日志标签
    private static final HiLogLabel LABEL = new HiLogLabel(HiLog.LOG_APP, 0, "MY_
TAG");

    private MyRemote remote = new MyRemote();
    // FA 在请求 PA 服务时会调用 Ability.connectAbility 连接 PA,连接成功后,需要
    // 在 onConnect 返回一个 remote 对象,供 FA 向 PA 发送消息
    @Override
    protected IRemoteObject onConnect(Intent intent) {
        super.onConnect(intent);
        return remote.asObject();
    }
    class MyRemote extends RemoteObject implements IRemoteBroker {
        private static final int SUCCESS = 0;
        private static final int ERROR = 1;
        private static final int PLUS = 1001;

        MyRemote() {
            super("MyService_MyRemote");
        }

        @Override
            public boolean onRemoteRequest ( int code, MessageParcel data,
MessageParcel reply, MessageOption option) {
            switch (code) {
                case PLUS: {
                    String dataStr = data.readString();
                    RequestParam param = new RequestParam();
                    try {
                        param = ZSONObject.stringToClass(dataStr,
RequestParam.class);
                    } catch (RuntimeException e) {
                        HiLog.error(LABEL, "convert failed.");
                    }

                    /* 返回结果当前仅支持 String,对于复杂结构可以
序列化为 ZSON 字符串上报 */
                    Map<String, Object> result = new HashMap<String,
Object>();
                    result.put("code", SUCCESS);
                    result.put("abilityResult", param.getFirstNum()
+ param.getSecondNum());
                    reply.writeString(ZSONObject.toZSONString(result));
                    break;
                }
                default: {
                    Map<String, Object> result = new HashMap<String,
Object>();
                    result.put("abilityError", ERROR);
                    reply.writeString(ZSONObject.toZSONString(result));
```

```
                        return false;
                    }
                }
                return true;
            }

            @Override
            public IRemoteObject asObject() {
                return this;
            }
        }
    }
```

请求参数功能单独在一个文件 RequestParam.java 中。该文件代码如下。

```
public class RequestParam {
        private int firstNum;
        private int secondNum;

        public int getFirstNum() {
            return firstNum;
        }

        public void setFirstNum(int firstNum) {
            this.firstNum = firstNum;
        }

        public int getSecondNum() {
            return secondNum;
        }

        public void setSecondNum(int secondNum) {
            this.secondNum = secondNum;
        }
    }
```

以 Internal Ability 方式返回时，在 java 目录下新建一个 Service Ability，文件命名为 ComputeInternalAbility.java，该文件内容如下。

```
package com.example.hiaceservice;

    // ohos 相关接口包
    import ohos.ace.ability.AceInternalAbility;
    import ohos.app.AbilityContext;
    import ohos.hiviewdfx.HiLog;
    import ohos.hiviewdfx.HiLogLabel;
    import ohos.rpc.IRemoteObject;
    import ohos.rpc.MessageOption;
    import ohos.rpc.MessageParcel;
    import ohos.rpc.RemoteException;
    import ohos.utils.zson.ZSONObject;
```

```
import java.util.HashMap;
import java.util.Map;

public class ComputeInternalAbility extends AceInternalAbility {
    private static final String BUNDLE_NAME = "com.example.hiaceservice";
    private static final String ABILITY_NAME = "com.example.hiaceservice.
ComputeInternalAbility";
    private static final int SUCCESS = 0;
    private static final int ERROR = 1;
    private static final int PLUS = 1001;
    // 定义日志标签
    private static final HiLogLabel LABEL = new HiLogLabel(HiLog.LOG_APP, 0, "MY_TAG");

    private static ComputeInternalAbility instance;
    private AbilityContext abilityContext;

    /* 如果多个 Ability 实例都需要注册当前 InternalAbility 实例,需要更改构造函
数,设定自己的 bundleName 和 abilityName */
    public ComputeInternalAbility() {
        super(BUNDLE_NAME, ABILITY_NAME);
    }

    public boolean onRemoteRequest(int code, MessageParcel data, MessageParcel
reply, MessageOption option) {
        switch (code) {
            case PLUS: {
                String dataStr = data.readString();
                RequestParam param = new RequestParam();
                try {
                    param = ZSONObject.stringToClass(dataStr,
RequestParam.class);
                } catch (RuntimeException e) {
                    HiLog.error(LABEL, "convert failed.");
                }

                /* 返回结果当前仅支持 String,对于复杂结构可以序列
化为 ZSON 字符串上报 */
                Map<String, Object> result = new HashMap<String,
Object>();
                result.put("code", SUCCESS);
                result.put("abilityResult", param.getFirstNum() +
param.getSecondNum());
                // SYNC
                if (option.getFlags() == MessageOption.TF_SYNC) {
                        reply.writeString(ZSONObject.toZSONString
(result));
                } else {
                    // ASYNC
                    MessageParcel responseData = MessageParcel.obtain();
                    responseData.writeString(ZSONObject.toZSONString
```

```
(result));
                                        IRemoteObject remoteReply = reply.readRemoteObject();
                                        try {
                                            remoteReply.sendRequest(0, responseData,
MessageParcel.obtain(), new MessageOption());
                                        } catch (RemoteException exception) {
                                            return false;
                                        } finally {
                                            responseData.reclaim();
                                        }
                                    }
                                    break;
                            }
                            default: {
                                    Map < String, Object > result  =  new HashMap < String,
Object >();
                                    result.put("abilityError", ERROR);
                                    reply.writeString(ZSONObject.toZSONString(result));
                                    return false;
                            }
                    }
                    return true;
            }

            /**
             * Internal ability 注册接口
             */
            public static void register(AbilityContext abilityContext) {
                    instance = new ComputeInternalAbility();
                    instance.onRegister(abilityContext);
            }

            private void onRegister(AbilityContext abilityContext) {
                    this.abilityContext = abilityContext;
                    this.setInternalAbilityHandler((code, data, reply, option) -> {
                        return this.onRemoteRequest(code, data, reply, option);
                    });
            }

            /**
             * Internal ability 注销接口
             */
            public static void unregister() {
                    instance.onUnregister();
            }

            private void onUnregister() {
                    abilityContext = null;
                    this.setInternalAbilityHandler(null);
            }
    }
```

同时需要修改继承 AceAbility 工程中的代码注册 Internal Ability。

```
public class MainAbility extends AceAbility {

        @Override
        public void onStart(Intent intent) {
            /* 注册，如果需要在 Page 初始化(onInit 或之前)时调用 AceInternalAbility
的能力，注册操作需要在 super.onStart 之前进行 */
            ComputeInternalAbility.register(this);
            ...
            super.onStart(intent);
        }
        @Override
        public void onStop() {
            // 注销
            ComputeInternalAbility.unregister();
            super.onStop();
        }
    }
```

DevEco Studio 环境中借助 js2java-codegen 工具可以自动生成 JS FA 以 Internal Ability 调用方式调用 PA 代码，快速完成 FA 调用 PA 应用的开发。只需添加简单的配置与标注即可利用该工具完成大部分 FA 调用 PA 模板代码的编写。

14.2 低代码开发

Deveco Studio 提供了 JS 语言低代码开发 UI 方式，即通过可视化界面开发方式快速构建布局、编辑 UI，可有效提升用户构建 UI 的效率。创建页面通过拖动组件完成，页面跳转仍旧通过 router 完成。

第15章

ArkTS声明式UI开发

古今之成大事业、大学问者，必经过三种之境界："昨夜西风凋碧树，独上高楼，望尽天涯路。"此第一境也。"衣带渐宽终不悔，为伊消得人憔悴。"此第二境也。"众里寻他千百度，回头蓦见，那人正在，灯火阑珊处。"此第三境也。未有不越第一境第二境而能遽跻第三境者。

——王国维

基于 ArkTS(Ark TypeScript)的声明式开发范式的方舟开发框架是为 HarmonyOS 平台开发极简、高性能、跨设备应用设计研发的 UI 开发框架，其采用更接近自然语义的编程方式，直观地描述 UI 界面，不必关心框架如何实现 UI 绘制和渲染，实现极简高效开发。从组件、动效和状态管理三个维度来提供 UI 能力，还提供了系统能力接口，实现系统能力的极简调用。

15.1 体验

打开 DevEco Studio，单击 Create Project。进入选择 ability template 界面，选择 Empty Ability。进入配置工程界面，Project Type 选择 Application，Device Type 选择 Phone，Language 选择 ArkTS，选择兼容 API Version 7。指定工程创建位置，配置完成后单击 Finish。

FA 应用的 ArkTS 模块(entry/src/main)的初始开发目录结构如图 15.1 所示。ArkTS 文件以.ets 结尾，用于描述 UI 布局、样式、事件交互和页面逻辑。app.ets 文件用于全局应用逻辑和应用生命周期管理。pages 目录用于存放所有组件页面。resources 目录用于存放资源配置文件，如国际化字符串、资源限定相关资源和 rawfile 资源等。如有必要，在 default 目录下的 common 目录存放公共代码文件，自定义组件和公共方法。应用程序的代码文

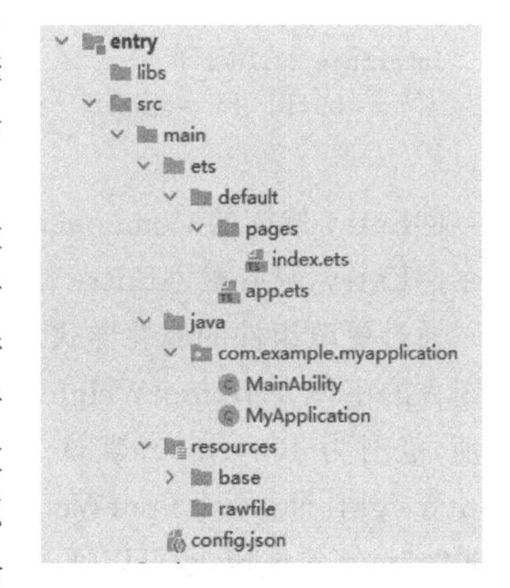

图 15.1 FA 应用 ArkTS 开发目录

件可通过相对路径./或../等引用。

这里的 app.ets 包含两个应用生命周期的接口：应用创建接口 onCreate 和应用销毁接口 onDestroy。app.ets 的变量是全局的，声明的数据和方法在整个应用内适用。

```
export default {
        onCreate() {
                console.info('Application onCreate')
        },
        onDestroy() {
                console.info('Application onDestroy')
        },
}
```

声明式 UI 中的页面由组件构成，组件的数据结构为 struct，装饰器@Component 是组件化的标志。用@Component 修饰的 struct 表示这个结构体有了组件化的能力。index.ets 页面为 UI 描述，框架自动生成一个遵循 Builder 接口声明的组件化的 struct，在 build 方法里面声明当前的布局和组件。单击右侧的 Previewer 按钮，打开预览窗口。可以看到在手机设备类型的预览窗口中"Hello World"居中加粗显示。

```
@Entry
@Component
struct Index {
        build() {
                Flex ({ direction: FlexDirection.Column, alignItems: ItemAlign.Center,
justifyContent: FlexAlign.Center }) {
                        Text('Hello World')
                        .fontSize(50)
                        .fontWeight(FontWeight.Bold)
                }
                .width('100%')
                .height('100%')
        }
}
```

在 Component 的 build 方法里描述 UI 结构，需要遵循如下的 Builder 接口约束。

```
interface Builder {
        build: () => void
}
```

@Entry 修饰的 Component 表示该 Component 是页面的总入口，一个页面有且仅能有一个@Entry，只有被@Entry 修饰的组件或者其子组件，才会在页面上显示。

通过更改组件的属性样式来改变组件的视图显示。Text 组件的 fontSize 属性用来更改组件的字体大小，fontWeight 属性用来更改组件的字体粗细。可直接设置 fontWeight 的取值，范围为 100～900，默认为 400。也可设为内置枚举类型，取 FontWeight.Lighter、FontWeight.Normal、FontWeight.Bold、FontWeight.Bolder 之一。属性方法要紧随组件，通过"."运算符连接，也可以通过链式调用的方式配置组件的多个属性。Text 组件的显示内容，通过修改 Text 组件的构造参数来实现，如 Text('Hello World')改为 Text('Welcome you')。

15.2 资源访问

应用程序的资源文件(字符串、图片、音频等)统一存放于 resources 目录下,包括两类目录,一类为 base 目录与限定词目录,另一类为 rawfile 目录。

第一类 base 目录按照两级目录形式来组织,一级子目录为 base 目录和限定词目录。base 目录是默认存在的目录。当应用的 resources 资源目录中没有与设备状态匹配的限定词目录时,会自动引用该目录中的资源文件。限定词目录需要自行创建。目录名称由一个或多个表征应用场景或设备特征的限定词组合而成。二级子目录为资源目录,用于存放字符串、颜色、布尔值等基础元素,以及媒体、动画、布局等资源文件。

限定词目录可以由一个或多个表征应用场景或设备特征的限定词组合而成,组合顺序为移动国家码_移动网络码-语言_文字_国家或地区-横竖屏-设备类型-颜色模式-屏幕密度。限定词的连接符号必须和此一致。限定词的取值必须符合要求,横竖屏取值 vertical 和 horizontal,设备类型取值 phone、tablet、car、tv 和 wearable,颜色模式取值 dark 和 light,屏幕密度取值 sdpi、mdpi、ldpi、xldpi、xxldpi 和 xxxldpi。

base 目录与限定词目录下面可以创建资源组目录(包括 element、media、animation、layout、graphic 和 profile 等),用于存放特定类型的资源文件。element 表示元素资源,每一类数据都采用相应的 JSON 文件来表征,每个文件中只能包含同一类型的数据,分别为 boolean. json、color. json、float. json、intarray. json、integer. json、pattern. json、plural. json、strarray. json 和 string. json。media 表示媒体资源,包括图片、音频和视频等非文本格式的文件。animation、layout 和 graphic 分别表示动画资源、布局资源和可绘制资源,采用 XML 文件格式,文件名可自定义。profile 表示其他类型文件,以原始文件形式保存。图片资源包括 JPEG、PNG、GIF、SVG、WEBP 和 BMP,视频资源支持的文件类型有 H. 263、H. 264 AVC/Baseline Profile (BP)、H. 265 HEVC、MPEG-4 SP、VP8 和 VP9。

在工程中,通过“ $r('app. type. name')”的形式引用应用资源。app 代表是应用内 resources 目录中定义的资源;type 代表资源类型(或资源的存放位置),可以取“color”“float”“string”“plural”“media”,name 代表资源命名,在定义资源时确定。

如下,一个 string. json 文件定义了一些字符串资源。

```
{
        "string":[
        {
                "name":"string_hello",
                "value":"Hello"
        },
        {
                "name":"string_world",
                "value":"World"
        },
        {
                "name":"message_arrive",
                "value":"We will arrive at %s."
```

```
        }
        ]
}
```

如下的 color.json 文件，定义了颜色资源。

```
{
        "color": [
        {
                "name": "color_hello",
                "value": "#ffff0000"
        },
        {
                "name": "color_world",
                "value": "#ff0000ff"
        }
        ]
}
```

在 ets 文件中，使用在 resources 目录中定义的资源的方法如下。

```
Text($r('app.string.string_hello'))
.fontColor($r('app.color.color_hello'))
.fontSize($r('app.float.font_hello'))
```

引用 rawfile 下资源时使用“$rawfile('filename')”的形式，当前 $rawfile 仅支持 Image 控件引用图片资源，filename 需要表示为 rawfile 目录下的文件相对路径，文件名需要包含后缀，路径开头不可以以"/"开头。

IDE 提供了系统资源，通过“$r('sys.type.resource_id')”的形式引用系统资源。sys 代表系统资源；type 代表资源类型，可取“color”“float”“string”“media”；resource_id 代表资源 id，可用的系统资源 id 包括系统颜色资源、系统圆角资源、系统字体资源和系统间距资源，具体 id 值参考 https://developer.harmonyos.com/cn/docs/documentation/doc-references/ts-appendix-system-resources-0000001193321003。

```
Text('二〇二二年')
.fontColor($r('sys.color.id_color_emphasize'))
.fontSize($r('sys.float.id_text_size_headline1'))
.fontFamily($r('sys.string.id_text_font_family_medium'))
.backgroundColor($r('sys.color.id_color_palette_aux1'))
Image($r('sys.media.ic_app'))
.border({color: $r('sys.color.id_color_palette_aux1'), radius: $r('sys.float.id_corner_
radius_button'), width: 2})
.margin({top: $r('sys.float.id_elements_margin_horizontal_m'), bottom: $r('sys.float.id_
elements_margin_horizontal_l')})
.height(100)
.width(200)
```

15.3 组件

ArkTS 声明式开发范式提供了一系列基本组件，以声明方式进行组合和扩展，描述应用程序的 UI 界面，还提供了基本的数据绑定和事件处理机制，实现应用交互逻辑。

如果组件的接口定义不包含必选构造参数，组件后面的"()"中不需要配置任何内容。如果组件的接口定义中包含必选构造参数，则在组件后面的"()"中必须配置参数。使用属性方法配置组件的属性时，属性方法紧随组件，并用"."运算符连接。如果组件支持事件，可以使用 lambda 表达式配置组件的事件方法和匿名函数表达式配置组件的事件方法，或者使用组件的成员函数配置组件的事件方法。示例如下。

```
Button('计数器加 1')
.onClick(() => {          //lambda 表达式配置组件
        this.counter += 1
})
Button('计数器加 2')
.onClick(function () {
        this.counter += 2
}.bind(this))             //使用 bind 确保函数体中的 this 引用包含的组件
myClickHandler(): void {
        // ...
}

...

Button('add counter')
.onClick(this.myClickHandler)//组件的成员函数配置事件
```

对于支持子组件配置的组件，如 Column、Row、Stack、Button、Grid 和 List，在" "里为组件添加子组件的 UI 描述。

一个结构体如果被@Component 装饰，则其具有了组件化能力，成为一个独立的组件，称为自定义组件。自定义组件可组合，可重用，有生命周期，能够数据驱动更新。通过实现 build 方法来描述 UI 结构，其必须符合 Builder 的接口。组件生命周期主要包括 aboutToAppear 和 aboutToDisappear 回调函数。

用@Entry 装饰的自定义组件用作页面的默认入口组件，加载页面时，将首先创建并呈现@Entry 装饰的自定义组件。

```
\\index.ets
@Component
struct MyComponent {                              //自定义组件
        build() {                                 //build()方法
                Column() {                        //Column 组件
                        Text('北京')              //嵌套 Text()组件
                        .fontColor(Color.Red)     //Text()属性方法
                        Text('上海')
                        .fontColor(Color.Green)
```

```
                Text('广州')
                .fontColor(Color.Blue)
                Text('武汉')
                .fontColor('#f22378')
            }.alignItems(HorizontalAlign.Center)//Column()组件方法
        }
}

@Entry                                                  //入口装饰器
@Component
struct ParentComponent {
        build() {
            Row() {
                Column() {
                    Text('第一列')
                    .fontSize(20)
                    MyComponent()//嵌套自定义组件
                }
                Column() {
                    MyComponent()
                    Text('第二列')
                    .fontSize(20)
                }
            }
        }

        private aboutToAppear() {
            console.log('ParentComponent: Just created, about to become rendered first time.')
        }

        private aboutToDisappear() {
            console.log('ParentComponent: About to be removed from the UI.')
        }
}
```

用@Preview 装饰的自定义组件可以在 DevEco Studio 的预览中进行单组件预览，加载页面时，将创建并呈现@Preview 装饰的自定义组件。

@Builder 装饰器定义了一个如何渲染自定义组件的方法。此装饰器提供了一个修饰方法，其目的和 build()函数一致。@Builder 装饰器装饰的方法的语法规范与 build()函数也保持一致。通过@Builder 装饰器可以在一个自定义组件内快速生成多个布局内容。

```
@Entry
@Component
struct CompA {
        size: number = 100;
        //快速生成布局
        @Builder SquareText(label: string) {
            Text(label)
            .width(1 * this.size)
            .height(1 * this.size)
```

```
    }
    //快速生成布局
    @Builder RowOfSquareTexts(label1: string, label2: string) {
        Row() {
            this.SquareText(label1)
            this.SquareText(label2)
        }
        .width(2 * this.size)
        .height(1 * this.size)
    }

    build() {
        Column() {
            Row() {
                this.SquareText("AAAAAA")//使用布局
                this.SquareText("BBBBBB")
            }
            .width(2 * this.size)
            .height(1 * this.size)
            this.RowOfSquareTexts("CCCCCC", "DDDDDD")
        }
        .width(2 * this.size)
        .height(2 * this.size)
    }
}
```

内置组件，如 Text、Column 和 Button 等，可通过@Extend 装饰器添加新的属性函数，从而复用组件。@Extend 装饰器不能用在自定义组件上。

```
@Extend(Button) function fancy(fontSize: number) {
    .fontColor(Color.Red)
    .fontSize(fontSize)
}

@Entry
@Component
struct FancyUse {
    build() {
        Row({ space: 10 }) {
            Button("按钮 1")
            .fancy(16)
            Button("按钮 2")
            .fancy(24)
        }
    }
}
```

@CustomDialog 装饰器用于装饰自定义弹窗

```
@Entry
@Component
struct CustomDialogUser {
```

```
        dialogController: CustomDialogController = new CustomDialogController({
                builder: DialogExample({action: this.onAccept}),
                cancel: this.existApp,
                autoCancel: true
        });

        onAccept() {
                console.log("onAccept");
        }
        existApp() {
                console.log("Cancel dialog!");
        }

        build() {
                Column() {
                        Button("打开")
                        .onClick(() => {
                                this.dialogController.open()
                        })
                }
        }
}
```

声明式UI编程范式中，UI是应用程序状态的函数，通过修改当前应用程序状态来更新相应的UI界面。装饰器@State，是组件拥有的状态属性。每当@State装饰的变量更改时，组件会重新渲染更新UI。装饰器@Link，指组件依赖于其父组件拥有的某些状态属性。每当任何一个组件中的数据更新时，另一个组件的状态都会更新，父子组件都会进行重新渲染。装饰器@Prop工作原理类似@Link，只是子组件所做的更改不会同步到父组件上，属于单向传递。

AppStorage是整个UI中使用的应用程序状态的中心“数据库”，UI框架会针对应用程序创建单例AppStorage对象，并提供相应的装饰器和接口供应用程序使用。

@StorageLink(name)的工作原理类似于@Consume(name)，不同的是，该给定名称的链接对象是从AppStorage中获得的，它在UI组件和AppStorage之间建立双向绑定同步数据。@StorageProp(name)将UI组件属性与AppStorage进行单向同步。AppStorage中的值更改会更新组件中的属性，但UI组件无法更改AppStorage中的属性值。AppStorage还提供用于业务逻辑实现的API，用于添加、读取、修改和删除应用程序的状态属性，通过此API所做的更改会导致修改的状态数据同步到UI组件上进行UI更新。

装饰器@State装饰的变量是组件内的状态属性，当这些状态数据被修改时，将会调用所在组件的build方法进行UI刷新。@State支持如下强类型的按值和按引用类型class、number、boolean、string，以及这些类型的数组，即Array < class >、Array < string >、Array < boolean >、Array < number >，不支持object和any类型。标记为@State的属性不能直接在组件外部修改，它的生命周期取决于它所在的组件。必须为所有@State变量分配初始值，在创建组件实例时，可以通过变量名显式指定@State状态属性的初始值。

```
class Model {
        value: string
        constructor(value: string) {
                this.value = value
        }
}

@Entry
@Component
struct EntryComponent {
        build() {
                Column() {
                        /* 多个 MyComponent 组件实例，第一个 MyComponent 内部状态的更改不会
影响第二个 MyComponent */
                        MyComponent({count: 1, increaseBy: 2})
                        //通过变量名给组件内的变量进行初始化
                        MyComponent({title: {value: 'Hello, World 2'}, count: 7})
                }
        }
}

@Component
struct MyComponent {
        /* 如果 count 或 title 的值发生变化，则执行 MyComponent 的 build()方法来重新渲染组件 */
        @State title: Model = {value: 'Hello World'}
        @State count: number = 0
        private toggle: string = 'Hello World'
        private increaseBy: number = 1

        build() {
                Column() {
                        Text(`${this.title.value}`).fontSize(30)
                        Button() {
                                Text(`Click to change title`).fontSize(20).fontColor(Color.White)
                        }.onClick(() => {
                                this.title.value = (this.toggle == this.title.value) ? 'Hello
World' : 'Hello UI'
                        })

                        Button() {
                                Text(`Click to increase count = ${this.count}`).fontSize(20).
fontColor(Color.White)
                        }.onClick(() => {
                                this.count += this.increaseBy
                        })
                }
        }
}
```

@Link 装饰的变量可以和父组件的@State 变量建立双向数据绑定，仅在组件内访问，支持与@State 变量相同的类型。在创建组件的新实例时，必须使用命名参数初始化所有

@Link 变量。@Link 变量可以使用@State 变量或@Link 变量的引用进行初始化。@State 变量可以通过“$”操作符创建引用。

```
@Entry
@Component
struct Player {
        @State isPlaying: boolean = false
        build() {
              Column() {
                    PlayButton({buttonPlaying: $isPlaying})//双向绑定
                    Text(`Player is ${this.isPlaying? '':'not'} playing`)
              }
        }
}

@Component
struct PlayButton {
        @Link buttonPlaying: boolean
        build() {
              Column() {
                    Button() {
                          Text(this.buttonPlaying? 'play' : 'pause')
                    }.onClick(() => {
                          this.buttonPlaying = !this.buttonPlaying
                    })
              }
        }
}
```

@Prop 具有与@State 相同的语义，但初始化方式不同。@Prop 装饰的变量必须使用其父组件提供的@State 变量进行初始化，允许组件内部修改@Prop 变量，但上述更改不会通知给父组件，即@Prop 属于单向数据绑定。

```
@Entry
@Component
struct ParentComponent {
        @State countDownStartValue: number = 10    // 游戏中的默认初始值是 10 个金块
        build() {
              Column() {
                    Text(`Grant ${this.countDownStartValue} nuggets to play.`)
                    Button() {
                          Text('+1 - Nuggets in New Game')
                    }.onClick(() => {
                          this.countDownStartValue += 1
                    })
                    Button() {
                          Text('-1 - Nuggets in New Game')
                    }.onClick(() => {
                          this.countDownStartValue -= 1
                    })
```

```
                    // 创建 ChildComponent 时,在命名构造器参数中必须提供其@Prop//变量
的初始值以及初始化常规的 costOfOneAttempt (非 Prop)变量
            }
        }
}

@Component
struct CountDownComponent {
        @Prop count: number
        private costOfOneAttempt: number

        build() {
            Column() {
                if (this.count > 0) {
                    Text(`You have ${this.count} Nuggets left`)
                } else {
                    Text('Game over!')
                }

                Button() {
                    Text('Try again')
                }.onClick(() => {
                    this.count -= this.costOfOneAttempt
                })
            }
        }
}
```

应用程序状态属性由应用程序的 AppStorage 对象存储,AppStorage 包含整个应用程序中需要访问的所有状态属性。只要应用程序保持运行,AppStorage 存储就会保留所有属性及其值,属性值可以通过唯一的键值进行访问。UI 组件可以通过装饰器将应用程序状态数据与 AppStorage 进行同步,应用业务逻辑的实现也可以通过接口访问 AppStorage。

AppStorage 的选择状态属性可以与不同的数据源或数据接收器同步。这些数据源和接收器可以是设备上的本地或远程,并具有不同的功能,如数据持久性。默认情况下,AppStorage 中的属性是可变的,可使用不可变属性。

AppStorage 接口如下。

(1) Link 参数 key。string,返回@Link。如果存在具有给定键的数据,则返回到此属性的双向数据绑定,该双向绑定意味着变量或者组件对数据的更改将同步到 AppStorage,通过 AppStorage 对数据的修改将同步到变量或者组件。如果具有此键的属性不存在或属性为只读,则返回 undefined。

(2) SetAndLink 参数 key:String,defaultValue:T,返回@Link。与 Link 接口类似。如果当前的 key 在 AppStorage 有保存,则返回此 key 对应的 value。如果此 key 未被创建,则创建一个对应 default 值的 Link 返回。

(3) Prop 参数 key:string,返回@Prop。如果存在具有给定键的属性,则返回到此属性的单向数据绑定。该单向绑定意味着只能通过 AppStorage 将属性的更改同步到变量或

者组件。该方法返回的变量为不可变变量，适用于可变和不可变的状态属性，如果具有此键的属性不存在则返回 undefined。

（4）SetAndProp 参数 propName：string，defaultValue：s，返回@Prop。与 Prop 接口类似。如果当前的 key 在 AppStorage 有保存，则返回此 key 对应的 value。如果此 key 未被创建，则创建一个对应 default 值的 Prop 返回。

（5）Has 参数 key：string，返回 boolean。判断对应键值的属性是否存在。

（6）Keys 参数 void，返回 array<string>。返回包含所有键的字符串数组。

（7）Get 参数 string，返回 T 或 undefined。通过此接口获取对应此 key 值的 value。

（8）Set 参数 string，newValue：T，返回 void。对已保存的 key 值，替换其 value 值。

（9）SetOrCreate 参数 string，newValue：T，返回 boolean。如果相同名字的属性存在：如果此属性可以被更改返回 true，否则返回 false。如果相同名字的属性不存在：创建第一个赋值为 defaultValue 的属性，不支持 null 和 undefined。

（10）Delete 参数 key：string，返回 boolean。删除属性，如果存在返回 true，不存在返回 false。

（11）Clear 返回 boolean。删除所有的属性，如果当前有状态变量依旧引用此属性，则返回 false。

（12）IsMutable 参数 key：string，返回此属性是否存在并且是否可以改变。

示例如下。

```
let link1 = AppStorage.Link('PropA')
let link2 = AppStorage.Link('PropA')
let prop = AppStorage.Prop('PropA')

link1 = 47              // link1 == link2 == prop == 47
link2 = link1 + prop    // link1 == link2 == prop == 94
prop = 1                // 错误,prop 不可变
```

ArkTS 声明式开发框架提供了多个装饰器，简介如下。

组件通过使用@StorageLink(key)装饰的状态变量，将与 AppStorage 建立双向数据绑定，key 为 AppStorage 中的属性键值。当创建包含@StorageLink 的状态变量的组件时，该状态变量的值将使用 AppStorage 中的值进行初始化。在 UI 组件中对@StorageLink 的状态变量所做的更改将同步到 AppStorage，并从 AppStorage 同步到任何其他绑定实例中，如 PersistentStorage 或其他绑定的 UI 组件。

组件通过使用@StorageProp(key)装饰的状态变量，将于 AppStorage 建立单向数据绑定，key 标识 AppStorage 中的属性键值。当创建包含@StoageProp 的状态变量的组件时，该状态变量的值将使用 AppStorage 中的值进行初始化。AppStorage 中的属性值更改会导致绑定的 UI 组件进行状态更新。

PersistentStorage 用于管理应用持久化数据。此对象可以将特定标记的持久化数据链接到 AppStorage 中，并由 AppStorage 接口访问对应持久化数据，或者通过@StorageLink 修饰器来访问对应 key 的变量。PersistentStorage 接口包括 PersistProp，DeleteProp，PersistProps 和 Keys。

Environment 对象是框架在应用程序启动时创建的单例对象，它为 AppStorage 提供了

一系列应用程序需要的环境状态属性，这些属性描述了应用程序运行的设备环境。Environment 及其属性是不可变的，所有属性值类型均为简单类型。内置的环境变量有 accessibilityEnabled、colorMode、fontScale、fontWeightScale、layoutDirection 和 languageCode。接口有 EnvProp，EnvProps 和 Keys。

@observed 是用来修饰 class 的修饰器，表示此对象中的数据变更将被 UI 页面管理。@objectLink 用来修饰被@observed 装饰的变量。Provide 作为数据的提供方，可以更新其子孙节点的数据，并触发页面渲染。Consume 在感知到 Provide 数据的更新后，会触发当前 view 的重新渲染。应用可以通过@Watch 注册回调方法。当一个被@State、@Prop、@Link、@ObjectLink、@Provide、@Consume、@StorageProp 以及@StorageLink 中任意一个装饰器修饰的变量改变时，均可触发此回调。@Watch 中的变量一定要使用（""）进行包装。

对控件进行渲染时，可使用 if/else 进行条件渲染，以及 ForEach 组件来迭代数组，并为每个数组项创建相应的组件，以及 LazyForEach 组件按需迭代数据，并在每次迭代过程中创建相应的组件。

条件语句 if 可以使用状态变量，必须在容器组件内使用。当将 if 放置在限制子组件的类型或数量的组件内时，这些限制将应用于 if 和 else 语句内创建的组件。如当在 Grid 组件内使用 if 时，则仅允许在 if 条件语句内使用 GridItem 组件，而在 List 组件内则仅允许使用 ListItem 组件。使用 if、else if 和 else 条件语句进行渲染的例子如下。

```
Column() {
        if (this.count < 0) {
              Text('负数')
        } else if (this.count % 2 === 0) {
              Divider()
              Text('偶数')
        } else {
              Divider()
              Text('奇数')
        }
}
```

ForEach 必须在容器组件内使用，定义如下。

```
ForEach(
arr: any[],                                   //必须是数组
itemGenerator: (item: any) => void,           //生成子组件的 lambda 函数
keyGenerator?: (item: any) => string          //(optional)用于键值生成的匿名函数
)
```

第一个参数必须是数组。允许空数组，空数组场景下不会创建子组件。同时允许设置返回值为数组类型的函数，例如 arr.slice(1,3)，设置的函数不得改变包括数组本身在内的任何状态变量，如 Array.splice、Array.sort 或 Array.reverse 这些原地修改数组的函数。

第二个参数用于生成子组件的 lambda 函数。它为给定数组项生成一个或多个子组件。单个组件和子组件列表必须括在大括号中。

可选的第三个参数是用于键值生成的匿名函数。它为给定数组项生成唯一且稳定的键

值。当子项在数组中的位置更改时,子项的键值不得更改,当数组中的子项被新项替换时,被替换项的键值和新项的键值必须不同。键值生成器的功能是可选的。但是,出于性能原因,建议提供,这使开发框架能够更好地识别数组更改。如单击进行数组反向时,如果没有提供键值生成器,则 ForEach 中的所有节点都将重建。生成的子组件必须允许在 ForEach 的父容器组件中,允许子组件生成器函数中包含 if/else 条件渲染,同时也允许 ForEach 包含在 if/else 条件渲染语句中。子项生成器函数的调用顺序不一定和数组中的数据项相同,在开发过程中不要假设子项生成器和键值生成器函数是否执行以及执行顺序。如下为一示例。

```
@Entry
@Component
struct MyComponent {
        @State arr: number[] = [10, 20, 30]
        build() {
                Column() {
                        Button() {
                                Text('Reverse Array')
                        }.onClick(() => {
                                this.arr.reverse()
                        })

                        ForEach(this.arr,      // 第一个参数必须是数组
                        (item: number) => {    // 第二个参数用于生成子组件的 lambda()函数
                                Text(`item value: ${item}`)
                                Divider()
                        },
                        (item: number) => item.toString()   /* 第三个参数是用于键值生成的
匿名函数 */
                        )
                }
        }
}
```

按需迭代数据使用 LazyForEach 组件,在 List、Grid 以及 Swiper 组件加载,每次迭代过程中创建相应的组件。

```
interface DataChangeListener {
    onDataReloaded(): void;                                   // 数据重载时调用
    onDataAdded(index: number): void;                         // 添加单个数据时调用
    onDataMoved(from: number, to: number): void;              // 移动单个数据时调用
    onDataDeleted(index: number): void;                       // 删除单个数据时调用
    onDataChanged(index: number): void;                       // 修改单个数据时调用
}
interface IDataSource {
    totalCount(): number;                                     // 获取数据量
    getData(index: number): any;                              // 通过索引获取单个数据
    registerDataChangeListener(listener: DataChangeListener): void; // 注册 listener 监听数据变化
    unregisterDataChangeListener(listener: DataChangeListener): void; // 注销 listener
}
```

```
LazyForEach(
dataSource: IDataSource, /* 第一个参数必须是继承自 IDataSource 的对象,需要开发者实现相关接口 */
itemGenerator: (item: any) => void, //第二个参数用于生成子组件的 lambda 函数
keyGenerator?: (item: any) => string /* (optional) 可选的第三个参数是用于键值生成的匿名函数 */
): void
```

自定义组件的生命周期回调函数如下。

(1) aboutToAppear()函数在创建自定义组件的新实例后,在执行其 build 函数之前执行。允许在 aboutToAppear()函数中改变状态变量,这些更改将在后续执行 build 函数中生效。

(2) aboutToDisappear()函数在自定义组件析构消耗之前执行。不允许在 aboutToDisappear()函数中改变状态变量,特别是@Link 变量的修改可能会导致应用程序行为不稳定。

(3) onPageShow()当此页面显示时触发一次。包括路由过程、应用进入前后台等场景,仅@Entry 修饰的自定义组件生效。

(4) onPageHide()当此页面消失时触发一次。包括路由过程、应用进入前后台等场景,仅@Entry 修饰的自定义组件生效。

(5) onBackPress()当用户单击"返回"按钮时触发,仅@Entry 修饰的自定义组件生效。返回 true 表示页面自己处理返回逻辑,不进行页面路由。返回 false 表示使用默认的返回逻辑。不返回值会作为 false 处理。

它们用于通知用户该自定义组件的生命周期,这些回调函数是私有的,在运行时由开发框架在特定的时间进行调用,不能从应用程序中手动调用这些回调函数。

第16章

WebSocket应用

天行健，君子以自强不息。地势坤，君子以厚德载物。

——《周易》

16.1 WebSocket 协议

WebSocket 协议是在客户端和服务器间单个 TCP 连接上进行全双工通信的协议。WebSocket 协议使客户端和服务器之间的数据交换变得更加简单，允许服务端主动推送数据。相对于轮询方式，WebSocket 协议能更好地节省服务器资源和带宽，并且能够更实时地进行通信。

WebSocket 使用帧的方式传输数据，帧格式如图 16.1 所示。

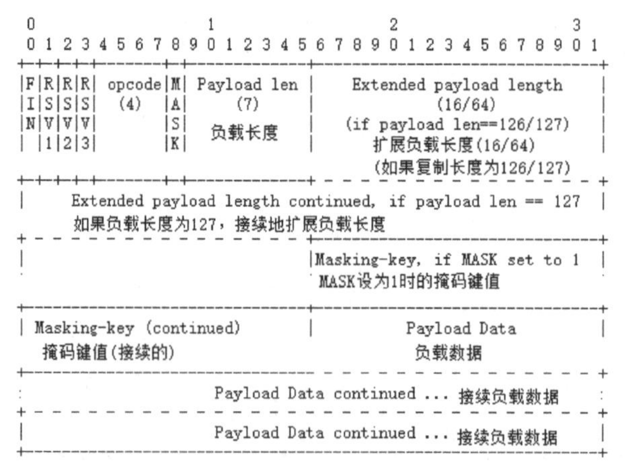

图 16.1 WebSocket 帧格式

FIN 代表是否为消息的最后一个数据帧，如果不是分片，这个就是 1，如果是分片，并且不是最后一个片，那么就是 0。保留位 RSV1、RSV2 和 RSV3 必须是 0。

Opcode(4 位)表示帧的类型，0x0 表示附加数据帧，0x1 表示文本数据帧，0x2 表示二进制数据帧，0x8 表示连接关闭，0x9 表示 ping，0xA 表示 pong，0x3-7 和 0xB-F 暂时无定义。

Mask(1 位)表示是否经过掩码处理,1 是经过掩码的,0 是没有经过掩码的。如果 Mask 位为 1,表示这是客户端发送过来的数据,因为客户端发送的数据要进行掩码加密;如果 Mask 为 0,表示这是服务端发送的数据。

payload length(7 位+16 位,或 7 位+64 位)定义负载数据的长度。如果数据长度小于或等于 125,那么该 7 位用来表示实际数据长度;如果数据长度为 126~65 535($2^{16}-1$),该 7 位值固定为 126,也就是 1111110,往后扩展 2 字节(16 位,第三个区块表示),用于存储数据的实际长度。如果数据长度大于 65 535,该 7 位的值固定为 127,也就是 1111111,往后扩展 8 字节(64 位),用于存储数据实际长度。

Masking-key(0 或者 4 字节),该区块用于存储掩码密钥,只有在第二个字节中的 mask 为 1,也就是消息进行了掩码处理时才有,否则没有,所以服务器端向客户端发送消息就没有这一块。Payload data 就是数据。

WebSocket 协议有 ws 和 wss 协议,分别为普通请求和基于 SSL 的安全传输,占用端口与 HTTP 系统,ws 为 80 号端口,wss 为 443 号端口,支持 HTTP 代理。

客户端启动 WebSocket 握手过程,发送一个标准的 HTTP 请求,如下,方法必须是 GET。

```
GET /chat HTTP/1.1
Host: example.com:8000
Upgrade: websocket
Connection: Upgrade
Sec - WebSocket - Key: dGhlIHNhbXBsZSBub25jZQ ==
Sec - WebSocket - Version: 13
```

可以使用一般请求头如 User-Agent、Referer、Cookie 或者认证头。如果任何请求头信息不被理解或者具有不正确的值,则服务器应该发送"400 Bad Request"并立即关闭套接字。服务器可能会给出 HTTP 响应正文中握手失败的原因,但可能永远不会显示消息。如果服务器不理解该版本的 WebSocket,则应该发送一个 Sec-WebSocket-Version 头,其中包含它理解的版本。

当服务器收到握手请求时,它应该发回一个特殊的响应,表明协议将从 HTTP 变为 WebSocket,如下。

```
HTTP/1.1 101 Switching Protocols
Upgrade: websocket
Connection: Upgrade
Sec - WebSocket - Accept: s3pPLMBiTxaQ9kYGzzhZRbK + xOo =
```

在经过握手之后的任意时刻里,无论客户端还是服务端都可以选择发送一个 ping 给另一方。当 ping 消息收到的时候,接收的一方必须尽快回复一个 pong 消息。例如,可以使用这种方式来确保客户端还是连接状态。

一个 ping 或者 pong 只是一个常规的帧,只是这个帧是一个控制帧。ping 消息的 opcode 字段值为 0x9,pong 消息的 opcode 值为 0xA。当获取到一个 ping 消息的时候,回复一个跟 ping 消息有相同载荷数据的 pong 消息(对于 ping 和 pong,最大载荷长度为 125)。

16.2 WebSocket 模块

16.2.1 HarmonyOS 的 WebSocket

HarmonyOS 中，从 API version 6 开始支持 WebSocket 相关的模块，可以使用 WebSocket 模块建立服务器与客户端的双向连接。该模块在使用时需导入，并需要在工程中申请权限 ohos.permission.INTERNET。导入的示例如下。

```
import webSocket from '@ohos.net.webSocket';
```

在调用 WebSocket 的方法前，需要先通过 createWebSocket()创建一个 WebSocket，其中包括建立连接 connect、关闭连接 close、发送数据 send 和订阅/取消订阅 WebSocket 连接的打开事件 onopen、接收到服务器消息事件 onmessage、关闭事件 onclose 和错误事件 onerror。HarmonyOS 中，WebSocket 模块提供的接口在命名空间 namespace 中定义。

```
import {AsyncCallback, ErrorCallback} from "./basic";

/*
 * 提供 WebSocket APIs
 *
 * @since 6
 * @sysCap SystemCapability.Communication.NetManager
 * @devices 智能手机,平板电脑,TV,可穿戴设备,车机
 */
declare namespace webSocket {
        functioncreateWebSocket(): WebSocket;

        exportinterface WebSocketRequestOptions {
                header?: Object;
        }

        exportinterface WebSocketCloseOptions {
                code?: number;
                reason?: string;
        }

        exportinterface WebSocket {
                connect(url: string, callback: AsyncCallback<boolean>): void;
                  connect(url: string, options: WebSocketRequestOptions, callback: AsyncCallback
<boolean>): void;
                connect(url: string, options?: WebSocketRequestOptions): Promise<boolean>;

                /*
                 * 使用 WebSocket 连接传输数据。数据可以是字符串
                 */
                send(data: string, callback: AsyncCallback<boolean>): void;
                send(data: string): Promise<boolean>;
```

```
                /*
                 * 关闭 WebSocket 连接,可选择使用代码作为 WebSocket 连接关闭代码和原因作为
WebSocket 连接关闭原因
                 */
                close(callback: AsyncCallback<boolean>): void;
                close(options: WebSocketCloseOptions, callback: AsyncCallback<boolean>): void;
                close(options?: WebSocketCloseOptions): Promise<boolean>;

                on(type: 'open', callback: AsyncCallback<Object>): void;
                off(type: 'open', callback?: AsyncCallback<Object>): void;

                on(type: 'message', callback: AsyncCallback<string>): void;
                off(type: 'message', callback?: AsyncCallback<string>): void;

                on(type: 'close', callback: AsyncCallback<{ code: number, reason: string }>): void;
                off(type: 'close', callback?: AsyncCallback<{ code: number, reason: string }>): void;

                on(type: 'error', callback: ErrorCallback): void;
                off(type: 'error', callback?: ErrorCallback): void;
        }
}

export default webSocket;
```

connect()和 close()有三种使用方法,如以上接口所示。第一种方法是根据 URL 地址,建立一个 WebSocket 连接,使用 callback 方式作为异步方法。第二种方法是根据 URL 地址和 header,建立一个 WebSocket 连接,使用 callback 方式作为异步方法。第三种方法是根据 URL 地址和 header,建立一个 WebSocket 连接,使用 promise 方式作为异步方法。header 是一个 HTTP 请求的头对象。

send()有两种使用方法,或使用 callback 方式,或使用 Promise 方式作为异步方法。

通过该模块可以创建 WebSocket 应用。假设已经建设了一个 WebSocket 的聊天服务器,以下示例了在 HarmonyOS 中如何创建基于 WebSocket 的聊天客户端。

新建一个低代码开发方式的工程,在该工程的 index.js 中,把 switchTitle()函数修改为以下的代码。运行后单击 text 组件即可创建连接并接收来自于 WebSocket 服务器的消息。

```
//index.js
switchTitle() {
        let that = this;
        that.title = that.isHarmonyOS ? "Hello World" : "Hello HarmonyOS";
        that.isHarmonyOS = !that.isHarmonyOS;

        let ws = webSocket.createWebSocket();
        let url1 = "ws://121.40.165.18:8800";
        /* 某测试服务器,和本书编写者无关,参考 http://www.websocket-test.com/
        也可自建 WebSocket 服务器 */
```

```
        ws.on('open', (err, value) => {
            console.log("打开事件, status:" + value.status + ", message:" + value.message);
            // 当收到 on('open')事件时,可以通过 send()方法与服务器进行通信
            ws.send("Hello, server!", (err, value) => {
                if (!err) {
                    console.log("成功发送");
                } else {
                    console.log("发送失败, err:" + JSON.stringify(err));
                }
            });
        });
        ws.on('message', (err, value) => {
            console.log("收到消息, message:" + value);
            this.title = valuc;
            /* 当收到服务器的`bye`消息时(此消息字段仅为示意,具体字段需要与服务器协
商),主动断开连接 */
            if (value === 'bye') {
                ws.close();
                Promise.then((value) => {
                    console.log("断开连接成功");
                }).catch((err) => {
                    console.log("断开连接失败, err is " + JSON.stringify(err));
                });
            }
        });
        ws.on('close', (err, value) => {
            console.log("websocket 关闭, code is " + value.code + ", reason is " + value.
reason);
        });
        ws.on('error', (err) => {
            console.log("websocket 错误, error:" + JSON.stringify(err));
        });

        let promise = ws.connect(url1);
        promise.then((value) => {
            console.log("连接成功")
        }).catch((err) => {
            console.log("连接失败, error:" + JSON.stringify(err))
        });
}
```

16.2.2 浏览器 WebSocket

当前主流的浏览器都支持 WebSocket 协议,注意 HarmonyOS 中的 WebSocket 接口和浏览器提供的 WebSocket 接口不同。

浏览器中,使用 WebSocket()构造函数来构造一个 WebSocket,该函数的入参中,第二个是可选的协议项,字符串类型。

```
WebSocket(url[,protocols]);
```

浏览器提供的 WebSocket 接口的事件回调函数，包括 WebSocket.onclose 用于指定连接关闭后的回调函数，WebSocket.onerror 用于指定连接失败后的回调函数，WebSocket.onmessage 用于指定当从服务器接收到信息时的回调函数，WebSocket.onopen 用于指定连接成功后的回调函数。

如下代码示例了一个 HTML 文件，在浏览器中直接运行即可。在开发者工具中，可以观察到 WebSocket 建立的过程和发送的消息。

```
<!DOCTYPE html>
<html>
<head>
<meta charset="utf-8">
<title>WebSocket</title>
</head>
<body>

<h1>Echo Test</h1>
<input id="sendTxt" type="text" value="1234">
<button id="sendBtn">发送</button>
<p id="recv"></p>
<script type="text/javascript">
var websocket = new WebSocket("ws://121.40.165.18:8800");
websocket.onopen = function(){
        console.log('websocket open');
        document.getElementById("recv").innerHTML = "opened";
}
// 结束 websocket
websocket.onclose = function(){
        console.log('websocket close');
}
// 接收到信息
websocket.onmessage = function(e){
        console.log(e.data);
        document.getElementById("recv").innerHTML = JSON.stringify(e);
}
// 单击发送 websocket
document.getElementById("sendBtn").onclick = function(){
        var txt = document.getElementById("sendTxt").value;
        websocket.send(txt);
}
</script>

</body>
</html>
```

16.2.3 MQTT 客户端

MQTT 协议可以应用于 WebSocket 协议之上，使用 WebSocket 可以实现 MQTT 协议。通过浏览器的 WebSocket 能够实现一个 MQTT 客户端。为了更好地理解 MQTT 协议，以下的示例中，自行创建了 MQTT 包。包结构如下，具体含义参考第 10.6 节。CONNECT 包，以"clientId"连接，十六进制为

1014 0004 4d51 5454 0402 003c 0008 636c 6965 6e74 4964

转换为字符串为"....MQTT...<..clientId"。

CONACK 包，十六进制为

2002 0000

SUBSCRIBE 包，订阅主题为"t"的消息，十六进制为

8206 0001 0004 7400

相应字符串为"......t."。

SUBACK 包，十六进制为

9003 0001 00

MQTT 数据包格式为十六进制，在 JavaScript 中通过 ArrayBuffer 对象创建，并通过 Int8Array 或 Int16Array 初始化。下列代码示例了构造数据包的过程。

```
//构造 CONNECT 数据包，以 clientId 连接
//1014 0004 4d51 5454 0402 003c 0008 636c 6965 6e74 4964
var CONbuffer = new ArrayBuffer(22);
var CONint16 = new Int16Array(CONbuffer);
//此处 16 位数据的大小端存储方式需要变换
CONint16[0] = 0x1410;
CONint16[1] = 0x0400;
CONint16[2] = 0x514d;
CONint16[3] = 0x5454;
CONint16[4] = 0x0204;
CONint16[5] = 0x3c00;
CONint16[6] = 0x0800;
CONint16[7] = 0x6c63;
CONint16[8] = 0x6569;
CONint16[9] = 0x746e;
CONint16[10] = 0x6449;

//构造 SUBCRIBE 数据包，订阅"t"主题
//8206 0001 0004 7400
var SUBbuffer = new ArrayBuffer(8);
var SUBint16 = new Int16Array(SUBbuffer);
SUBint16[0] = 0x0682;
SUBint16[1] = 0x0100;
SUBint16[2] = 0x0100;
SUBint16[3] = 0x0074;
```

以下代码示例了连接 MQTT 服务器并订阅的验证过程。该段代码用浏览器打开，在开发者工具中可以看到该脚本和服务器的交互过程，如图 16.2 所示。

```
<!DOCTYPE html>
        <html>
        <head>
        <meta charset = "utf-8">
```

```
<title>MQTT</title>
</head>
<body>

<h1>Echo Test</h1>
<input id = "sendTxt" type = "text" value = "1234">
<button id = "sendBtn">订阅</button>
<p id = "recv"></p>
<script type = "text/javascript">
//一个测试用 MQTT 服务器
var websocket = new WebSocket("ws://broker.emqx.io:8083/mqtt/",["mqtt"]);
//构造 CONNECT 数据包,以 clientId 连接
//1014 0004 4d51 5454 0402 003c 0008 636c 6965 6e74 4964
var CONbuffer = new ArrayBuffer(22);
var CONint16 = new Int16Array(CONbuffer);
//此处 16 位数据的大小端存储方式需要变换
CONint16[0] = 0x1410;
CONint16[1] = 0x0400;
CONint16[2] = 0x514d;
CONint16[3] = 0x5454;
CONint16[4] = 0x0204;
CONint16[5] = 0x3c00;
CONint16[6] = 0x0800;
CONint16[7] = 0x6c63;
CONint16[8] = 0x6569;
CONint16[9] = 0x746e;
CONint16[10] = 0x6449;

//构造 SUBCRIBE 数据包,订阅"t"主题
//8206 0001 0004 7400
var SUBbuffer = new ArrayBuffer(8);
var SUBint16 = new Int16Array(SUBbuffer);
SUBint16[0] = 0x0682;
SUBint16[1] = 0x0100;
SUBint16[2] = 0x0100;
SUBint16[3] = 0x0074;

websocket.onopen = function(){
        console.log('websocket open');
        document.getElementById("recv").innerHTML = "opened";
        websocket.send(CONbuffer);
}
// 结束 websocket
websocket.onclose = function(){
        console.log('websocket close');
}
// 接收到信息
websocket.onmessage = function(e){
        console.log(e.data);
        document.getElementById("recv").innerHTML = JSON.stringify(e);
}
```

```
// 单击发送 websocket
document.getElementById("sendBtn").onclick = function(){
      var txt = document.getElementById("sendTxt").value;
      websocket.send(SUBbuffer);
}
</script>

</body>
</html>
```

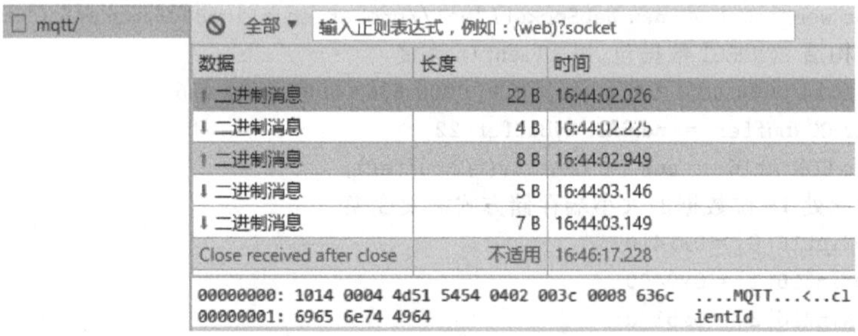

mqtt/ 全部 输入正则表达式，例如：(web)?socket

数据	长度	时间
↑ 二进制消息	22 B	16:44:02.026
↓ 二进制消息	4 B	16:44:02.225
↑ 二进制消息	8 B	16:44:02.949
↓ 二进制消息	5 B	16:44:03.146
↓ 二进制消息	7 B	16:44:03.149
Close received after close	不适用	16:46:17.228

```
00000000: 1014 0004 4d51 5454 0402 003c 0008 636c  ....MQTT...<..cl
00000001: 6965 6e74 4964                           ientId
```

图 16.2 MQTT 协议验证

开源的 MQTT 协议客户端库提供了 MQTT 客户端各种操作的接口。paho-mqtt 是其中一个，其源码可以在 https://github.com/eclipse/paho.mqtt.javascript.git 下载。于是各种操作均可以通过调用该接口实现。

开源 JS 的 MQTT 客户端库通过浏览器的 WebSocket 实现，前述已知 HarmonyOS 提供的 WebSocket 模块和浏览器的 WebSocket 不同。如果在 HarmonyOS 中使用 PAHO MQTT 客户端库，需要对其中的 WebSocket 的使用进行一些修改。

后　记

在写下这本书的第一个字之前，有一句广告语，经常浮现在我的脑海中。这句广告语就是，“我们不生产某某，我们是大自然的搬运工。”相对于其他同行企业，这个搬运工企业的毛利率远远大于同行。这颠覆了人们通常对一般搬运工低收入的认识。在全国闻名的搬运工系列中，无论是重庆的棒棒还是武汉的扁担，收入都不很理想，和“大自然的搬运工”相比，一个是地下，一个是天上。不过，可能存在着比大自然的搬运工利润更高的搬运工，那就是在一些文艺作品中被戏称为“他人财物的搬运工”。

我一直在思考孔老夫子的一句名言，“师者，所以传道、授业、解惑也!”孔圣人对“师”的功能进行定义时，把“传道”排在首位，而我想，“传道”应该具有类似搬运的含义。作为老师，某种意义上是不是也可以说，老师不生产知识，只是他人知识的搬运工。这个说法似乎有点儿道理，也有点儿合适。本书可以看作是一个搬运工，搬运知识、搬运技术、搬运道理、搬运文字。

不过，摆在面前的一个问题是本书要搬运哪些知识？自 2018 年以来，针对中国企业实体的清单越来越多。2018 年 4 月 16 日，美国商务部工业和安全局禁止美国企业向中兴公司出售零部件产品，期限为 7 年。2019 年 5 月 15 日，美国商务部工业和安全局将华为公司列入了实体清单进行制裁，实行对华为的技术封锁，禁止了华为 5G 技术在美国市场上的准入。为了阻止华为的发展，美国一再修改其对华为的禁令进行技术封锁。2020 年 5 月 15 日，禁止华为使用美国芯片设计软件，到 2020 年 8 月 17 日，禁止含有美国技术的代工企业生产芯片给华为，再到 2020 年 9 月 15 日，禁止拥有美国技术成分的芯片出口给华为。自此，美国对华为的芯片管制令正式生效，台积电、高通、三星、中芯国际等多家公司将不能再供应芯片给华为。随之而来的是华为产品的国际市场份额急剧下降。但是华为没有被困难吓倒，没有在险阻面前后退，更没有屈服，体现了中华民族坚韧不拔的优良品质。

处于这样的国际环境之中，选择搬运华为的技术和知识是必须的。不过，在当前国际化大趋势之下，很难说一项技术没有前人或者他人的影子，或者完全属于某人或者某个企业或者某个国家。在华为的各项技术中，其力推的鸿蒙操作系统一直受到较高的关注，因此本书选择搬运鸿蒙操作系统的相关技术。鸿蒙操作系统从操作系统层面上打通了多态、多设备的连接，功能和内容很多。通过一本书涵盖整个系统的技术是不可能的，本书仅有选择地搬运了物联网应用方面的一些基础知识。对于鸿蒙操作系统中更有吸引力的、更深入的技术，本书由于篇幅限制没有过多涉及，不得不说是个遗憾了。

希望本书所搬运之物能够为需要者提供有益的帮助。在本书成稿期间，部分内容已经帮助学生团队在华为 ICT 学院创新赛中获得了好成绩。

本书在搬运过程中可能出现一些遗漏，期望读者不吝指出，在此表示诚挚的谢意。

后　记